普通高等学校"十四五"系列教材

人工智能基础实验教程

潘理虎　宋　婷◎主　编
李建伟　谢斌红　荀亚玲◎副主编

中国铁道出版社有限公司
CHINA RAILWAY PUBLISHING HOUSE CO., LTD.

内 容 简 介

本书作为一本实验教程，最大的特色是简明、实用、逻辑性强、可读性好，使读者在有限的时间内掌握人工智能的基本原理与应用技术。

本书围绕基础知识点在前两章介绍了Python基本开发环境及编程基础语法、常用数据结构的使用；第3章介绍了机器学习中经典算法及常用算法，包括逻辑回归、决策树、K近邻、随机森林、支持向量机、朴素贝叶斯、AdaBoost、神经网络等算法的实现；第4、5章介绍了深度学习基础知识和实现环境，以及深度神经网络经典算法；第6~8章分别介绍了三大应用领域——计算机视觉的基础算法及应用实例、自然语言处理的基本应用算法实现、智能机器人的基本操作及功能实现；最后两章通过两个嵌入式人工智能案例融合前面章节介绍的基础算法，完整实现了人工智能在实际生活中的应用。

本书适合作为初学人工智能的本科及高职学生的专业教材，也可作为对人工智能爱好者的参考用书。

图书在版编目（CIP）数据

人工智能基础实验教程/潘理虎，宋婷主编. —北京：中国铁道出版社有限公司，2022.9（2023.2重印）
ISBN 978-7-113-29320-8

Ⅰ.①人… Ⅱ.①潘…②宋… Ⅲ.①人工智能-实验-高等学校-教材 Ⅳ.①TP18-33

中国版本图书馆CIP数据核字（2022）第111678号

书　　名：	人工智能基础实验教程
作　　者：	潘理虎　宋　婷

策　　划：	何红艳	编辑部电话：	（010）63560043
责任编辑：	何红艳　张　彤		
封面设计：	刘　莎		
责任校对：	孙　玫		
责任印制：	樊启鹏		

出版发行：	中国铁道出版社有限公司（100054，北京市西城区右安门西街8号）
网　　址：	http://www.tdpress.com/51eds/
印　　刷：	河北宝昌佳彩印刷有限公司
版　　次：	2022年9月第1版　2023年2月第2次印刷
开　　本：	787 mm×1 092 mm　1/16　印张：19.5　字数：449千
书　　号：	ISBN 978-7-113-29320-8
定　　价：	49.80元

版权所有　侵权必究

凡购买铁道版图书，如有印制质量问题，请与本社教材图书营销部联系调换。电话：（010）63550836
打击盗版举报电话：（010）63549461

前言

人工智能从起源至今已将近 70 年,它的发展过程一路荆棘,有低谷也有高潮。面对与之相关的新理论、新技术的快速发展和经济社会发展的必然需求,人类社会从数字化、网络化向智能化加速跃进,生活中充斥着人工智能的概念,从而驱动人工智能的发展进入新的阶段。正如"互联网+"模式改变着我们的衣食住行各个方面一样,人工智能模式以同样的方式席卷各个行业的细分领域,车联网、家电、医疗、农业、制造业等行业都需要更加精准的模式帮助人类处理复杂任务。

深度学习是人工智能前沿技术的核心,因此,学习和讨论人工智能前沿技术必然要从深度学习切入,其原理在于建立、模拟人脑进行分析学习,是利用人脑机制来解释数据的神经网络。经过近些年的沉淀和发展,各种神经网络结构和调优方法的提出,深度学习性能得到了大幅提升,相关的算法已经具备了解决各种复杂问题的能力,以最低的成本使用深度神经网络解决各个细分领域的问题成了人工智能爆发期的关键。

传统的"人工智能"课程偏重理论,过于学术化,现有教材中不缺乏基础理论和前沿进展这类知识点,但读完之后可能仍然不知道怎么动手解决问题。本书希望在兼顾理论的同时,在课程中强化实践内容,使理论与实践相结合,这也成为课程发展的主要趋势,需要更通俗和直观的方法引导零基础的读者开始人工智能的实践学习。

从机器学习基础算法开始介绍,结合相关应用领域实例以及与生活相关的完整案例,其中包括基于机器学习常用经典算法的实例、基于深度神经网络的实例、计算机视觉领域基础应用的算法实例、自然语言处理基础应用的算法实例及智能机器人的基本操作以及功能实现。重点突出技术的可操作性,希望读者在学习理论的同时,通过算法实现掌握人工智能的基本方法,并能将其用于解决实际问题,实现更多进展,如解决问题多样性、提速的同时缩减成本、不仅有好的性能指标且方便好用等。最后两章的完整案例通过嵌入式人工智能呈现了机器如何通过学习来模拟人的智能,由此使读者更加系统、深入地掌握计算机人工智能的应用实践技能。

本书编写分工如下:第 1 章由潘理虎编写,第 2、3、5~7 章由宋婷编写,第 4 章由李建伟编写，第 8 章由谢斌红编写，第 9、10 章由荀亚玲编写。全书由潘理虎统稿并定稿。

在本书的成书过程中，众多老师和学生提供了热心的帮助。首先要感谢太原科技大学计算机科学与技术学院为本书的编写提供的良好测试环境，同时还要感谢太原科技大学计算机科学与技术学院的所有同仁，他们为本书提供了高屋建瓴的意见和指导！感谢百科荣创科技发展有限公司提供的实验设备及实验环境的技术支持！感谢山西省高等教育"1331 工程"立德树人提质增效计划建设项目——太原科技大学计算机科学与技术国家级一流本科专业建设项目的支持！

由于编者水平有限，书中难免有疏漏之处，敬请读者批评指正。

编　者

2022 年 4 月

目 录

第 1 章　Python 编程基础 1
1.1　Python 基础语法 1
1.1.1　基础知识 1
1.1.2　运算符 4
1.1.3　注释与缩进 7
1.2　Python 基本语句 8
1.2.1　条件控制语句 9
1.2.2　循环控制语句 10
1.3　Python 开发环境的安装和使用 ... 13
1.4　集成开发环境 PyCharm 的安装和使用 16
1.5　输出函数实验 20
1.6　Python 文件 I/O 实验 23

第 2 章　Python 数据结构 27
2.1　基础数据结构 27
2.2　Python 字符串实验 28
2.3　Python 列表实验 33
2.3.1　列表的序列化操作 ... 33
2.3.2　列表推导式和生成器表达式 40
2.4　Python 元组实验 42
2.5　Python 字典实验 47
2.6　类与对象 51
2.7　Python 函数 54

第 3 章　机器学习 58
3.1　机器学习基础知识 58
3.1.1　概述 58
3.1.2　学习形式分类 59

3.2　AdaBoost 分类算法 63
3.3　KNN 算法 69
3.4　基于 KD 树的 KNN 算法 ... 74
3.5　支持向量机 SVM 78
3.6　朴素贝叶斯分类器 85
3.7　决策树 90
3.8　Kmeans 算法 99
3.9　线性回归 106
3.10　PCA 降维实验 116

第 4 章　深度学习 122
4.1　深度学习基础知识 122
4.1.1　传统机器学习和深度学习方法 122
4.1.2　深度学习发展阶段 ... 123
4.1.3　深度学习特点 124
4.2　TensorFlow 框架 124
4.2.1　TensorFlow 简介 ... 125
4.2.2　Tensor 基本概念 ... 126
4.2.3　创建常量与变量 ... 127
4.3　TensorFlow 安装与配置 ... 128
4.4　PyTorch 安装与配置 131
4.5　数据操作实验 134

第 5 章　神经网络构建 146
5.1　神经网络实现原理 146
5.1.1　基础概念 146
5.1.2　神经网络的参数 ... 147
5.1.3　模型训练 148
5.2　神经网络一元线性回归 ... 150

5.3　神经网络多元线性回归..................153
5.4　神经网络非线性回归.....................156
5.5　基础神经网络实验........................159
5.6　高级神经网络实验........................162
5.7　卷积神经网络实验........................166
5.8　手写数字识别实验——CNN........175
5.9　循环神经网络实验........................180

第 6 章　计算机视觉..............189

6.1　图像基础知识................................189
6.2　图像均值滤波实验........................191
6.3　图像中值滤波实验........................196
6.4　图像分割实验................................199
6.5　仿射变换实验................................203
6.6　三角形仿射实验............................206
6.7　基于 Hopfield 神经网络的
　　　图片识别....................................209
6.8　基于支持向量机的人脸识别........212
6.9　基于隐马尔科夫的语音识别........217

第 7 章　自然语言处理..........225

7.1　NLP 概述......................................225
7.2　词性标注..227
7.3　中文分词——逆向最大匹配........231
7.4　中文分词——基于隐马尔科夫
　　　模型..233
7.5　文本分类实验................................237
7.6　文本模式识别实验........................243
7.7　GloVe 词向量模型........................247

第 8 章　智能机器人..............258

8.1　机器人硬件....................................259
8.2　开发环境..261
　　　8.2.1　虚拟机开发环境................261
　　　8.2.2　网络配置............................263
　　　8.2.3　开发主机 SSH 登录 Nano....264
　　　8.2.4　编程开发环境....................264
8.3　ROS 基本操作...............................265
8.4　OpenCV 机器人视觉开发............268
8.5　语音合成开发................................273
8.6　SLAM 激光雷达建图....................275

第 9 章　应用开发实训案例
　　　　——智能家居..............279

9.1　基于深度卷积神经网络的
　　　表情识别....................................280
9.2　氛围灯控制....................................283
9.3　人脸表情识别模型推理功能
　　　插件构建....................................284
9.4　氛围灯控制系统功能插件构建....287

第 10 章　应用开发实训案例
　　　　　——智能停车场.......290

10.1　车牌识别模型..............................291
10.2　闸机控制系统..............................297
10.3　车牌识别功能插件构建..............298
10.4　道闸控制功能插件构建..............303

第 1 章 Python 编程基础

Python 是一门编程语言，在人工智能领域有非常广泛的应用，是适合人工智能开发的编程语言。Python 语言编写简单，使用方便，得益于其自身的设计特点。人工智能包含机器学习和深度学习两个重要的模块，而 Python 积累了大量的工具库、架构，当人工智能涉及大量的数据计算时，用 Python 自然、简单而高效。Python 可用于数据处理、数据分析、数据建模和绘图，基本上机器学习中对数据的爬取（scrapy、requests、selenium、beautifulsoup）、对数据的处理和分析（pandas、numpy、scipy）、对数据的绘图（matplotlib）和对数据的建模（sklearn、nltk、keras）在 Python 中全都能找到对应的库来进行处理。

学习 Python 语言可以分为三步：一是学习 Python 语言的基本语法，形成 Python 编程思想；二是学习采用 Python 进行数据分析，可以从机器学习开始；三是通过实践来积累经验，可以基于大数据平台来完成各种开发、分析任务。

1.1 Python 基础语法

1.1.1 基础知识

1. 编译方式

Python 编译方式分为交互式编译和脚本式编译，交互式编译通过 Python 解释器的交互模式编写代码，如可以在 Linux 的命令行中输入命令"Python3"启动交互式编译：

```
bkrc@bkrc:~$ python3
Python 3.7.3(default, Apr 3 2020, 05:39:12)
>>>
```

">>>"后敲入 Python 代码，输入的代码是立即运行的，并且将每一行 Python 代码的运行结果自动打印出来。

脚本式编译将代码写入以 py 为后缀的文件中，在终端命令行中调用 Python 解释器加载执行文件中的 Python 代码。下面创建一个 sayhello.py 文件，内容是"Hello World!"，分别用双引号（" "）和单引号（' '）输出，结果一致。实例如下：

```
bkrc@bkrc:~$ cat > sayhello.py
print("Hello World!")
print('Hello World!')
```

运行 sayHello.py 脚本，运行结果如下：

```
bkrc@bkrc:~$ python3 sayHello.py
Hello World!
Hello World!
```

Python 允许一行书写多个语句，用分号";"分开，实例如下：

```
>>> 1+2;print("say hello");2+4
3
say hello
6
```

2. 变量类型及变量定义

编程语言需要处理的数据类型有数字、字符、字符串等，可以直接使用数据，也可以将数据保存到变量（Variable）中，方便以后使用，和变量相对应的是常量（Constant），它们都是用来"盛装"数据的小箱子。程序中的数据最终都存放到内存中，变量/常量是这块内存的名字，存储在内存中的值意味着在创建变量/常量时会在内存中开辟一个空间，给每个变量和常量定义专门的名字，通过名字引用其中的数据。区别在于变量保存的数据可以被多次修改，而常量一旦保存某个数据之后就不能修改了。

Python 中并未提供如 C、C++、Java 一样的 const 修饰符，Python 程序一般通过约定俗成的变量名全大写的形式表示这是一个常量，然而这种方式并没有真正实现常量，其对应的值仍然可以被改变。Python 提供了新的方法实现常量：即通过自定义类实现，这要求符合"命名全部大写"和"值一旦被绑定便不可再修改"这两个条件。

变量可以指定不同的数据类型，这些变量可以存储整数、小数或字符。Python 中变量定义不需要类型声明，由类型推断自动完成。变量赋值使用等号（=），等号（=）运算符左边是定义的变量名，右边是存储在变量中的值。实例如下：

```
# -*- coding: utf-8 -*-
counter = 10            # 整型变量
miles = 10.0            # 浮点型
name = "Wang"           # 字符串
print(counter)
print(miles)
print(name)
```

运行结果如图 1.1 所示。

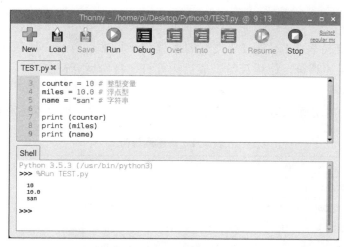

图 1.1 变量定义示例代码

3. 标识符

在程序中自定义的类名、函数名、变量等符号和名称，称为标识符。Python 中，标识符由字母、数字、下画线（_）组成，区分大小写，命名规则如下：

（1）标识符是由字符（A~Z 和 a~z）、下画线和数字组成，第一个字符不能是数字。

（2）标识符不能和 Python 中的保留字相同。

（3）Python 中的标识符，不能包含空格、@、% 以及 $ 等特殊字符。

举例不合法的标识符如下：

4word　　# 不能以数字开头

try　　　# try 是保留字，不能作为标识符

$money　　# 不能包含特殊字符

Python 语言中，以下画线开头的标识符有特殊含义，除非特定场景需要，应避免使用以下画线开头的标识符。例如：

以单下画线开头的标识符（如 _width），表示不能直接访问的类属性，其无法通过 from...import* 的方式导入；

以双下画线开头的标识符（如 __add）表示类的私有成员；

以双下画线作为开头和结尾的标识符（如 __init__），是专用标识符。

4. Python 关键字

Python 的关键字是保留字，不能用作标识符，可以使用如下命令查看 Python 中的所有关键字：

```
>>> import keyword
>>> keyword.kwlist
['False', 'None', 'True', 'and', 'as', 'assert', 'async', 'await', 'break',
'class', 'continue', 'def', 'del', 'elif', 'else','except', 'finally', 'for',
'from', 'global', 'if', 'import', 'in', 'is', 'lambda', 'nonlocal', 'not',
'or', 'pass', 'raise','return', 'try', 'while', 'with', 'yield']
```

1.1.2 运算符

Python语言支持表1.1～表1.7类型的运算符：算术运算符、比较（关系）运算符、赋值运算符、逻辑运算符、位运算符、成员运算符、身份运算符。

1. 算术运算符

表1.1列出了常用算术运算符及其用法，通过以下实例实现算术运算符的基本操作：

表1.1 算术运算符

运算符	描述	实例 (a=10,b=20)
+	加——两个对象相加	a + b 输出结果 30
-	减——得到负数或是一个数减去另一个数	a - b 输出结果 -10
*	乘——两个数相乘或是返回一个被重复若干次的字符串	a * b 输出结果 200
/	除——b除以a	b / a 输出结果 2
%	取模——返回除法的余数	b % a 输出结果 0
**	幂——返回a的b次方	a ** b 为10的20次方，输出结果 100000000000000000000

//	取整除——返回商的整数部分（向下取整）	>>> 9//2
		4
		>>> -9//2
		-5

实例：

```
# -*- coding: utf-8 -*-
a = 25
b = 10
c = 0
c = a + b
print ("{} + {} = {}".format(a,b,c))
c = a - b
print ("{} - {} = {}".format(a,b,c))
c = a * b
print ("{} * {} = {}".format(a,b,c))
c = a / b
print ("{} / {} = {}".format(a,b,c))
c = a % b
print ("{} % {} = {}".format(a,b,c))
# 修改变量 a 、b 、c
a = 2
b = 3
c = a**b
print ("{} ** {} = {}".format(a,b,c))
a = 10
b = 5
c = a//b
print ("{} // {} = {}".format(a,b,c))
```

```
运行结果：
25 + 10 = 35
25 - 10 = 15
25 * 10 = 250
25 / 10 = 2.5
25 % 10 = 5
2 ** 3 = 8
10 // 5 = 2
```

2. 比较运算符

表 1.2 列出了常用比较运算符及其用法，通过以下实例实现比较运算符的操作：

表 1.2 比较运算符

运算符	描 述	实例 (x=10,y=20)
==	等于——比较对象是否相等	(x == y) 返回 False
!=	不等于——比较两个对象是否不相等	(x != y) 返回 True.
<>	不等于——比较两个对象是否不相等。Python 3 已废弃	(x <> y) 返回 True。这个运算符类似 !=
>	大于——返回 x 是否大于 y	(x > y) 返回 False
<	小于——返回 x 是否小于 y。所有比较运算符返回 1 表示真，返回 0 表示假。这分别与特殊的变量 True 和 False 等价	(x < y) 返回 True
>=	大于等于——返回 x 是否大于等于 y	(x >= y) 返回 False
<=	小于等于——返回 x 是否小于等于 y	(x <= y) 返回 True

实例：

```
x = 1
y = 2
print ("x == y:", x == y)
print ("x != y:", x != y)
print ("x > y:", x > y)
print ("x < y:", x < y)
print ("x >= y:", x >= y)
print ("x <= y:", x <= y)
```

运行结果：
x==y: False
x!=y: True
x>y: False
x<y: True
x>=y: False
x<=y: True

3. 赋值运算符

表 1.3 列出了常用赋值运算符及其用法，通过以下实例实现赋值运算符的操作：

表 1.3 赋值运算符

运算符	描 述	实 例
=	简单的赋值运算符	c = a + b 将 a + b 的运算结果赋值为 c
+=	加法赋值运算符	c += a 等效于 c = c + a
-=	减法赋值运算符	c -= a 等效于 c = c - a
*=	乘法赋值运算符	c *= a 等效于 c = c * a
/=	除法赋值运算符	c /= a 等效于 c = c / a
%=	取模赋值运算符	c %= a 等效于 c = c % a
**=	幂赋值运算符	c **= a 等效于 c = c ** a
//=	取整除赋值运算符	c //= a 等效于 c = c // a

实例：

```
a = 21
b = 10
c = 0
```

```
c = a + b
print "1 - c 的值为: ", c
c += a
print "2 - c 的值为: ", c
c *= a
print "3 - c 的值为: ", c
c /= a
print "4 - c 的值为: ", c
c = 2 c %= a
print "5 - c 的值为: ", c
c **= a
print "6 - c 的值为: ", c
c //= a
print "7 - c 的值为: ", c
```

```
运行结果:
1 - c 的值为: 31
2 - c 的值为: 52
3 - c 的值为: 1092
4 - c 的值为: 52
5 - c 的值为: 2
6 - c 的值为: 2097152
7 - c 的值为: 99864
```

4. 逻辑运算符

表 1.4 列出了常用逻辑运算符及其用法，通过以下实例实现逻辑运算符的操作:

表 1.4 逻辑运算符

运算符	逻辑表达式	描述	实例 (a=10,b=20)
and	a and b	布尔"与"——如果 a 为 False，a and b 返回 False，否则它返回 b 的计算值	(a and b) 返回 20
or	a or b	布尔"或"——如果 a 是非 0，它返回 a 的计算值，否则它返回 b 的计算值	(a or b) 返回 10
not	not a	布尔"非"——如果 a 为 True，返回 False。如果 a 为 False，它返回 True	not(a and b) 返回 False

实例:

```
a = True
b = False
if a and b:
    print ("1 - 变量 a 和 b 都为 true")
else:
    print ("1 - 变量 a 和 b 至少有一个不为 true")
if a or b:
    print ("2 - 变量 a 和 b 至少有一个为 True")
else:
    print ("2 - 变量 a 和 b 都为 false")
if not a:
    print ("3 - 变量 a 为 false")
else:
    print ("3 - 变量 a 为 true")
```

```
运行结果:
1 - 变量a和b 至少有一个不为 true
2 - 变量a和b 至少有一个为 True
3 - 变量a为 true
```

5. 其他运算符

位运算符是把数字看作二进制来进行计算的，见表 1.5。

表 1.5 位运算符

运算符	描述	实例（x=60,y=13）
&	按位与运算符：参与运算的两个值，如果两个相应位都为 1，则该位的结果为 1，否则为 0	(x & y) 输出结果 12，二进制解释：0000 1100
|	按位或运算符：只要对应的两个二进位有一个为 1 时，结果位就为 1	(x | y) 输出结果 61，二进制解释：0011 1101
^	按位异或运算符：当两对应的二进位相异时，结果为 1	(x ^ y) 输出结果 49，二进制解释：0011 0001
~	按位取反运算符：对数据的每个二进制位取反，即把 1 变为 0，把 0 变为 1。~x 类似于 -x-1	(~x) 输出结果 -61，二进制解释：1100 0011，在一个有符号二进制数的补码形式
<<	左移动运算符：运算数的各二进位全部左移若干位，由 << 右边的数字指定了移动的位数，高位丢弃，低位补 0	x << 2 输出结果 240，二进制解释：1111 0000
>>	右移动运算符：把 >> 左边的运算数的各二进位全部右移若干位，>> 右边的数字指定了移动的位数	x >> 2 输出结果 15，二进制解释：0000 1111

成员运算符用来判断一个对象是否包含另一个对象，见表 1.6。

表 1.6 成员运算符

运算符	描述	实例
in	如果在指定的序列中找到值返回 True，否则返回 False	x 在 y 序列中，返回 True
not in	如果在指定的序列中没有找到值返回 True，否则返回 False	x 不在 y 序列中，返回 True

身份运算符用于比较两个对象的存储单元，见表 1.7。

表 1.7 身份运算符

运算符	描述	实例
is	is 是判断两个标识符是不是引用自一个对象	x is y，类似 id(x) == id(y)，如果引用的是同一个对象则返回 True，否则返回 False
is not	is not 是判断两个标识符是不是引用自不同对象	x is not y，类似 id(x) != id(y)。如果引用的不是同一个对象则返回结果 True，否则返回 False

1.1.3 注释与缩进

文档（documentation）是关于一个程序的信息，描述了程序并说明它是如何工作的。注释是程序文档的一部分，Python 注释方法可以采用单行注释和多行注释，注释不是越多越好，对于一目了然的代码，不需要添加注释。

1. 单行注释（行注释）

Python 中使用"#"表示单行注释，单行注释可以作为单独的一行放在被注释代码行之上，也可以放在语句或表达式之后。

```
# 这是单行注释
```

当单行注释作为单独的一行放在被注释代码行之上时，为了保证代码的可读性，建议在 # 后面添加一个空格，再添加注释内容。

当单行注释放在语句或表达式之后时，同样为了保证代码的可读性，建议注释和语句（或注释和表达式）之间至少要有两个空格。

2. 多行注释（块注释）

当注释内容过多，导致一行无法显示时，就可以使用多行注释。Python 中使用三个单引号或三个双引号表示多行注释。例如：

```
'''
这是使用三个单引号的多行注释
'''
"""
这是使用三个双引号的多行注释
"""
```

3. 缩进

Python 的代码块不使用大括号 {} 来控制类、函数、代码块以及其他逻辑判断，它通过缩进来识别代码块，具有相同缩进量的若干行代码属于同一个代码块。缩进的空白数量是可变的，但是所有代码块语句必须包含相同的缩进空白数量，如图 1.2 所示。

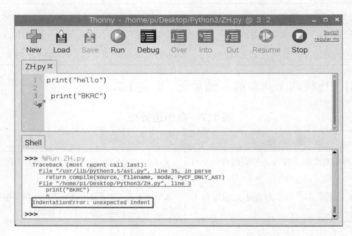

图 1.2　示例

上述程序抛出错误提示，提示内容显示文件格式不对，是【Tab】键和空格没对齐的问题。因此，在 Python 的代码块中必须使用相同数目的行首缩进空格数，建议在每个缩进层次使用单个制表符或两个空格或四个空格，不能混用。

1.2　Python 基本语句

Python 有三类语句：一是顺序语句，程序一行一行顺序执行，直到程序结束；二是条件语句，程序运行到条件语句会进行判断，如果符合条件则继续运行，如果不符合，则直接跳过；三是循环语句，程序运行到循环语句，如果符合条件则继续运行，直到不符合条件时，跳过。

1.2.1 条件控制语句

Python 条件语句是通过一条或多条语句的执行结果（True 或者 False）来决定执行的代码块。Python 程序语言指定任何非 0 和非空（null）值为 True，0 或者 null 为 False。图 1.3 显示了条件语句的执行过程。

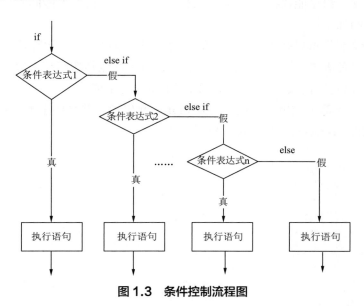

图 1.3　条件控制流程图

Python 编程中 if 语句用于控制程序的执行，有三种形式：

形式一：

```
if 判断条件：
    执行语句……
```

形式二：

```
if 判断条件：
    执行语句……
else 判断条件：
    执行语句……
```

形式三：

```
if 判断条件：
    执行语句……
elif 判断条件：
    执行语句……
else:
    执行语句……
```

以上三种形式中，第二种和第三种形式是相通的，如果第三种形式中的 elif 块不出现，就变成了第二种形式。其中"判断条件"成立时（非零），则执行后面的语句，执行内容可以多行,以缩进来区分表示同一范围;如果表达式不成立,则执行 else 后面的代码块,else 为可选语句;如果没有 else 部分,那就什么也不执行。对于第三种形式,从上到下逐个判断表达式是否成立,一旦遇到某个成立的表达式,就执行后面紧跟的代码块,此时,剩下的代码就不再执行。如果所有的表达式都不成立,就执行 else 后面的代码块。总体来说,不管有多少个分支,都只能执行一个分支,或者一个也不执行,不能同时执行多个分支。

语法格式说明如下:

(1)"判断条件"可以是一个单一的值或者变量,也可以是由运算符组成的复杂语句,形式不限。无论"表达式"的结果是什么类型,if...else 都能判断它是否成立(真或者假)。

(2)"执行语句"由具有相同缩进量的若干条语句组成。

(3)elif 和 else 都不能单独使用,必须和 if 一起出现,并且要正确配对。

(4)if、elif、else 语句的最后都有冒号(:)。

实例如下:

```
a = 1
b = 2
if a > b:
    print("a 大于 b")
elif a < b:
    print("a 小于 b")
else:
    print("a 等于 b")
```

可以修改变量 a、b 的值来熟悉条件控制语句的运行方式。

1.2.2 循环控制语句

循环语句允许执行一个语句或语句组多次,循环控制语句则可以更改语句执行的顺序。Python 提供了循环语句有:for 循环和 while 循环。循环控制语句包括 break、continue、pass 语句。

1. While 循环语句

while 语句用于循环执行程序,即在某条件下,循环执行某段程序,处理需要重复执行的相同任务。while 循环流程图如图 1.4 所示。

while 语句的执行过程:

(1) 程序执行到 while 时,先判断条件表达式的值。

(2) 条件表达式值为真时,执行循环体代码。

(3) 循环体执行后 while 控制语句回到条件表达式位置继续判断。

(4) 如果表达式值为真,则重复 (2)、(3) 两个步骤,如果条件表达式值为假,则不执行循环体,同时 while 循环结束,程序继续执行 while 之后的代码。

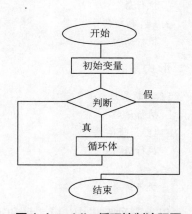

图 1.4 while 循环控制流程图

其基本形式为：

```
while 判断条件:
    执行语句
```

当判断条件为假 false 时，循环结束。

实例：每隔 1 秒中程序循环打印一次，在程序中 import 导入延时所需要的包。通过 sleep() 方法控制循环延时时间，如果 i>100 这个条件成立则跳出整个 while 循环。

```
import time
i = 0
while True:
    print(i)
    i = i+1
    time.sleep(1)
    if i > 100:
        break
```

Python 中还提供了一种和其他大多数语言都不同的结构 while...else，基本语法为：

```
while 条件表达式
    循环体
else:
    语句
```

设计循环的条件表达式时需注意一点，避免造成死循环。若条件表达式结果总是 True，则一直进行循环体的执行。有些时候会需要这种死循环，比如要一直执行一段程序，或者结束循环的条件比较复杂、条件表达式设计不便时。语法如下：

```
While True:
    循环体
```

自己设计的死循环一定要有中断指令，如 input() 函数，或者可以结束的语句，如 break，在交互模式下，可通过【Ctrl+C】组合键结束死循环。

2. for 循环语句

Python 中提供的另一个循环语句 for，与 while 根据条件表达式的真假确定是否进行循环不同，for 语句通过迭代对象实现循环。for 接受序列或迭代器作为参数，每次循环取出其中一个元素，循环次数取决于序列或迭代器中元素的个数。for 循环流程图如图 1.5 所示。

for 循环可以遍历任何序列的项目，如一个列表或者一个字符串。其基本形式为：

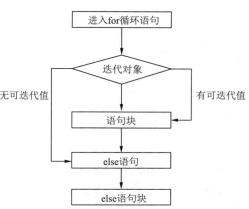

图 1.5　for 循环控制流程图

```
for 变量 in range(10):
    循环需要执行的代码
else:
    循环结束执行的代码
```

其中 range() 函数的作用可以理解为可生成一个序列的迭代器，可指定起始值、终止值和步长值。range() 函数使用语法如下：

```
range(stop): 0~stop-1
range(start, stop): start~stop-1
range(start, stop, step): start~stop-1, step 为步长
```

实例 1：求 1～100 的和。

```
sum = 0
for i in range(1,101):
    sum = sum+i
    print(sum)
```

实例 2：字符串是可迭代对象。

```
for c in "Say Hello":
    print(c)
```

实例 2 运行结果：
S
a
y

H
e
l
l
o

for 循环中也可以嵌套 if 语句，实现更灵活的程序。循环的嵌套通常是指在一个循环中完整地包含另外一个完整循环，也就是循环体中还有循环。while 和 for 可以相互嵌套。

3. break 控制循环语句

break 语句可以跳出 for 和 while 的循环体，出现 break 控制语句，剩余语句将不再执行。实例如下：

```
import time
i = 0
while True:
    print(i)
    i = i+1
    time.sleep(1)
    if i == 5:
        break
print("over")
```

运行结果：
0
1
2
3
4
over

当 i 等于 5 时，退出循环。

4. continue 控制循环语句

continue 语句跳出本次循环，continue 后面的代码不再执行，然后继续进行下一轮循环。实例如下：

```
for i in range(1,5):
```

```
    if i == 3:
        continue
    print(i)
```

运行结果:
1
2
4

当程序中变量 i 等于 3 时，执行 continue 控制语句跳过下面打印语句，进入下一次循环。

注意 continue 和 break 的区别：break 是终止整个循环，continue 只是忽略当次循环的剩余语句。

5. pass 控制循环语句

在实际开发中，有时会先搭建起程序的整体逻辑结构，但是暂时不去实现某些细节，而是在这些地方加一些注释，方便以后再添加代码。pass 是空语句，是为了保持程序结构的完整性，pass 不做任何事情，一般用作占位语句，代替注释。实例如下：

```
age = int( input("请输入你的年龄: ") )
if age < 12 :
    print("婴幼儿")
elif age >= 12 and age < 18:
    print("青少年")
elif age >= 18 and age < 30:
    print("成年人")
elif age >= 30 and age < 50:
    pass
else:
    print("老年人")
```

当年龄大于等于 30 并且小于 50 时，没有使用 print() 语句，而是使用了 pass 语句，方便以后再处理成年人的情况。当 Python 执行到该 elif 分支时，会跳过注释，什么都不执行。

1.3 Python 开发环境的安装和使用

实验目的

（1）了解 Anaconda 的基本概念。
（2）掌握 Python 开发环境安装的基本方法，利用 Anaconda 配置 Python 开发环境。

实验环境

Anaconda、Python。

实验原理

Anaconda 是由 Python 解释器和各种第三方库组成的集成开发工具，是开源的科学计算发行版，包含超过 180 个科学包及依赖包，用于科学计算、工程和数据分析等，

Anaconda 包含的科学计算相关包有 ipython、numpy 等。Anaconda 提供 package 和环境管理功能，免去许多复杂的配置流程，其中 conda 作为环境管理器，进行包管理。由于安装 Anaconda 文件较大且包含一些不需要的依赖包，因此选择较小的发行版本 Miniconda。

Python 易于学习、可靠且高效，除了语言本身的特性外，还拥有成熟的程序包资源库，强大的第三方库，避免了开发者的许多重复工作，但众多软件库之间的复杂依赖关系，对 Python 开发造成了不少困扰。conda 作为一个非常好的 Python 包管理软件，可以在同一台计算机上安装不同版本的软件包及依赖包，并能在不同的环境之间切换，轻松实现 Python 开发环境的管理。

1. 安装 Miniconda

（1）下载 Miniconda（官网下载链接：https://conda.io/miniconda.html），双击下载完成后的 .exe 文件并启动安装向导，如图 1.6 所示。

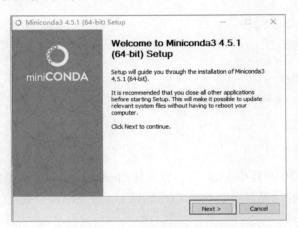

图 1.6　Miniconda 安装

（2）选择添加环境变量，如图 1.7 所示。

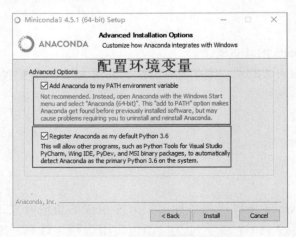

图 1.7　Miniconda 配置环境变量

（3）单击【Finish】按钮完成安装，如图 1.8 所示。

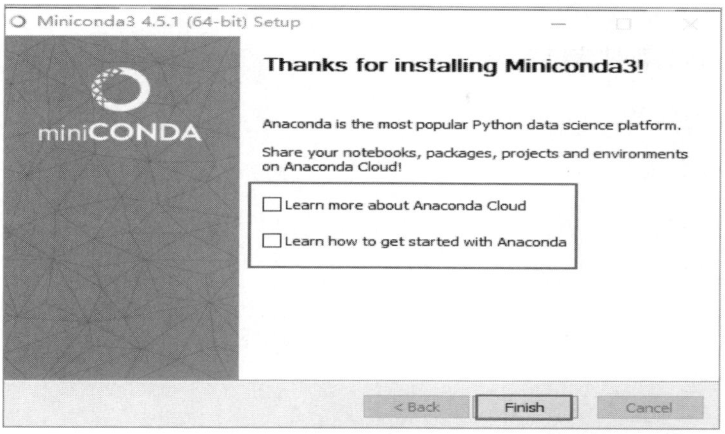

图 1.8　Miniconda 安装完成

2. Miniconda 创建 Python 虚拟环境

使用 Miniconda 创建 Python 3.6 的环境，并安装 Python 3.6，命令如下：

```
conda install python = 3.6
```

基于 Python 3.6 创建一个名为 test_py 的虚拟环境：

```
conda create --name test_py python = 3.6
```

激活 test_py 虚拟环境：

```
conda activate test_py
```

查看当前环境：

```
conda env list
```

退出虚拟环境：

```
conda deactivate
```

导出当前环境信息：

```
conda env export > environment.txt
```

3. Miniconda 常用命令

安装 Python 库：

```
conda install package_name
```

同时安装多个 Python 库时，用空格将 Python 库名称隔开，例如同时安装 numpy、scipy、pandas 包：

```
conda install numpy scipy pandas
```

查看已安装的 Python 包：

```
conda list
```

按照 Python 包名称搜索已安装的包：

```
conda search search_term
```

查看包的详细信息：

```
conda search search_term --info
```

更新 Python 包：

```
conda update package_name
```

卸载 Python 包：

```
conda remove package_name
```

清理不用的缓存和包：

```
conda clean --all
```

输出 conda 的配置：

```
conda config --show
```

1.4 集成开发环境 PyCharm 的安装和使用

实验目的

掌握 Python 集成开发环境安装的基本步骤，利用 PyCharm 配置 Python 开发环境。

实验环境

PyCharm、Python。

实验原理

Python 可使用的编辑器有自带的 IDLE 编辑工具，或者是 Anaconda 的 IDE 工具，但随着学习后期涉及的东西越多，就需要一款功能更强大、适用更广泛的 IDE 工具，PyCharm 就是其中一种。PyCharm 是一种 Python IDE（Integrated Development Environment，集成开发环境）工具，带有一整套可以帮助用户在使用 Python 语言开发时提高其效率的工具，具备调试、语法高亮、Project 管理、代码跳转、智能提示、自动完成、单元测试、版本控制等功能，是一种高效的编辑工具。同时，该 IDE 还提供了一些高级功能，以用于支持 Django 框架下的专业 Web 开发。

实验步骤

1. PyCharm 的安装

（1）根据计算机操作系统版本选择对应的包进行下载，下载链接：https://www.jetbrains.com/pycharm/，如图 1.9 所示。

图 1.9　PyCharm 软件

（2）下载完成后，根据引导开始安装，安装目录推荐磁盘为 D 盘。

（3）安装版本选择。Create Desktop Shortcut 创建桌面快捷方式，根据计算机配置选择 32 位或 64 位。选择 Create Associations 是否关联文件，选择之后打开 .py 文件（.py 文件都将用 PyCharm 软件打开），如图 1.10 所示。

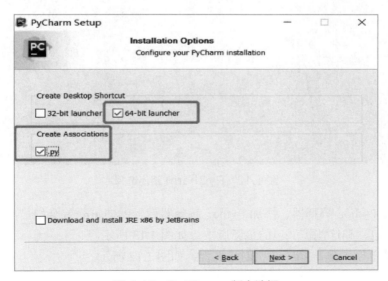

图 1.10　PyCharm 版本选择

(4)默认单击【Install】按钮,直到完成安装即可。

2. PyCharm 的使用

(1)单击 Create New Project 选项创建一个新的项目,如图 1.11 所示。

图 1.11 PyCharm 首次创建工程界面

(2)输入路径,选择 Python 解释器,如图 1.12 所示。

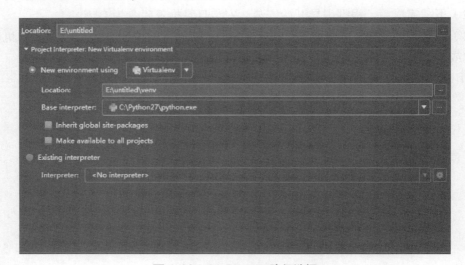

图 1.12 PyCharm 路径选择

(3)选择 Python 解释器,添加 Python 解释器后,PyCharm 就会扫描出目前已经安装的 Python 扩展包,和这些扩展包的最新版本,如图 1.13 所示。

(4)在菜单栏中单击 File 选项创建工程,如图 1.14 所示。

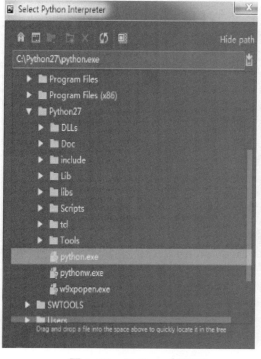

图 1.13 Python 解释器

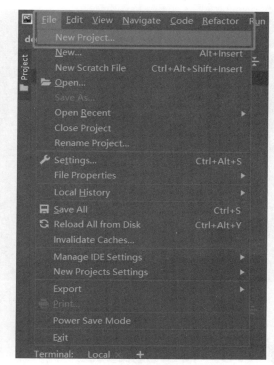

图 1.14 创建工程

(5) 单击 New 命令, 创建 Python 文件, 如图 1.15 所示。

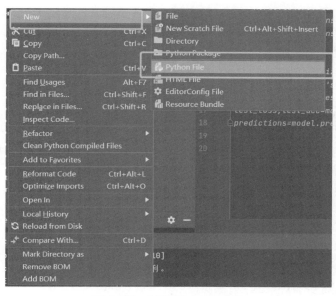

图 1.15 创建 Python 文件

(6) 单击 Run 命令运行程序, 输出运行结果, 如图 1.16 所示。

图 1.16　运行 Hello World

1.5　输出函数实验

实验目的

掌握 print() 函数基本使用方法。

实验环境

Anaconda、Python、PyCharm

实验原理

print() 函数用于打印输出，是 Python 中最常见的一个函数。print() 函数的功能就是让计算机把给它的指令结果，显示在屏幕上。

该函数的语法如下：

```
print (*objects,sep = ' ', end = '\n', file = sys.stdout)
```

参数的具体含义如下：

objects——表示输出的对象。输出多个对象时，需要用,（逗号）分隔。

sep——用来间隔多个对象。

end——用来设置以什么结尾。默认值是换行符 \n，可以换成其他字符。

file——要写入的文件对象。

1. 输出字符串

首先创建 strHello 对象，里面存放字符数据，直接使用 print() 函数打印。

```
strHello = 'Hello Python'
print(strHello)
```

运行结果如下：

```
Hello Python
```

2. 格式化输出整数

在 C 语言中，可以使用 printf("%-.4f",a) 之类的形式实现数据的格式化输出，Python 中，同样可以实现数据的格式化输出。和 C 语言的区别在于，Python 中格式控制符和转换说明符用 % 分隔，C 语言中用逗号。举例说明，仍然创建 strHello 对象，里面存放字符数据，直接使用 print() 函数打印。

```
strHello = "the length of(%s) is %d"%('Hello World',len('Hello World'))
print(strHello)
```

运行结果如下：

```
the length of (Hello World) is 11
```

格式化输出符号说明：

（1）% 字符：标记转换说明符的开始。

（2）转换标志：- 表示左对齐；+ 表示在转换值之前要加上正负号；""（空白字符）表示正数之前保留空格；0 表示转换值若位数不够则用 0 填充。

（3）最小字段宽度：转换后的字符串至少应该具有该值指定的宽度。如果是 *，则宽度会从值元组中读出。

（4）点（.）后跟精度值：如果转换的是实数，精度值就表示出现在小数点后的位数。如果转换的是字符串，那么该数字就表示最大字段宽度。如果是 *，那么精度将从元组中读出。

格式字符转换类型见表 1.8。

表 1.8 格式字符转换说明

格式字符	说 明	格式字符	说 明
%s	字符串采用 str() 的显示	%x	十六进制整数
%r	字符串 (repr()) 的显示	%e	指数（基底写 e）
%c	单个字符	%E	指数（基底写 E）
%b	二进制整数	%f,%F	浮点数
%d	十进制整数	%g	指数 (e) 或浮点数（根据显示长度）
%i	十进制整数	%G	指数 (E) 或浮点数（根据显示长度）
%o	八进制整数	%%	字符 %

3. 输出列表与字典

创建列表 l 对象，列表 l 对象里面存放 1,2,3,4,'jcodeer'，直接使用 print() 函数打印。

```
l = [1,2,3,4,'jcodeer']
print(l)
```

运行结果如下：

```
[1, 2, 3, 4, 'jcodeer']
```

创建字典 d 对象，字典 d 对象里面存放 1:'A',2:'B',3:'C',4:'D'，直接使用 print() 函数打印。

```
d = {1:'A',2:'B',3:'C',4:'D'}
print(d)
```

运行结果如下：

```
{1: 'A', 2: 'B', 3: 'C', 4: 'D'}
```

4. %r 的使用

%r 用 rper() 函数处理对象，实例如下：

```
formatter = "%r %r %r %r"
print(formatter % (1, 2, 3, 4))
print(formatter % ("one", "two", "three", "four"))
print(formatter % (True, False, False, True))
print formatter % (formatter, formatter, formatter, formatter))
print(formatter % (
    "I had this thing.",
    "That you could type up right.",
    "But it didn't sing.",
    "So I said goodnight." ))
```

运行结果如下：

```
1 2 3 4
'one' 'two' 'three' 'four'
True False False True
'%r %r %r %r' '%r %r %r %r' '%r %r %r %r' '%r %r %r %r'
'I had this thing.' 'That you could type up right.' "But it didn't sing."
'So I said goodnight.'
```

%r 调用 rper() 函数打印字符串，repr() 函数返回的字符串是加上了转义序列，是直接书写的字符串的形式；%s 调用 str() 函数打印字符串，str() 函数返回原始字符串。有些情况两者处理结果一样，有些情况则不一样，%r 打印时能够重现它所代表的对象，实例如下：

```
import datetime
q = datetime.date.today()
print("%s" % q)
```

```
print("%r" % q)
```

运行结果如下：

```
2014-04-14
datetime.date(2014, 4, 14)
```

1.6 Python 文件 I/O 实验

实验目的

（1）了解 Python 文件操作的基本语法。
（2）掌握 Python 对文件的创建、读写基本操作方法。

实验环境

Anaconda、Python、PyCharm。

实验原理

编程中对文件的操作是必要的，Python 在 os 模块中提供了对文件的操作方法，使用 os 模块操作文件是一件非常简单的事情。在对文件操作之前需要先导入 os 模块，下面介绍如何使用 os 模块来创建文件、写入文件、读取文件和删除文件。

实验步骤

1. 文件的创建和写入

（1）创建文件

下面创建一个 README.txt 空文件，在创建文件之前需要判断创建的文件是否已经存在，如果文件已经存在，再次创建时程序会抛出异常。

```
import os
if os.path.exists ("README.txt"):          # 判断文件是否存在
  print("File already exists")
else:
  os.mknod("README.txt")
```

os.mknod() 方法用于创建一个指定文件名的文件系统结点。

（2）写入文件

下面是向文件中写入内容"BKRC"，首先使用 open() 函数打开所要写入的目标文件，对文件操作完成后关闭文件。

```
# Write File
f = open("README.txt","w")
```

```
f.write("BKRC")
f.close()
```

(3)读取文件,下面是读取"README.txt"文件中内容。

```
# Read File
f = open("README.txt","r")
s = f.read()
print(s)
```

实例如下:

```
import os
if os.path.exists("README.txt"):
    print("File already exists")
else:
    os.mknod("README.txt")
# Write File
f = open("README.txt","w")
f.write("BKRC")
# Read File
f = open("README.txt","r")
s = f.read()
print(s)
#close File
f.close()
```

2. 文件的读取方式

(1)文件的打开模式参数。

r:以只读方式打开文件,文件的指针将会放在文件的开头。打开文件后,从文件开头开始读取数据;

r+:以读写的方式打开文件;

w:打开一个文件只用于写入,文件的指针也是在文件的开头,如果该文件已存在则将其覆盖,如果该文件不存在,创建新文件;

w+:以读写的方式打开文件;

a:以写入的方式打开文件,在文件你的末尾追加新的内容,如果文件不存在,则创建新文件;

a+:以读写的方式打开文件;

b:以二进制模式打开文件,可与r、w、a、+结合使用(对于图片、视频等文件必须使用"b"的模式读写);

rb:以二进制格式打开文件,用于只读;

wb:以二进制格式打开文件,用于只写;

ab:以二进制格式打开文件,用于追加;

wb+：以二进制格式打开文件，用于读写；

其中，r+ 模式下，如果直接写入，将从 0 位置处开始写，并且覆盖原位置的字符，写多少字符就覆盖多少字符；r+ 模式下，使用 read() 或 readline() 或 readlines() 方法后再写入字符，将在文件最后写入。readline() 方法读取后，换行写入；read() 或 readlines() 方法读取后将在同一行写入。

实例 1：要进行读文件操作，只需把模式换成 'r' 即可，或者设置模式为空不写参数，程序默认为 'r'。

```
>>> f = open('README.txt', 'r')
    >>> f.read(5)                # 通过 read() 读文件，括号内填入要读取的字符数
```

实例 2：创建并写入文件。

```
f = open("README.txt", 'w')     # 若文件不存在，创建新文件
data = f.read()                  # 只写模式，读会报错
f.write("hello\n")               # 不加 \n，默认不换行写
f.write("world\n")
f.truncate()                     # 截断
f.truncate(3)                    # 截断，数字为 3，保留前 3 个字节
f.close()
```

其中 truncate(size) 方法用于截断文件，如果指定了可选参数 size，则表示截断文件为 size 个字符；如果没有指定 size，则从当前位置起截断，即从文件开头开始截断到当前位置，其余内容删除；截断之后 size 后面的所有字符被删除。思考上例第一次截断后的结果是什么？

实例 3：删除所有写入内容。

```
f = open("README.txt", 'a')     # 类似 shell 里的 >> 符
f.write("hello\n")
f.write("world\n")
f.truncate(0)                    # 此处追加模式使用 truncate 截取前面的数据
f.close()
```

实例 4：将九九乘法表写入文件。

```
f = open("README.txt", "w")
for i in range(1, 10):
    for j in range(1, i + 1):
        f.write("{} * {} = {} ".format(i, j, i*j))
    f.write("\n")
f.close()
```

（2）tell() 函数与 seek() 函数的使用。

```
tell()    获取当前的读取数据的位置（可以理解为一个读光标当前的位置）
seek(n)   从第 n 个字符开始读取（将读光标移动到第 n 个字符）
```

实例:

```
f = open("README.txt", "r")
print(f.tell())            # 结果为 0（刚打开文件，光标在索引为 0 的位置）
f.seek(5)                  # 移动光标到整个文件的第 6 个字符
print(f.tell())            # 结果为 5
f.seek(2)                  # 移动光标到整个文件的第 3 个字符
print(f.tell())            # 结果为 2
f.close()
```

（3）read()、readline() 和 readlines() 方法的使用。

read() 方法：读取整个文件，将文件内容放到一个字符串变量中；劣势是，如果文件非常大，尤其是大于内存时，无法使用 read() 方法。

readline() 方法：表示逐行读取，每次读取一行，返回的是一个字符串对象，保持当前行的内存；劣势是比 readlines 慢得多。

readlines() 方法：一次性读取整个文件，自动将文件内容分析成一个行的列表。

实例：

```
f = open("README.txt", "r")
f.seek(5)                  # 光标移到第 6 个字符
data1 = f.read()           # read 读整个文件在光标后面的所有字符
f.seek(5)                  # 光标重置到第 6 个字符
data2 = f.readline()       # readline 读光标所在行光标后面的所有字符
f.seek(5)                  # 光标重置到第 6 个字符
data3 = f.readlines()      # 读的字符按行区分做成列表
f.close()
```

第 2 章
Python 数据结构

学习任何一门编程语言，最基础的就是学习它的数据结构。执行的每一个数据探索任务背后，都有一个数据存储和组织的基本元素，想要高效地存储数据，并将提取信息变得非常容易，这就需要掌握数据结构。本章着重介绍字符串、列表、元组、字典这几种数据类型，以及函数、类与对象等概念。

2.1 基础数据结构

高效地组织、管理和存储数据可以使访问数据更容易，修改操作更有效，数据结构允许以某一种方式组织数据，能够存储数据集合、关联它们并相应地对它们执行操作。Python 隐含地支持数据结构，这些结构称为列表、字典、元组、字符串和集合。Python 也允许用户创建自己的数据结构，能够完全控制自己的功能。

内置在 Python 中的数据结构使得编程变得更容易，并帮助程序员更快地使用它们来获得解决方案。序列是 Python 中最基本的数据结构。序列中的每个元素都分配一个数字索引，第一个索引是 0，第二个索引是 1，以此类推。Python 有 6 个序列的内置类型，但最常见的是列表和元组。序列都可以进行的操作包括索引、切片、加、乘、检查成员。此外，Python 已经内置确定序列长度以及确定最大和最小元素的方法。

列表是 Python 中内置的数据结构，用于以顺序方式存储不同数据类型的数据，它可以作为一个方括号内的逗号分隔值出现，列表的数据项不需要具有相同的类型。列表中的每个元素都分配了地址，称为索引，索引值从 0 开始，一直持续到最后一个称为正索引的元素，也有负索引，从 -1 开始，可以从最后一个到第一个访问元素。元组与列表相同，不同之处在于数据一旦进入元组，无论如何都不能更改。

有时不希望在列表或元组中多次出现同一个元素，可以使用集合数据结构。集合是一个无序但可变的元素集合，它只包含唯一的值，这意味着即使数据重复多次，也只会输入到集合中一次。它和算术中学过的集合很相似，运算也与算术集相同。使用 Python 集合，可以执行两个集合之间的并集、交集和差集等操作，就像在数学中一样。

字典、映射和哈希表是 Python 中核心的数据结构，类似这样的数据结构几乎在所有主流编程语言中都有它的身影，是非常重要的知识点。字典可以存储任意数量的对象，每个对象都由唯一的字典键标识。字典通常也被称为映射、散列表、查找表或关联数组，它能够高效查找、插入和删除任何与给定键关联的对象，字典对象相当于现实世界中的电话簿。

使用列表构建的两种非常流行的用户自定义数据结构是栈和队列，栈和队列都是元素的列表。栈中元素的添加或删除是从列表的末尾开始的，它基于后进先出（LIFO）原则的线性数据结构，其中最后输入的数据将首先被访问。它使用数组结构构建，具有推送（添加）元素、弹出（删除）元素和仅从堆栈中称为顶部的一点访问元素的操作，顶部是指向堆栈当前位置的指针。堆栈主要用于递归编程、反转字、字编辑器中的撤消机制等应用程序中。队列中元素的添加发生在列表的末尾，而元素的删除则发生在列表的前面，队列基于先进先出（FIFO）原则的线性数据结构。其中首先输入的数据将首先被访问，它也使用数组结构构建，并且可以从队列的两端执行操作，即头-尾或前-后，诸如添加和删除元素的操作称为入队和出队，可以执行对元素的访问。队列用作流量拥塞管理的网络缓冲区，用于作业调度等操作系统。

自定义数据结构还有树、链表、图等。树是具有根和结点的非线性数据结构，根是数据来源的结点，结点是可用的其他数据点，前面的结点是父结点，后面的结点称为子结点，一棵树必须有不同的层次来显示信息的深度，最后的结点称为叶子。树创建了一个层次结构，可以用于许多现实世界的应用程序中，比如超文本标记语言页面，使用树来区分哪个标签属于哪个挡路。它在搜索目的等方面也很有效。链表是一种线性数据结构，因此不会存储，但使用指针彼此链接。链表的结点由数据和称为 NEXT 的指针组成，这些结构最广泛地用于图像观看应用、音乐播放器应用等。图用于存储称为顶点和边的点的数据集合，图形堪称是现实世界地图最准确的表现形式，可以找出被称为结点的各种数据点之间的各种成本距离，从而找到最少的路径。许多应用程序，如谷歌地图、优步等，都使用图形来找到最短的距离，并以最好的方式增加利润。

当所使用的数据结构更复杂的时候，就需要构造类来封装所使用的数据结构，类以独特的方式捕获这些结构的状态和行为。

2.2 Python 字符串实验

实验目的

（1）了解 Python 字符串的基本概念。
（2）掌握 Python 字符串的使用方法。

实验环境

Anaconda、Python、PyCharm。

实验原理

在 C、C++ 等经典语言中，定义字符串需要使用双引号（" "）把字符内容扩起来，在 Python 中也是一样的，可以这样来定义一个字符串：

```
s1 = "Say Hello"
```

在 Python 中还可以使用单引号（' '）扩起来定义字符串，这和使用双引号定义的字符串没什么不同。

实验步骤

1. 字符串转换

值被转换为字符串有两种机制，可以通过 str() 函数和 repr() 函数来使用这两种机制。以下实例通过内建 str() 函数将其他类型的数据转化为字符串：

```
>>> numInt = 12345
>>> numFloat = 3.1415926
>>> numList = [1,2,3,4,5]
>>> str(numInt)
'12345'
>>> str(numFloat)
'3.1415926'
>>> str(numList)
'[1,2,3,4,5]'
```

字符串不允许直接与其他类型进行拼接，需先转换成相同类型再操作。例如，num = 100，str1 = "hello"，直接拼接会提示错误，需要先通过 str(num) 函数将 num 转换成字符型，再进行拼接操作。

在 Python 中字符串也可以转换成常量，例如给 s1 赋值，s1 = "Say Hello"，通过 id(s1) 转换为常量 id(s1) = 3061182856。

2. 字符串的分隔和拼接

有时候需要从字符串或文件中提取一些有规律的数据。比如，一个记录了很多人信息的文件，每一行存放一人记录，此时就需要字符串的分隔和拼接。Python 中使用 split() 方法把字符串分隔成列表：

语法格式：str.split(sep, maxsplit)

参数说明：

str: 表示要进行分隔的字符串。

sep: 用于指定分隔符，可以包含多个字符(包括空格、换行 "n"、制表符 "t" 等)，默认为 None，即所有空字符。

maxsplit: 可选参数，用于指定分隔的次数，如果不指定或者为 -1，则分隔次数没有限制，否则返回结果列表的元素个数最多为 maxsplit+1。

返回值：分隔后的字符串列表。

以下实例中以一行个人记录为例，这些记录都通过空格分隔，从中提取一些信息，如提取姓名：

```
>>> milo = "milo 18 180 140"
>>> zou = "zouqixian 38 185 160"
>>> milo.split()
['milo','18','180','140']
>>> zou.split()
['zouqixian','38','185','160']
>>> milo.split()[0]
'milo'
```

原本长短不一的字符串，经过分隔变成四个整体。再比如提取计算机的 IP 地址中最后一段的主机地址：

```
>>> ip = "192.168.1.123"
>>> ip = split('.')              # 自定义分隔符
['192','168','1','123']
>>> ip.split('.')[-1]
'123'
```

字符串可以分隔成列表，反过来也可以把列表拼接成字符串，可以使用 join() 方法，以指定的字符串把列表的各个元素连接起来，用法如下：

```
>>> ip = ['192','168','1','123']
>>> print(ip)
['192','168','1','123']
>>> ".".join(ip)                 # 以字符串 "." 调用 join() 方法拼接列表中的对象
'192.168.1.123'
>>>  print(".".join(ip))
192.168.1.123
>>>  print("".join(ip))          # 用空字符串拼接
1921681123
>>>  print("aaa".join(ip))       # 可自定义任意字符串
192aaa168aaa1aaa123
```

拼接字符串还可以使用 "+" 符号拼接字符串。例如，str1 = "aaa"，str2 = "bbb"，通过 "+" 将二者拼接，得到 aaabbb。

3. 字符串的截取

语法格式：string[start : end : step]

参数说明：

string: 表示要截取的字符串。

start: 表示要截取的第一个字符的索引 (包括该字符)，如果不指定 , 则默认为 0。

end: 表示要截取的最后一个字符的索引（不包括该字符），如果不指定则默认为字符串的长度。

step: 表示切片的步长，如果省略，则默认为1，当省略该步长时，最后一个冒号也可以省略。

例如字符串 str1 = "hello world!"，str1[1] 是截取第 2 个字符 'e'，str1[2:] 是从第 3 个字符开始截取得 'llo world!'，str1[:4] 是截取前 4 个字符 'hell'，str1[2:-2] 是截取第 3 个到倒数第 2 个字符 'llo worl'。

4．字符串常用方法

字符串从 string 模块中"继承"了很多方法，字符串的方法很多，接下来介绍一些常用的字符串方法。

（1）count() 方法。

语法格式：

```
str.count(sub[, start[, end]])
```

作用：用于检索指定字符串在另一个字符串中出现的次数，如果检索的字符串不存在则返回 0，否则返回出现的次数。

参数说明：

str: 表示原字符串。

sub: 表示要检索的子字符串。

start: 可选参数，表示检索范围的起始位置的索引，如果不指定，则从头开始检索。

end: 可选参数，表示检索范围的结束位置的索引，如果不指定，则一直检索到结尾。

例如：>>> str1 = "hello world"
　　　>>> print(str1.count('o'))
　　　2

（2）find() 方法。

语法格式：

```
str.find(sub[, start[, end]])
```

作用：检索是否包含指定的字符串，如果检索的字符串不存在则返回 -1，否则返回首次出现该字符串时的索引，类似的还有 index() 方法。例如：

```
>>> sent = "The flowers are flying !"
>>> sent.find('The')
0
>>> sent.find('flowers')
4
>>> sent.find('fruit')
-1
```

find() 方法可以接收可选的起始点和结束点参数。例如：

```
>>> text = 'This is a sample sentence! a sample sentence!'
>>> text.find('sample')
10
>>> text.find('sample',16)
29
>>> text.find('sentence')
17
>>> text.find('sentence',0,12)
-1
```

注：由起始和终止值指定的范围包含第一个索引,但不包含第二个索引。

(3) lower() 方法。

语法格式:

```
str.lower()
```

作用:返回将字符串中所有大写字符转换为小写后生成的字符串。例如:

```
>>> 'You Like The FLOWERS!'.lower()
'you like the flowers!'
```

若想要编写"不区分大小写"的代码,那么使用这个方法,代码就会忽略大小写状态。例如,如果想在列表中查找一个用户名是否存在,在列表中包含字符串 'tom',而用户输入的是 'Tom',就找不到了,解决方法就是在存储和搜索时把所有名字都转换为小写。例如:

```
>>> name = 'Tom'
>>> namelist = ['lily','jack','jane','tom']
>>> if name.lower() in namelist : print 'successful!'
```

(4) replace() 方法。

语法格式:

```
str.replace(old,new[,max])
```

作用:replace() 方法返回某字符串的所有匹配项均被替换之后得到字符串。

参数说明:old——将被替换的子字符串。

new——新字符串,用于替换 old 子字符串。

max——可选字符串,替换不超过 max 次。例如:

```
>>> text = 'This is a sample sentence! a sample sentence!'
>>> print text.replace("is","was");
Thwas was a sample sentence! a sample sentence!
>>> print text.replace("is","was",1);
Thwas is a sample sentence! a sample sentence!
```

第三个参数"1",指替换不超过 1 次。

（5）strip() 方法

语法格式：

```
str.strip([chars])
```

作用：去除字符串前后（左右侧）的空格或特殊字符。例如：

```
>>> str1 = " hello world! "
>>> str1.strip()
'hello world!'
>>> str2 = "#hello world#@#"
>>> str2.strip('#')
'hello world#@'
>>> str3 = "@hello world!@."
>>> str3.strip('@.')
'hello world!'
```

此外，还有 lstrip() 方法和 rstrip() 方法分别是去除字符串前面（左侧）的空格或特殊字符、去除字符串后面（右侧）的空格或特殊字符。

2.3 Python 列表实验

2.3.1 列表的序列化操作

实验目的

（1）了解 Python 列表基本概念。
（2）掌握 Python 列表的使用方法，包括创建、读写、拆分、更新等基础操作。

实验环境

Anaconda、Python、PyCharm。

实验原理

列表的数据项可以是不同的类型，可以是字符串，也可以是数字类型，甚至是列表、元组，只要用 "," 逗号分隔开，就是一个元素。作为序列类型的列表（list），跟字符串相比，相同点是所有关于序列的操作都是通用的。不同点如下：

（1）字符串中的值只能是字符，在列表中值可以是任何类型，我们称列表中的值为元素或列表项。

（2）列表是可变类型，即列表中的元素是可以改变的，可以增加和删除元素，甚至可以作为程序中的数据库使用。明确了两者的异同，就可以套用已知的字符串知识快速掌握列表了。

实验步骤

1. 列表的创建和拆分

Python 中创建列表的方法很多,最基本的创建形式就是通过方括号 [],其中所有的元素通过逗号分隔开。另外,还可以通过 list() 函数创建列表,实例如下:

```
>>> aList = []
>>> numList = [1, 2, 3, 4, 5]
>>> hero = ['milo',100,'hero']
>>> listInList = [1, 2, 3, ['a','b','c']]
>>> hwList = list('hello world')
>>> hero
['milo', 100,'hero']
>>> hwList
['h','e','l','l','o','','w','o','r','l','d']
>>> type(aList)
<class 'list'>
```

列表可以通过赋值的方式进行拆分,用法如下:

```
>>> hero = ['milo',100, 200]
>>> name, act, hp = hero
>>> name
'milo'
>>> act
100
>>> hp
200
```

2. 列表的索引和切片

因为列表与字符串同属序列,所以,在列表操作过程中也有索引和切片,用法完全一样,列表中的元素更加丰富,通过索引直接访问元素。

访问单个元素的基本格式为:列表名 [索引值]。

访问多个元素的基本格式为:列表名 [索引起始值:索引终止值]。

通过索引,除了读取元素,也可以直接对指定索引的元素重新赋值。实例如下:

```
>>> hero = ['milo',100,'hero']
>>> hero[0]
'milo'
>>> hero[1]
100
```

二元列表的读取方式:

```
>>> listInList = [1, 2, 3, ['a','b','c']]
```

```
>>> listInList[3]
['a','b','c']
>>> listInList[3][1]
'b'
```

列表中切片操作基本格式为：列表名 [索引起始值：索引终止值：步长]，其中步长默认值为 1。实例如下：

```
>>> hwList = list('hello world')
>>> numList = [1, 2, 3, 4, 5]
>>> hwList
['h','e','l','l','o','','w','o','r','l','d']
>>> hwList[ : : 2]
['h','l','o','w','r','d']
```

3. 运算符及函数

字符串的重复（*）、拼接（+）、in 和 not in 在列表上的使用效果是一样的，"+"号用于组合列表，"*"号用于重复列表。实例如下：

```
>>> aList = [1, 2, 3]
>>> bList = ['a','b','c']
>>> aList + bList
[1, 2, 3,'a','b','c']
>>> aList * 3
[1, 2, 3, 1, 2, 3, 1, 2, 3]
>>> 3 in aList
True
>>> 'b'not in bList
False
```

也可以用 >、<、==、<=、>= 和 != 比较两个列表，因为列表元素类型比较多样，应使用同一类型的元素（全数字或全字符串），避免不同类型的比较，不同类型的比较会提示错误，如图 2.1 所示。

```
>>> [1, 2, 3, 4]<[1, 2, 3, 4, 5]
True
>>> [1, 2, 3, 4]<[1, 2, 3,'a']
```

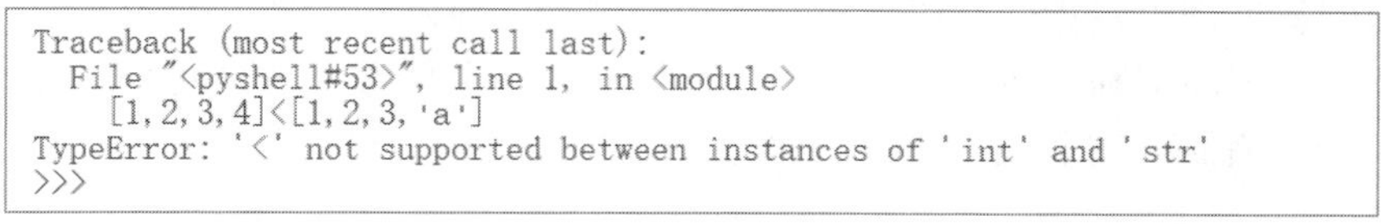

```
Traceback (most recent call last):
  File "<pyshell#53>", line 1, in <module>
    [1,2,3,4]<[1,2,3,'a']
TypeError: '<' not supported between instances of 'int' and 'str'
>>>
```

图 2.1　错误提示

还有一些关于序列的通用函数是可以用于字符串、列表和元组的。Python 列表函数及功能见表 2.1。

表 2.1 列表函数

序列	函数
1	len(list) 返回列表元素个数
2	max(list) 返回列表元素最大值
3	min(list) 返回列表元素最小值
4	sum() 返回列表元素之和
5	list(seq) 将元组转换成列表

(1) len() 函数用于获取序列的元素个数。

```
>>> len([1, 2, 3, 4, 5])
5
>>> len("abcde")
5
```

(2) max() 函数和 min() 函数返回序列中元素的最大值和最小值。

```
>>> max([1, 4, 6, 8, 2, 3, 9])
9
>>> min([1, 0, 3, 4, 2, 6, 7])
0
>>> max('12345')
'5'
>>> min('12345')
'1'
```

(3) sum() 函数对数值型列表元素求和,非数值型列表会报错,如图 2.2 所示。

```
>>> sum([1, 2, 3, 4, 5])
15
>>> sum([1, 2, 3, 4,'6'])
```

```
Traceback (most recent call last):
    File "<pyshell#63>", line 1, in <module>
        sum([1,2,3,4,'6'])
TypeError: unsupported operand type(s) for +: 'int' and 'str' tr'
>>>
```

图 2.2 错误提示

4. 列表更新

对列表的数据项可以进行修改或更新,包括增加或删除列表项。列表的增、删、改、查都只是在一个程序中临时运行,程序运行结束后并不会保存下来,列表的所有方法可以通过 help(list) 看到。列表上使用的内建方法见 2.2。

表 2.2 列表方法

方法	描述
append()	在列表的末尾添加一个元素
clear()	删除列表中的所有元素

续表

方法	描述
copy()	返回列表的副本
count()	返回具有指定值的元素数量
extend()	在列表末尾一次性追加另一个序列中的多个值（用新列表扩展原来的列表）
index()	返回具有指定值的第一个元素的索引
insert()	在指定位置添加元素
pop()	删除指定位置的元素
remove()	移除列表中某个值的第一个匹配项
reverse()	反向列表中元素
sort()	对列表进行排序

（1）检索元素。

通过索引获得列表的元素，通过列表的 index(x) 方法可以返回 x 元素的索引，如果元素不存在，则提示错误。通过 count(x) 返回列表中指定值的元素数量：

```
>>> role = ['milo',100, 200,'hero']
>>> role.index('hero')
3
>>> role.count(0)
0
>>> role.count(100)
1
```

（2）增加元素。

向列表添加元素主要有以下几种方式：

列表名 .append(需要添加的元素)：这种方法只能添加一个元素，通常添加在列表尾部。

列表名 .insert(需要添加的元素的位置，需要添加的元素)：可以根据索引将一个元素插入到列表的任何位置，这个方法需要两个参数，第一个是位置，即索引，第二个是需要插入的元素；

列表名 .extend(列表)-- 用新列表扩展原来的列表。例如：

```
>>> role.append('level2')
>>> role
['milo',100, 200,'hero','level2']
>>> bag = ['AK47','knife',100]
>>> role.extend(bag)
>>> role
['milo',100, 200,'hero','level2','AK47','knife',100]
```

（3）删除元素。

从列表中删除元素主要有以下几种方式：

列表名 .pop()：删除最后一个元素。

列表名 .remove(需要删除的元素)：这种方法可以删除任意位置元素。
列表名 .clear()：删除列表所有元素。
del 列表名：删除整个列表。
del 列表名 [索引起始值：索引终止值]：删除列表中的某些元素。
remove() 方法可以删除一个指定值的元素，如果有多个，则从左至右依次执行：

```
>>> role.remove(100)
>>> role
['milo', 200,'hero','level2','AK47','knife',100]
>>> role.remove(100)
>>> role
['milo', 200,'hero','level2','AK47','knife']
```

如果想弹出指定位置的元素，可以用 pop() 方法，弹出的意思是指删除的同时，这个值会返回给调用者：

```
>>> role
['milo', 200,'hero','level2','AK47','knife']
>>> role.pop( -2 )
'AK47'
>>> bag = role.pop( -1 )
>>> role
['milo', 200,'hero','level2']
>>> bag
'knife'
```

如果不需要返回值又想根据索引删除，可以使用 Python 的 del 语句，del 语句和切片结合就可以删除多个元素。以下实例删除的是列表中从索引 1 开始的所有元素：

```
>>> del role[0]
>>> role
[ 200,'hero','level2']
>>> del role[1 :]
>>> role
[200]
```

（4）列表排序。

列表排序有以下几种形式：
列表名 .sort()：对列表进行升序排序。
列表名 .sort(reverse = True)：对列表进行降序排序。
列表名 .reverse：对列表进行反转，如图 2.3 所示。
sort() 排序不产生新的列表，而 sorted() 可以产生一个新的列表。

```
>>> s = [1, 4, 7, 3, 9, 6]
>>> sorted(s)
[1, 3, 4, 6, 7, 9]
>>> reversed(s)
```

```
<list_reverseiterator object at 0x000001D1E26B32C8>
```

图 2.3　运行提示

以上实例运行后提示结果如图 2.3 所示，使用的 reversed() 函数不返回列表，而是返回一个迭代器对象的内存地址，需通过遍历 list 将返回的对象转换为列表显示。reversed() 是 Python 自带的一个方法，准确来说是一个类，而 reverse() 是 Python 一个列表的内置函数，是列表独有的，返回值是一个 None，其作用的结果需要通过打印 print() 函数才可以查看具体的效果。

5. 赋值

对如下字符串赋值：

```
>>> s1 = "hello world"
>>> s2 = s1
>>> s2
'hello world'
>>> s1 = ''
>>> s1
''
```

代码中定义了字符串 s1，然后将 s1 赋值给 s2，相当于 s1 的数据增加了一个名字，通过 s2 访问到的数据就是 s1 对应的数据，最后给 s1 赋值为空字符，此时 s2 的值为：

```
>>> s2
'hello world'
```

这里 s2 的值并没有随着 s1 变化而改变，s1 和 s2 都是数据的标签，当执行"s1=' '"时，相当于将 s1 这个标签移动到了数据 " " 上，而 s2 并没有移动，数据不变。

关于列表的可变特性，将字符串变成列表：

```
>>> l1 = ['hello world']
>>> l2 = l1
>>> l2
['hello','world']
>>> del l1[ : ]
>>> l1
[]
>>> l2
[]
```

可见删除 l1 所有元素后，l2 的值随之变化，值被清空，接着对 l1 重新赋值，l2 依旧为空：

```
>>> l1 = ['hello','world']
>>> l1
['hello','world']
>>> l2
[]
```

同样是赋值，给对象加新名字，列表的值被改变的时候，另一个名字所对应的值也随之改变，这是因为创建列表时数据的存储方式不同，如图 2.4 所示。

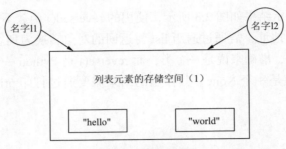

图 2.4　列表存储空间

从图 2.4 中可以看出，l1 和 l2 使用的是同一个存储空间，此时通过任何名字对存储空间的值进行改变，另一方所访问的空间都不变。当第二次执行 l1 = ["hello","world"]，实际上是将 l1 这个名字移动到一个新的列表对象上。如图 2.5 所示。

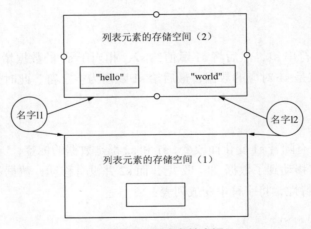

图 2.5　列表存储空间

由此可见：赋值是将一个对象的地址赋值给一个变量，让变量指向该地址。修改不可变对象（str、tuple）需要开辟新的空间。修改可改变对象（list 等）不需要开辟新的空间。

2.3.2　列表推导式和生成器表达式

实验目的

掌握 Python 列表推导式和生成器表达式的基本概念和使用方法。

实验环境

Anaconda、Python、PyCharm。

实验原理

列表推导式（list comprehensions）是 Python 中很强大的、很受欢迎的特性，具有语言简洁、速度快等优点。具体作用是通过一个序列生成一个新的列表。

生成器（generator）并不真正创建列表，是一种特殊的迭代器，它的工作方式是每次处理一个对象，而不是一口气处理和构造整个数据结构，这样做的潜在优点是可以节省大量内存。

实验步骤

1. 列表遍历和列表推导式

在 for 循环中，已经介绍过通过 range() 函数生成一个列表迭代器的方法，现在有了列表，可以通过 for 直接遍历（reversed() 函数也可以）：

```
>>> for i in ['a','b','c']:
        print(i)
运行结果:
    a
    b
    c
>>> for i in range(len(['a','b','c'])):
        print(i)
运行结果:
    0
    1
    2
```

列表推导式的语法为：

```
[表达式 for 变量 in 列表]
[表达式 for 变量 in 列表 if 条件]
```

表达式：列表生成元素表达式，可以是有返回值的函数。
for 变量 in 列表：迭代列表将元素导入表达式中，如果有 if，则先经过 if 进行过滤。
实例运行如下：

```
>>> lst = [2,6,3,5,9]
>>> [x ** 2 for x in lst]           # 求所有元素的平方
[4,36,9,25,81]
>>> [x for x in lst if x%2 == 0]    # 过滤出偶数
[2,6]
```

由此，3、5 倍数的例子用列表推导式只要一行代码就可以：

```
>>> [i for i in range(1,10)] if i%3 == 0 or i%5 == 0]
[3,5,6,9]
```

```
>>> sum[i for i in range(1,1000)] if i%3 == 0 or i%5 == 0]
233168
```

2. 生成器表达式

生成器表达式语法结构和列表表达式一样，二者的区别如下：

（1）列表推导式比较耗内存，一次性加载，而生成器表达式几乎不占内存，使用的时候临时分配和使用内存。

（2）得到的值不同：列表推导式得到的是一个列表，生成器表达式得到的是一个生成器。

（3）生成器表达式使用 () 括起来，列表表达式用 [] 括起来。

实例如下：

```
a:  def t1():
        func1 = [lambda x: x*i for i in range(10)]
        result1 = [f1(2) for f1 in func1]
        print result1
b:  def t2():
        func2 = [lambda x, i=i: x*i for i in range(10)]
        result2 = [f2(2) for f2 in func2]
        print result2
c:  def t3():
        func3 = (lambda x: x*i for i in range(10))
        result3 = [f3(2) for f3 in func3]
        print result3
```

a、b、c 三段代码的运行结果分别为：

```
[18, 18, 18, 18, 18, 18, 18, 18, 18, 18]
[0, 2, 4, 6, 8, 10, 12, 14, 16, 18]
[0, 2, 4, 6, 8, 10, 12, 14, 16, 18]
```

a 和 b 都使用了列表推导式，但返回结果不同。在代码 a 方法中，对于变量 i，当函数对它引用的时候，它已经变为 9，因此 10 个函数都引用了 i=9。在代码 b 中，lambda 函数相当于接受了两个参数，所以返回和代码 a 不一样的结果。

代码 c 相当于把列表推导式变成了生成器，和代码 b 结果相同。列表解析式只要你运行，当下即对 i 赋值，在生成器中，变量 i 只有你需要的时候它才会求值，当你调用第一个函数的时候，他把相应的 i 求出，然后停止，等待下一次调用。

2.4 Python 元组实验

实验目的

（1）了解 Python 元组的基本概念。

（2）掌握 Python 元组的使用方法，包括创建、索引、更新、拆分等基础操作。

实验环境

Anaconda、Python、PyCharm。

实验原理

元组（tuple）是 Python 中另一个重要的序列结构，和列表类似，元组也是由一系列按特定顺序排序的元素组成。元组和列表（list）的不同之处在于：

（1）列表的元素是可以更改的，包括修改元素值，删除和插入元素，所以列表是可变序列。

（2）元组一旦被创建，它的元素就不可更改了，所以元组是不可变序列。

元组可以看作是不可变的列表，这种不可变性提供了一种具有完整性和持久性的数据结构，可以为需要固定数据的地方提供不可变对象。比如后面章节介绍的字典类型的键就是不可变的，这时就只能用元组而不能用列表。元组几乎具备列表所有的特征，因此除了更改元组元素，可以尝试所有的列表操作。

实验步骤

列表使用方括号，元组的所有元素都放在一对小括号()中，相邻元素之间用逗号分隔，如下所示：

```
(element1, element2, ... , elementn)
```

其中 element1~elementn 表示元组中的各个元素，个数没有限制，只要是 Python 支持的数据类型就可以。从存储内容上看，元组可以存储整数、实数、字符串、列表、元组等任何类型的数据，并且在同一个元组中，元素的类型可以不同，例如：

```
("c.biancheng.net", 1, [2,'a'], ("abc",3.0))
```

在这个元组中，有多种类型的数据，包括整型、字符串、列表、元组。列表的数据类型是 list，那么元组的数据类型是什么呢？可以通过 type() 函数查看：

```
>>> type( ("c.biancheng.net",1,[2,'a'],("abc",3.0)) )
<class 'tuple'>
```

可以看到，元组是 tuple 类型。与字符串一样，元组之间可以使用"+"号和"*"号进行运算，即元组可以组合和复制，运算后会生成一个新的元组，见表 2.3。

表 2.3 元组运算符

Python 表达式	结　　果	描　　述
len((1,2,3))	3	计算元素个数
(1,2,3)+(4,5,6)	(1,2,3,4,5,6)	连接

续表

Python 表达式	结　果	描　述
('hi')*4	('hi','hi','hi','hi')	复制
3 in(1,2,3)	True	元素是否存在
for x in(1,2,3):print(x)	1 2 3	迭代

1. 创建元组

（1）元组创建很简单，只需要在括号中添加元素，并使用逗号隔开即可。有时创建元组也可以不用括号，但通常会用()将所有元素括起来，以区别与列表的[]。例如：

```
tup1 = ('physics', 'chemistry', 1997, 2000)
tup2 = (1, 2, 3, 4, 5 )
tup3 = "a", "b", "c", "d"
```

元组与字符串类似，下标索引从 0 开始，可以进行截取、组合等操作。需要注意的是，元组的概念中创建符号是()，实际上真正创建元组的运算符是逗号，Python 中圆括号大多数情况下表示分组，圆括号加上逗号成为元组创建的一部分，如创建一个只有一个元素的元组，若只有括号没有逗号，则不被判定是元组，例如：

```
a = ("http://c.biancheng.net/cplus/",)    #最后加上逗号
print(type(a))
print(a)
b = ("http://c.biancheng.net/socket/")    #最后不加逗号
print(type(b))
print(b)
```

程序运行结果如下：

```
<class 'tuple'>
('http://c.biancheng.net/cplus/',)
<class 'str'>
http://c.biancheng.net/socket/
```

可见，变量 a 是元组类型，变量 b 是字符串。

（2）使用 tuple() 函数创建元组。

除了使用()创建元组外，Python 还提供了一个内置的函数 tuple()，用于将其他数据类型转换为元组类型。

tuple() 的语法格式如下：

```
tuple(data)
```

其中，data 表示可以转化为元组的数据，包括字符串、元组、range 对象等。

```
#将字符串转换成元组
tup1 = tuple("hello")
print(tup1)
```

```
# 将列表转换成元组
list1 = ['Python', 'Java', 'C++', 'JavaScript']
tup2 = tuple(list1)
print(tup2)
```

2. 元组索引

因为元组也是一个序列,所以可以访问元组中的指定位置的元素,也可以截取索引中的一段元素,元组可以使用下标索引来访问元组中的值。可以使用索引访问元组中的某个元素(得到的是一个元素的值),也可以使用切片访问元组中的一组元素(得到的是一个新的子元组)。

使用索引访问元组元素的格式为:

```
tuplename[i]
```

其中,tuplename 表示元组名字,i 表示索引值;元组的索引可以是正数,也可以是负数。
使用切片访问元组元素的格式为:

```
tuplename[start : end : step]
```

其中,start 表示起始索引,end 表示结束索引,step 表示步长。例如:

```
#!/usr/bin/python
tup1 = ('physics','chemistry',1997, 2000)
tup2 = (1,2,3,4,5,6,7 )
print("tup1[0]:",tup1[0])
print("tup2[1:5]:",tup2[1:5])
```

程序运行结果如下:

```
tup1[0]: physics
tup2[1:5]: (2,3,4,5)
```

3. 修改元组

元组是不可变序列,因此元组中的元素不能被修改,只能创建一个新的元组去替代旧的元组。例如,对元组变量进行重新赋值:

```
tup = (100,0.5,-36,73)
print(tup)
tup = ('Shell 脚本 ',"http://c.biancheng.net/shell/")    # 对元组进行重新赋值
print(tup)
```

程序运行结果如下:

```
(100, 0.5, -36, 73)
('Shell 脚本 ','http://c.biancheng.net/shell/')
```

下面通过对元组进行连接组合向元组中添加新元素:

```
tup1 = (12, 34.56)
```

```
tup2 = ('abc','xyz')
tup3 = tup1 + tup2
print(tup3)
```

程序运行结果如下:

```
(12,34.56,'abc','xyz')
```

tup1[0] = 100 # 创建一个新的元组。
这样直接修改元组元素操作是非法的。

4. 删除元组

当创建的元组不再使用时,可以通过 del 关键字将其删除,元组中的元素值是不允许删除的,例如:

```
tup = ('physics','chemistry',1997, 2000)
print tup
del tup
```

Python 自带垃圾回收功能,会自动销毁不用的元组,所以一般不需要通过 del 来手动删除。

5. 元组拆分

元组的拆分就是将元组内部的每个元素按照位置,对应的赋值给不同变量。可以用于变量赋值、变量值交换、函数参数赋值、获取元组中特定位置的元素值等。见以下 Python 表达式的区别:

```
a:   x,y = y,x+y
b:   x = y
     y = x+y
```

如果输入 x = 1,y = 2,那么 a 代码输出的是 x = 2,y = 3,而 b 代码输出的是 x = 2,y = 4。由此可见 Python 在赋值语句中,对变量进行实际设置之前,先对等号右侧进行全面评估,比如:a, b = b,a 先将等号右侧打包成元组 (b,a),再顺序地分给等号左侧的 a,b 变量。

不仅是元组,在 Python 中任何序列或可迭代对象(如列表、元组、字符串、文件对象、迭代器和生成器等),皆可通过类似这样的简单赋值语句拆分给多个变量。唯一的要求是变量必须跟序列元素的数量一致,否则会抛出 ValueError 的异常。

Python 提供了一个内置函数 zip(),作用是接收多个序列,每个序列取一个值放到一个元组里,zip() 函数返回一个迭代器,需要迭代才能看到里面的值。如果序列长度不同,则以短的为准,例如:

```
x ='xyz'
l = [1,2,3,4]
zip(x,l)
<zip object at 0x000001D1E2863248>
for i in zip(x, l):
    print(i)
```

```
运行结果：('x', 1)
        ('y', 2)
        ('z', 3)
```

迭代时，可以利用元组赋值方式直接拆分元组：

```
for v,k in zip(x, l):
    print(k,"==>", v)
```

程序运行结果如下：

```
1 ==> x
2 ==> y
3 ==> z
```

2.5　Python 字典实验

实验目的

（1）了解 Python 字典的基本概念。
（2）掌握 Python 字典的使用方法，包括创建、访问、更新等基础操作。

实验环境

Anaconda、Python、PyCharm。

实验原理

字典是 Python 提供的一种常用的数据结构，它用于存放具有映射关系的数据，是键值对的无序集合。字典相当于保存了两组数据，其中一组数据是关键数据，被称为 key；另一组数据可通过 key 来访问，被称为 value，每个键都映射到一个值上。序列的索引是 0 起始的数字，字典的索引就是键，通过键访问值。字典的键可以是任何不可变对象，比如数字、字符串、元组等，值可以是任意类型，比如数字、字符串，甚至一个函数。

实验步骤

1. 创建字典

由于字典中的 key 是非常关键的数据，而且程序需要通过 key 来访问 value，因此字典中的 key 不允许重复。程序既可使用花括号语法来创建字典，也可使用 dict() 函数来创建字典。dict 就是 Python 中的字典类型。

（1）在使用花括号语法创建字典时，花括号中应包含多个 key-value 对，key 与 value 之间用冒号隔开；多个 key-value 对之间用逗号隔开。格式如下所示：

```
d = {key1: value1, key2: value2 }
```

其中值可以取任何数据类型，但键是不可变的，如字符串、数字或元组。

创建字典实例：

```
scores = {'语文': 89, '数学': 92, '英语': 93}
print(scores)
# 空的花括号代表空的dict
empty_dict = {}
print(empty_dict)
# 使用元组作为dict的key
dict2 = {(20, 30): 'good', 30: 'bad'}
print(dict2)
```

上面程序中第1行代码创建了一个简单的dict，该dict的key是字符串，value是整数；第4行代码使用花括号创建了一个空的字典；第7行代码创建的字典中第一个key是元组，第二个key是整数值，这都是合法的。元组可以作为dict的key，但可变类型的列表不能作为元组的key。

（2）在使用dict()函数创建字典时，可以传入多个列表或元组参数作为key-value对，每个列表或元组将被当成一个key-value对，因此这些列表或元组都只能包含两个元素。例如以下代码，创建包含3组key-value对的字典：

```
vegetables = [('celery', 1.58), ('brocoli', 1.29), ('lettuce', 2.19)]
dict3 = dict(vegetables)
print(dict3)         # {'celery': 1.58, 'brocoli': 1.29, 'lettuce': 2.19}
cars = [['BMW', 8.5], ['BENS', 8.3], ['AUDI', 7.9]]
dict4 = dict(cars)
print(dict4)         # {'BMW': 8.5, 'BENS': 8.3, 'AUDI': 7.9}
```

2. 字典的访问和更新

把相应的键放入[]中即可访问键值所对应的值，如果访问字典里没有的键值程序将会提示错误。通过key访问value：

```
scores = {'语文': 89}
print(scores['语文'])   # 通过key访问value
```

如果要为dict添加key-value对，则对不存在的key赋值：

```
scores['数学'] = 93
scores[92] = 5.7         # 对不存在的key赋值，则增加key-value对
print(scores)            # {'语文': 89, '数学': 93, 92: 5.7}
```

如果要删除字典中的key-value对，则可使用del语句。例如：

```
del scores['语文']
del scores['数学']       # 使用del语句删除key-value对
print(scores)            # {92: 5.7}
```

如果对dict中存在的key-value对赋值，新赋的value就会覆盖原有的value，这样就

更新了 dict 中的 key-value 对。例如：

```
cars = {'BMW': 8.5, 'BENS': 8.3, 'AUDI': 7.9}
cars['BENS'] = 4.3
cars['AUDI'] = 3.8         # 对存在的 key-value 对赋值，改变 key-value 对
print(cars)                # {'BMW': 8.5, 'BENS': 4.3, 'AUDI': 3.8}
```

如果要判断字典是否包含指定的 key，则可以使用 in 或 not in 运算符。对于 dict，in 或 not in 运算符都是基于 key 来判断的。例如：

```
# 判断 cars 是否包含名为 'AUDI' 的 key
print('AUDI' in cars)                   # True
# 判断 cars 是否包含名为 'PORSCHE' 的 key
print('PORSCHE' in cars)                # False
print('LAMBORGHINI' not in cars)        # True
```

字典不允许同一个键出现两次，创建时如果同一个键被赋值两次，后一个值会被记住，实例如下：

```
#!/usr/bin/python
tinydict = {'Name': 'Runoob', 'Age': 7, 'Name': 'Manni'}
print "tinydict['Name']: ", tinydict['Name']
```

以上实例运行结果如下：

```
tinydict['Name']:  Manni
```

3. 字典的常用方法

（1）clear() 方法用于清空字典中所有的 key-value 对，执行 clear() 方法之后，则变成一个空字典。例如：

```
cars = {'BMW': 8.5, 'BENS': 8.3, 'AUDI': 7.9}
print(cars)                # {'BMW': 8.5, 'BENS': 8.3, 'AUDI': 7.9}
cars.clear()               # 清空 cars 所有 key-value 对
print(cars)                # {}
```

（2）get() 方法用于根据 key 来获取 value，当使用方括号语法访问不存在的 key 时，会返回 KeyError 错误；使用 get() 方法访问不存在的 key，会简单地返回 None，不提示错误。例如：

```
cars = {'BMW': 8.5, 'BENS': 8.3, 'AUDI': 7.9}
# 获取 'BMW' 对应的 value
print(cars.get('BMW'))            # 8.5
print(cars.get('PORSCHE'))        # None
print(cars['PORSCHE'])            # KeyError
```

（3）update() 方法可使用一个字典所包含的 key-value 对来更新已有的字典。执行方法时，如果被更新的字典中已包含对应的 key-value 对，那么原 value 会被覆盖；如果被更

新的字典中不包含对应的 key-value 对，则该 key-value 对被添加进去。例如：

```
cars = {'BMW': 8.5, 'BENS': 8.3, 'AUDI': 7.9}
cars.update({'BMW': 4.5, 'PORSCHE': 9.3})
print(cars)
```

上述程序被更新的 dict 中已包含 key 为 "BMW" 的 key-value 对，因此更新时该 key-value 对的 value 将被改写；被更新的 dict 中不包含 key 为 "PORSCHE" 的 key-value 对，更新时则对原字典增加一个 key-value 对。

（4）items()、keys()、values() 方法分别用于获取字典中的所有 key-value 对、所有 key、所有 value。例如：

```
cars = {'BMW': 8.5, 'BENS': 8.3, 'AUDI': 7.9}
# 获取字典所有的 key-value 对，返回一个 dict_items 对象
ims = cars.items()
print(type(ims))            # <class 'dict_items'>
# 将 dict_items 转换成列表
print(list(ims))            # [('BMW', 8.5), ('BENS', 8.3), ('AUDI', 7.9)]
# 访问第 2 个 key-value 对
print(list(ims)[1])         # ('BENS', 8.3)
# 获取字典所有的 key，返回一个 dict_keys 对象
kys = cars.keys()
print(type(kys))            # <class 'dict_keys'>
# 将 dict_keys 转换成列表
print(list(kys))            # ['BMW', 'BENS', 'AUDI']
# 访问第 2 个 key
print(list(kys)[1])         # 'BENS'
# 获取字典所有的 value，返回一个 dict_values 对象
vals = cars.values()
# 将 dict_values 转换成列表
print(list(vals))           # [8.5, 8.3, 7.9]
# 访问第 2 个 value
print(list(vals)[1])        # 8.3
```

从上面代码可以看出，程序调用字典的 items()、keys()、values() 方法之后，都需要调用 list() 函数将它们转换为列表。

（5）pop() 方法用于获取指定 key 对应的 value，并删除这个 key-value 对。例如：

```
cars = {'BMW': 8.5, 'BENS': 8.3, 'AUDI': 7.9}
print(cars.pop('AUDI'))     # 7.9
print(cars)                 # {'BMW': 8.5, 'BENS': 8.3}
```

此程序中，第 2 行代码将会获取 "AUDI" 对应的 value，并删除该 key-value 对。

2.6 类与对象

实验目的

（1）了解类与对象的基本概念。
（2）掌握类与对象的使用方法。

实验环境

Anaconda、Python、PyCharm。

实验原理

1. 面向对象的概述

面向对象（Object Oriented）是软件开发方法，一种编程范式。面向对象的概念和应用已超越了程序设计和软件开发，扩展到如数据库系统、交互式界面、应用结构、应用平台、分布式系统、网络管理结构、CAD 技术、人工智能等领域。面向对象是一种对现实世界理解和抽象的方法，是计算机编程技术发展到一定阶段后的产物。Python 从设计之初就已经是一门面向对象的语言，正因为如此，在 Python 中创建一个类和对象是很容易的。

2. 类和对象

类的特点：方便复用（如果用函数写，就要复制整块代码，增加了代码量和出错率）；方便扩展（若用函数写代码，要升级、扩展都十分复杂，容易出错，用类来扩展，则方便清晰）；方便维护（类把抽象的东西映射成摸得到的东西，容易理解，维护方便）。

类和对象的区别：类是对客观世界中事物的抽象，而对象是类实例化后的实体。例如，汽车模型就是一个类，制造出来的每辆汽车就是一个对象。一个对象的特征称为属性，它所具有的行为称为方法，对象＝属性＋方法，把具有相同属性和方法的对象归为一个类（class）。

实验步骤

1. 定义类

（1）Python 使用 class 关键字定义一个类，类名的首字母一般要大写：

```
class Fruit:                          # 定义了一个 Fruit 类
```

（2）类的主体由一系列的属性和方法组成：

```
class Fruit:                          # 定义一个类
    # 类的构造函数，用于初始化类的内部状态，为类的属性设置默认值
    def __init__(self):
        self.name = name              # 定义 name 属性
        self.color = color            # 定义 color 属性
```

```
    # 定义一个函数,为类的函数,称为方法,至少有一个参数 self
    def grow(self):
        print('Fruit grow')
```

在类定义完成时就创建了一个类对象,它是对类定义创建的命名空间进行了一个包装。类对象支持两种操作:属性引用和实例化。

属性引用的语法就是一般的标准语法:

```
obj.name
```

比如 Fruit.name 和 Fruit.grow 就是属性引用,前者会返回一条数据,而后者会返回一个方法对象,也支持对类属性进行赋值操作。

创建对象的过程称为实例化,可以将类对象看作一个无参函数赋值给一个局部变量,例如,afruit = Fruit()。afruit 就是由类对象实例化后创建的一个实例对象,通过实例对象也可以调用类中的方法:afruit.grow()。

2. 类的属性和方法

(1)类的属性。

分为公有属性和私有属性,默认情况下所有的属性都是公有的,如果属性的名字以两个下划线开始,表示为私有属性,没有下划线开始的表示公有属性。Python 的类和对象都可以访问公有属性,类的外部不能直接访问私有属性。

```
class 类名:
    def __init__(self):
        self.变量名1 = 值1              # 定义一个公有属性
        self.__变量名2 = 值2            # 定义一个私有属性
```

还可分为实例属性和静态属性,实例属性是以 self 为前缀的属性,如果构造函数中定义的属性没有使用 self 作为前缀声明,则该变量只是普通的局部变量(静态属性),类中其他方法定义的变量也只是局部变量,而非类的实例属性。

```
class Fruit:
    price = 0                           # 定义一个类属性
    def __init__(self):                 # 构造函数
        self.color = "red"              # 实例属性,以 self 为前缀
        Zone = "China"                  # 局部变量,不以 self 为前缀
if __name__ == "__main__":
    print(Fruit.price)                  # 使用类名调用类变量 0
    apple = Fruit()                     # 实例化 apple
    print(apple.color)                  # 打印 apple 实例的颜色 red
    Fruit.price = Fruit.price + 10      # 将类变量 +10
    print("apple's price:", +str(apple.price))# 打印 apple 实例的 price 10
    banana = Fruit()                    # 实例化 banana
    print("banana's price:" +str(banana.price))# 打印 banana 实例的 price 10
```

（2）类的方法。

分为公有方法和私有方法，私有方法不能被模块外的类或者方法调用，也不能被外部的类或函数调用。

```
class Fruit:
    price = 0                            # 类变量
    def __init__(self):                  # 构造函数
        self.__color = "red"             # 定义私有属性，类的外部不能直接访问
    def getColor(self):                  # 类方法
        print(self.__color)              # 打印出私有变量
    @staticmenthod                       # 使用修饰器定义静态方法
    def getPrice():                      # 定义类方法
        print(Fruit.price)               # 打印类变量
    def __getPrice():                    # 定义私有函数，不能被模块外的类或者方法调用
        Fruit.price = Fruit.price + 10   # 类变量+10
        print(Fruit.price)
    count = staticmenthod(__getPrice)    # 定义静态方法
if __name__ == "__main__":
    apple = Fruit()                      # 实例化 创建apple对象
    apple.getColor()                     # red,
    Fruit.count()                        # 调用静态方法 10
    banana = Fruit()                     # 实例化，创建banana对象
    Fruit.count()                        # 调用静态方法 20
    Fruit.getPrice()                     # 20
```

上述代码利用 staticmethod 或 @staticmethod 修饰器把普通的函数转换为静态方法，静态方法本质上是普通函数，只是由于某种原因需要定义在类里面。静态方法的参数可以根据需要定义，不需要特殊的 self 参数。

（3）内部类的使用。

调用内部类有两种方法：

第一种直接使用外部类调用内部类，生成内部类的实例，再调用内部类的方法。

```
object_name = outclass_name.inclass_name()
object_name.method()
```

第二种先对外部类进行实例化，然后再实例化内部类，最后调用内部类的方法。

```
out_name = outclass_name()
in_name = out_name.inclass_name()
in_name.method()
```

（4）__init__方法。

构造函数用于初始化类的内部状态，为类的属性设置默认值（可选）。如果不提供 __init__ 方法，Python 将会给出一个默认的 __init__ 方法。

```
class Fruit:
    def _ _init_ _ (self, color):
        self._ _color = color
        print(self._ _color)
    def getColor (self):
        print(self._ _color)
    def setColor (self, color):
        self._ _color = color
        print(self._ _color)
if _ _name_ _ == '_ _main_ _':
    color = 'red'
    fruit = Fruit(color)           # red
    fruit.getColor()               # red
    fruit.setColor('blue')         # blue
```

(5)_ _del_ _方法。

_ _del_ _用来销毁实例化对象,在编写程序时,如果之前我们创建的类实例化对象后续不再使用,可以在合适的位置手动将其销毁,释放其占用的内存空间(整个过程称为垃圾回收。大多数情况下,Python 开发者不需要手动进行垃圾回收,因为 Python 有自动的垃圾回收机制,能将不需要使用的实例对象进行销毁。

2.7 Python 函数

实验目的

(1)了解 Python 函数的基本概念。
(2)掌握 Python 函数的使用方法。

实验环境

Anaconda、Python、PyCharm。

实验原理

函数就是一段具有特定功能、被封装、可重用的语句块。函数的工作常态就是接收数据,在内部进行处理,返回处理结果。可以把这样的模型形容成黑箱模型,是比较形象的比喻,指一段封装了特定功能的程序,对于需要这种功能的用户来说,并不需要知道内部实现的原理和过程,程序本身提供了输入接口,经过内部处理后对用户返回结果。黑箱模型在编程领域非常常见,包括人工智能实际也是黑箱模型。

实验步骤

函数是组织好的，可重复使用的，用来实现单一，或相关联功能的代码段。函数能提高应用的模块性，和代码的重复利用率。Python 提供了许多内建函数，比如 print()，也可以自己创建函数，称为用户自定义函数。

1. 函数定义

定义功能函数需遵守以下规则：

（1）函数代码块以 def 关键词开头，后接函数标识符名称和圆括号()。

（2）任何传入参数和自变量必须放在圆括号中，圆括号间可以用于定义参数。

（3）函数的第一行语句可以选择性地使用文档字符串，用于存放函数说明。

（4）函数内容以冒号起始，并且缩进。

（5）return [表达式] 结束函数，选择性地返回一个值给调用方，不带表达式的 return 相当于返回 None。

函数定义语法如下：

```
def functionname(parameters ):
    "函数_文档字符串"
    function_suite
    return[expression]
```

参数值和参数名称按函数声明中定义的顺序匹配。

2. 函数调用

Python 函数的应用一般需要：先定义、后调用。定义函数相当于完成了函数的基本结构，需要通过另一个函数调用执行。下面是一个简单的实例，在主函数中调用 add() 方法，add() 函数将传入的参数 x，y 相加并返回相加后的结果：

```
def add(x, y):
    z = x + y
    return z
z = add(1,2)      # 调用 add() 方法
print(z)
```

运行结果：3

3. 参数类型

以下是调用函数时可使用的正式参数类型：必备参数、关键字参数、默认参数、不定长参数。

（1）必备参数须以正确的顺序传入函数，调用时的数量必须和声明时的一样。以下实例调用 printme() 函数，但未传入参数，运行时会出现语法错误：

```
def printme(str):
    "打印任何传入的字符串"
    print str
```

```
        return
printme()                                           # 调用 printme 函数
```

（2）关键字参数和函数调用关系紧密，函数调用使用关键字参数来确定传入的参数值。以上实例在调用函数 printme() 时使用关键字参数名如下：

```
printme(str = "My string")                          # My string
```

使用关键字参数允许函数调用时参数的顺序与声明时不一致，因为 Python 解释器能够用参数名匹配参数值。例如：

```
def printinfo(name, age):
    " 打印任何传入的字符串 "
    print "Name: ", name
    print "Age ", age
    return
    printinfo(age = 50, name = "miki")              # 调用 printinfo() 函数
```

调用函数运行结果如下：

```
Name:  miki
Age  50
```

（3）调用函数时，默认参数的值如果没有传入，则被认为是默认值。下面实例中若未传入 age，则打印默认的 age：

```
def printinfo(name, age = 35):
    " 打印任何传入的字符串 "
    print "Name: ", name
    print "Age ", age
    return
printinfo(age = 50, name = "miki")                  # 调用 printinfo() 函数
printinfo(name = "miki")
```

调动函数运行结果如下：

```
Name:  miki
Age  50
Name:  miki
Age  35
```

（4）当需要一个函数能处理比当初声明时更多的参数时，则需要不定长参数，和上述几种参数不同，声明时不会命名。基本语法如下：

```
def functionname([formal_args,] *var_args_tuple):
    " 函数_文档字符串 "
    function_suite
    return[expression]
```

加了星号（*）的变量名会存放所有未命名的变量参数。例如：

```
def printinfo(arg1, *vartuple):
    "打印任何传入的参数"
    print "输出："
    print arg1
    for var in vartuple:
        print var
    return
printinfo(10)                               # 调用 printinfo() 函数
printinfo(70, 60, 50)
输出： 10
输出： 70 60 50
```

（5）遇到 return 语句 [表达式] 则退出函数，选择性地向调用方返回一个表达式，不带参数值的 return 语句返回 None。例如：

```
def sum(arg1, arg2):
    total = arg1 + arg2
    print("函数内：", total)
    return
total = sum(10,20)
print("函数外：", total)
```

调用函数运行结果如下：

```
函数内： 30
函数外： none
```

（6）全局变量和局部变量：定义在函数内部的变量拥有一个局部作用域，定义在函数外的拥有全局作用域。局部变量只能在其被声明的函数内部访问，而全局变量可以在整个程序范围内访问。调用函数时，所有在函数内声明的变量名称都将被加入作用域中。例如：

```
total = 0                                   # 这是一个全局变量
def sum( arg1, arg2 ):
  #返回2个参数的和
    total = arg1 + arg2                     # total 在这里是局部变量
print("函数内是局部变量：", total)
    return total
sum( 10, 20 )                               # 调用 sum() 函数
print("函数外是全局变量：", total)
```

运行结果如下：

```
函数内是局部变量：30
函数外是全局变量：0
```

第 3 章
机器学习

机器学习（Machine Learning）是人工智能领域中的一个重要学科分支，在目前的实践过程中，大多数人工智能问题是由机器学习的方式实现的。机器学习将现实中的问题抽象为数学问题，通过计算机解决此数学问题从而解决现实中的实际问题。因此机器学习是专门研究计算机怎样模拟或实现人类的学习行为，以获取新知识或技能，再重新组织已有的知识结构使之不断改善自身性能的一门学科技术。

3.1 机器学习基础知识

3.1.1 概述

人通过经验归纳总结规律，通过规律预测新的问题。机器学习通过历史数据进行模型训练，当新的数据来临时，根据训练完成的模型来预测结果，如图 3.1 所示。整个机器学习的过程就是通过训练，学习得到某个模型，期望这个模型也能很好地适用于"新样本"（即预测），这种模型适用于新样本的能力，也称为"泛化能力"，它是机器学习算法非常重要的性质。

图 3.1　人与机器学习对比

通常学习一个好的函数，分为以下三步：

（1）选择一个合适的模型，这通常需要依据实际问题而定，针对不同的问题和任务需要选取恰当的模型，模型就是一组函数的集合。

（2）判断一个函数的好坏，需要确定一个衡量标准，也就是通常说的损失函数（Loss Function），损失函数的确定也需要依据具体问题而定，如回归问题一般采用欧式距离，分类问题一般采用交叉熵代价函数。

（3）找出"最好"的函数，如何从众多函数中最快的找出"最好"的那一个，这一步是最大的难点。常用的方法有梯度下降算法、最小二乘法等或其他一些技巧。学习得到"最好"的函数后，需要在新样本上进行测试，只有在新样本上表现很好，才算是一个"好"的函数。

目前机器学习已经广泛应用于数据挖掘、计算机视觉、自然语言处理、语音和手写识别、生物特征识别、医学诊断、检测信用卡欺诈、证券市场分析、搜索引擎、DNA 序列测序、无人驾驶、机器人等领域。

3.1.2 学习形式分类

根据机器学习的学习形式可分为：有监督学习、无监督学习、半监督学习、强化学习。

1. 有监督学习

有监督学习定义为：输入数据是由输入特征值和目标值组成。给定一个带标注训练数据集，从中学习一个函数（模型参数），针对新的数据根据学习到的函数预测结果。常见任务包括分类与回归：函数的输出可以是一个连续的值(称为回归)；函数的输出是有限个离散值（称为分类）。

分类的例子包括垃圾邮件检测、客户流失预测、情感分析、犬种检测等。常见算法有：逻辑回归、决策树、KNN、随机森林、支持向量机、朴素贝叶斯、AdaBoost、神经网络等。图 3.2 描述的是二分类问题，X 中 1 表示黑头发的比例，2 表示行走速度，Y 标记为 1 代表年轻人，标记为 -1 代表老年人。通过已有 X 的数据训练模型，最终实现根据新的数据分辨 Y 的标记（年轻人或者老年人）。

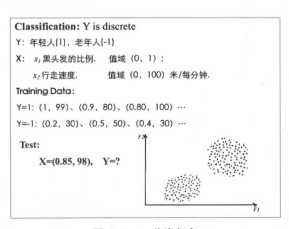

图 3.2 二分类任务

模型预测的结果有四种情况如下：

（1）实际为正例，被预测为正例，预测正确，记为 TP（True Positive）。

（2）实际为负例，被预测为正例，预测错误，记为 FP（False Positive）。

（3）实际为正例，被预测为负例，预测错误，记为 FN（False Negative）。

（4）实际为负例，被预测为负例，预测正确，记为 TN（True Negative）。

在分类评价标准中有如下常用指标：

（1）Precision，精确率：P = TP /（TP+FP）。

（2）Recall，召回率：R = TP /（TP+FN）。

（3）F-Score，即 Precision 和 Recall 的调和平均值，更接近 Precision 和 Recall 中较小的那一个值：F = (2*P*R) / (P+R)。

（4）Accuracy，准确性：分类器对整体样本的分类能力，也就是正例分为正例，负例分为负例的概率 A =（TP+TN）/（TP+FP+TN+FN）。

（5）ROC（Receiver Operating Characteristic），主要用于画 ROC 曲线（横坐标为 FPR，纵坐标为 TPR）。

（6）FPR = FP /（FP+TN），也就是负例被错误预测为正例的数目占总负例的比例。

（7）TPR = TP /（TP+FN），也就是被正确预测的正例占总正例的比例。

回归的例子包括房价预测、股价预测、身高 - 体重预测等。常见算法有：线性回归、Gradient Boosting、神经网络等。图 3.3 描述的是线性回归问题，X 代表房屋的面积，Y 代表房屋的价格，通过已有的数据训练模型，最终可以实现输入新的房屋面积预测出房屋的价格。

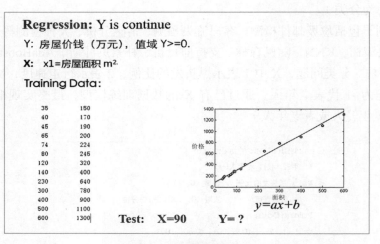

图 3.3　线性回归任务

2. 半监督学习

半监督学习定义为：结合少量的标注训练数据和大量的未标注数据来进行数据的分类学习，由于数据的分布必然不是完全随机的，通过结合有标记数据的局部特征，以及大量没标记数据的整体分布，可以得到比较好的分类结果，如图 3.4 所示。

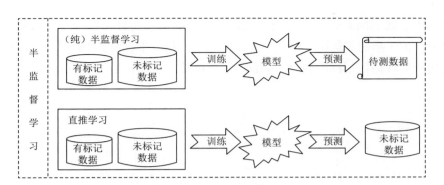

图 3.4 半监督学习

3. 无监督学习

无监督学习定义为：没有标注的训练数据集，需要根据样本间的统计规律对样本集进行分析，其目的是让计算机从数据中抽取其中所包含的模式及规则。输入数据是由输入特征值组成，没有目标值。常见任务有关联规则的学习以及聚类等。常见算法包括 Apriori 算法以及 k-Means 算法，如图 3.5 所示。

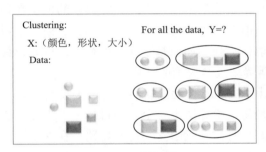

图 3.5 无监督学习

无监督与有监督算法的对比如图 3.6 所示。

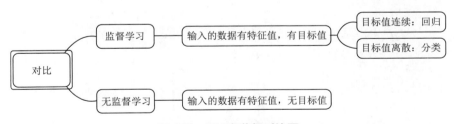

图 3.6 无/有监督对比图

如果说分类是指根据数据的特征或属性，划分到已有的类别当中。那么，聚类一开始并不知道数据会分为几类，而是通过聚类分析将数据聚成几个群，即给定 N 个对象，将其分成 K 个子集，使得每个子集内的对象相似，不同子集之间的对象不相似。

4. 强化学习

强化学习（Reinforcement Learning，RL）是机器学习的一个重要分支，是解决计算机从感知到决策控制的问题，从而实现人工智能。它的本质是自动进行决策问题，并且可以做连续决策。用于描述和解决智能体（Agent）在与环境的交互过程中通过学习策略以达成回报最大化或实现特定目标的问题，如图 3.7 所示。

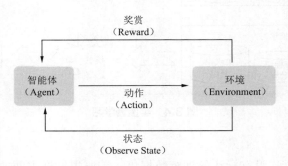

图 3.7　强化学习

强化学习包含以下几个元素：智能体、环境状态、动作、奖赏。强化学习是目标导向的，从白纸一张的状态开始，经由多个步骤来实现某一维度上的目标最大化。即在训练过程中，不断去尝试，错误就惩罚，正确就奖励，由此训练得到的模型在各个状态环境中都较好。强化学习虽然没有标记，但有一个延迟奖励与训练相关，通过学习过程中的激励函数获得某种从状态到行动的映射，它强调如何基于环境而行动，以取得最大化的预期利益。强化学习一般在游戏、下棋等需要连续决策的领域。

如图 3.8 所示，让计算机学着去玩飞扬的小鸟，不需要设置具体的策略，比如先飞到上面，再飞到下面，只是需要给算法定一个"小目标"，当计算机玩的好的时候，就给它一定的奖励，它玩的不好的时候，就给它一定的惩罚，在这个算法框架下，它就可以越来越好，超过人类玩家的水平。

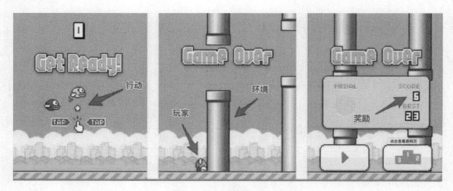

图 3.8　飞扬的小鸟

强化学习和监督学习从三个角度对比如下：
（1）反馈映射。
监督学习：学习输入到输出的映射统计关系，告诉算法什么样的输入对应着什么样的输出。

强化学习：输出的是给机器的反馈，即用于判断这个行为是好是坏。
（2）反馈时间。
监督学习：做了比较坏的选择会立刻反馈给算法。
强化学习：结果反馈有延时，有时候可能需要走了多步以后才知道以前某一步的选择是好还是坏。
（3）输入特征。
监督学习：输入是独立同分布的。
强化学习：输入总是在变化，每当算法做出一个行为，它影响下一次决策的输入。

3.2 AdaBoost 分类算法

实验目的

（1）学习 AdaBoost 分类算法的基本概念。
（2）理解并实现 AdaBoost 分类算法。
（3）使用 AdaBoost 算法解决实际问题，能够对结果进行分析。

实验环境

Python 3、Anaconda、PyCharm、Jupyter Notebook。

实验原理

Boosting 是一种从一些弱分类器中创建一个强分类器的集成技术，它先由训练数据构建一个模型，然后创建第二个模型来尝试纠正第一个模型的错误，不断添加模型，直到训练集完美预测或已经添加到数量上限。算法的特点是各个弱分类器之间是串行训练的，当前弱分类器的训练依赖于上一轮弱分类器的训练结果，各个弱分类器的权重是不同的，效果好的弱分类器的权重大，效果差的弱分类器的权重小。

AdaBoost 是为二分类问题开发的第一个真正成功的 Boosting 算法，同时也是理解 Boosting 的最佳起点。AdaBoost 是一种迭代算法，其核心思想是针对同一个训练集训练不同的分类器（弱分类器），然后把这些弱分类器集合起来，构成一个更强的最终分类器（强分类器）。它的自适应在于：前一个弱分类器分错的样本的权值（样本对应的权值）会得到加强，权值更新后的样本再次被用于训练下一个新的弱分类器。在每轮训练中，用总体（样本总体）训练新的弱分类器，产生新的样本权值、该弱分类器的话语权，一直迭代直到达到预定的错误率或达到指定的最大迭代次数。

算法的具体原理如下：
（1）初始化训练数据（每个样本）的权值分布。如果有 N 个样本，则每一个训练的样本点最开始时都被赋予相同的权重：$1/N$。

（2）训练弱分类器。具体训练过程中，如果某个样本已经被准确地分类，那么在构造下一个训练集中，它的权重就被降低；相反，如果某个样本点没有被准确地分类，那么它的权重就得到提高，同时，得到弱分类器对应的话语权。然后，更新权值后的样本集被用于训练下一个分类器，整个训练过程如此迭代地进行下去（注：本步骤中的权重指样本的权重）。

（3）将各个训练得到的弱分类器组合成强分类器。各个弱分类器的训练过程结束后，分类误差率小的弱分类器的话语权较大，其在最终的分类函数中起着较大的决定作用，而分类误差率大的弱分类器的话语权较小，其在最终的分类函数中起着较小的决定作用。换言之，误差率低的弱分类器在最终分类器中占的比例较大，反之较小。

实验步骤

1. AdaBoost 算法流程

输入：训练集 D = $\{(x_1,y_1),\cdots,(x_n,y_n)\}$，弱学习算法 h。

第一步：初始化训练数据（每个样本）的权值分布。每一个训练样本，初始化时赋予同样的权值：w^1，$w_i^1 = \frac{1}{n}$，$i=1,2,3,\cdots,n$ 为样本总数。

第二步：进行多次迭代。

For t=1 to T do

使用具有权值分布的训练集数据 D 及权重 w^t，训练一个分类器 $h_t(x)$。

计算当前弱分类器误差。弱分类器的误差函数最小，也就是分错的样本对应的权值之和最小。

$$\varepsilon_t = \frac{\sum_{i=1}^n w_i^t I(y_i \neq h_t(x))}{\sum_{i=1}^n w_i^t}$$

根据当前弱分类器误差计算权重。该式是随弱分类器误差减小而增大，即误差率小的分类器，在最终分类器的重要程度大。

$$\alpha_t = \frac{1}{2} \ln \frac{1-\varepsilon_t}{\varepsilon_t}$$

更新训练样本集的权值分布，用于下一轮迭代。其中，被误分的样本的权值会增大，被正确分的权值减小。

$$w^{t+1} \to \frac{w_i^t \cdot e^{-\alpha_t y_i h_t(x)}}{Z_t}$$

输出最终分类器。

$$H(x) = \text{sign}(\sum_{t=1}^T \alpha_t h_t(x))$$

End For

输出：集成分类器 H(x)。

2. 算法具体实现

在 Python 中使用 sklearn.ensemble 的 AdaBoostClassifier 类进行分类建模，其主要参数包括：

base_estimator: 基分类器，默认是决策树，最大深度为 1。
n_estimators: 训练分类器的数量 (default = 50)。
learning_rate: 学习率 (default = 1)。
algorithm: 模型提升准则，有两种方式 SAMME 和 SAMME.R，二者的区别主要是弱学习器权重的度量方式不同，前者是对样本集预测错误的概率进行划分的，后者是对样本集的错分率进行划分的。
random_state: 随机状态可以设定一个值，保证每次运行的结果是一样的。

（1）导入相关模块。

```
import numpy as np
import pandas as pd
import matplotlib.pyplot as plt
import seaborn as sns
```

（2）读取数据。

实验数据采用银行电话营销数据（Bank Marketing Data Set），数据集来自于葡萄牙银行机构的营销活动，是以电话访谈的形式，根据访谈结果整合而成的，而电话访谈的最终目的，则是判断该用户是否会认购银行的产品——定期存款（term deposit）。因此，与该数据集对应的任务是分类任务，而分类目标（数据集中的特征 y）是预测客户是(yes)否(no)认购定期存款。

数据集一共包含了 41 188 个样例和 17 个特征，具体数据信息见表 3.1～表 3.3。

表 3.1 客户个人信息

列 名	含 义
Age	年龄
Job	工作
Marital	婚姻状况
Education	受教育程度
Default	是否有违约记录
Housing	是否有住房贷款
Loan	是否有个人贷款
Balance	个人存款余额

表 3.2 上一次电话营销的记录和其他记录

列 名	含 义	列 名	含 义
Contact	联系途径	Campaign	本次营销与客户的总通话次数
Month	月份	Pdays	距离上一次通话的时间
Day	日期	Previous	过去营销与客户的总通话次数
Duration	持续时间	Poutcome	上一次营销活动是否成功

表 3.3　目标特征

列　　名	含　　义
y	是否认购定期存款

```
df = pd.read_csv("bank-additional-full.csv", sep=";")
data = df.copy()
data.head()
```

图 3.9 显示了通过 data.head() 读取的前 5 行数据。

	age	job	marital	education	default	housing	loan	contact	month	day_of_week	...	campaign	pdays	previous	poutcome	emp.var.rate	cor
0	56	housemaid	married	basic.4y	no	no	no	telephone	may	mon	...	1	999	0	nonexistent	1.1	
1	57	services	married	high.school	unknown	no	no	telephone	may	mon	...	1	999	0	nonexistent	1.1	
2	37	services	married	high.school	no	yes	no	telephone	may	mon	...	1	999	0	nonexistent	1.1	
3	40	admin.	married	basic.6y	no	no	no	telephone	may	mon	...	1	999	0	nonexistent	1.1	
4	56	services	married	high.school	no	no	yes	telephone	may	mon	...	1	999	0	nonexistent	1.1	

5 rows × 21 columns

图 3.9　读取数据

（3）观察数据。

```
data.info()                    # 显示所有数据信息
```

图 3.10 显示了数据集的维度等信息，统计显示所有特征都很完整，发现很多 object 类型的特征中都用 unknown 表示缺失，所以需要做缺失值处理，有 11 个特征是 object 类型，需要做数值化转换。

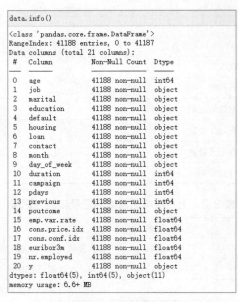

图 3.10　数据信息

（4）特征统计量。

```
data.describe()
```

观察图 3.11 中各特征的常用统计量发现，数据间存在明显的量级差异，需要做标准化处理。

	age	duration	campaign	pdays	previous	emp.var.rate	cons.price.idx	cons.conf.idx	euribor3m	nr.empl
count	41188.00000	41188.000000	41188.000000	41188.000000	41188.000000	41188.000000	41188.000000	41188.000000	41188.000000	41188.000
mean	40.02406	258.285010	2.567593	962.475454	0.172963	0.081886	93.575664	-40.502600	3.621291	5167.035
std	10.42125	259.279249	2.770014	186.910907	0.494901	1.570960	0.578840	4.628198	1.734447	72.25152
min	17.00000	0.000000	1.000000	0.000000	0.000000	-3.400000	92.201000	-50.800000	0.634000	4963.600
25%	32.00000	102.000000	1.000000	999.000000	0.000000	-1.800000	93.075000	-42.700000	1.344000	5099.100
50%	38.00000	180.000000	2.000000	999.000000	0.000000	1.100000	93.749000	-41.800000	4.857000	5191.000
75%	47.00000	319.000000	3.000000	999.000000	0.000000	1.400000	93.994000	-36.400000	4.961000	5228.100
max	98.00000	4918.000000	56.000000	999.000000	7.000000	1.400000	94.767000	-26.900000	5.045000	5228.100

图 3.11　数据统计

（5）数据预处理。

```
# 找到 object 类型特征
object_data = data.select_dtypes(include = ['object'])
object_columns = object_data.columns
object_list = object_columns.tolist()
# 舍弃一部分缺失样本
new_data = data[data["job"] != "unknown"][data["marital"] != "unknown"][data["housing"] != "unknown"][data["loan"] != "unknown"]
new_data.index = range(len(new_data))
# 用众数填补数量多的缺失值
new_data["default"].replace('unknown', new_data["default"].value_counts().index[0], inplace = True)
new_data['education'].replace('unknown',new_data["education"].value_counts().index[0], inplace = True)
# 把 object 类型特征用 one-hot 变量来表示
object_list.remove("y")
for item in object_list:
    dummies = pd.get_dummies(new_data [item], prefix = item)
    new_data = pd.concat([new_data,dummies], axis = 1)
    del new_data[item]
# 目标特征数值化
new_data["label"] = 0
new_data["label"][new_data["y"] == "yes"] = 1
new_data["label"][new_data["y"] == "no"] = 0
del new_data["y"]
```

(6）数据预处理——特征 0，1 标准化。

```
from sklearn import preprocessing as prep
x   = new_data.copy()
del x["label"]
del x["duration"]
y = new_data["label"]
minmax_scale = prep.MinMaxScaler().fit( x[ x.columns])
x[ x.columns] = minmax_scale.transform( x[ x.columns])
x.head()
```

预处理后的数据显示如图 3.12 所示。

	age	campaign	pdays	previous	emp.var.rate	cons.price.idx	cons.conf.idx	euribor3m	nr.employed	job_admin.	...	month_oct	month_sep	day_of_w
0	0.481481	0.0	1.0	0.0	0.9375	0.698753	0.60251	0.957379	0.859735	0.0	...	0.0	0.0	
1	0.493827	0.0	1.0	0.0	0.9375	0.698753	0.60251	0.957379	0.859735	0.0	...	0.0	0.0	
2	0.246914	0.0	1.0	0.0	0.9375	0.698753	0.60251	0.957379	0.859735	0.0	...	0.0	0.0	
3	0.283951	0.0	1.0	0.0	0.9375	0.698753	0.60251	0.957379	0.859735	1.0	...	0.0	0.0	
4	0.481481	0.0	1.0	0.0	0.9375	0.698753	0.60251	0.957379	0.859735	0.0	...	0.0	0.0	

5 rows × 56 columns

图 3.12 数据预处理

（7）随机地划分训练集和测试集。

```
from sklearn.model_selection import train_test_split
train_x, test_x, train_y, test_y=train_test_split(x, y, test_size=0.3, random_state=0)
```

（8）导入 AdaBoost 相关模块。

```
from sklearn.ensemble import AdaBoostClassifier
from sklearn.metrics import classification_report
from sklearn.metrics import confusion_matrix
from sklearn.metrics import accuracy_score
```

（9）训练模型。

```
 model = AdaBoostClassifier(n_estimators = 200, learning_rate = 1, algorithm = 'SAMME.R', random_state = 20).fit(train_x, train_y)
```

（10）测试结果。

```
pred_y = model.predict (test_x)
print (classification_report (test_y,pred_y))
print (confusion_matrix (test_y,pred_y))
```

算法测试结果如图 3.13 所示。

```
pred_y=model.predict(test_x)
print(classification_report(test_y,pred_y))
              precision    recall  f1-score   support

           0       0.91      0.99      0.95     10635
           1       0.66      0.23      0.34      1306

    accuracy                           0.90     11941
   macro avg       0.79      0.61      0.64     11941
weighted avg       0.89      0.90      0.88     11941

print(confusion_matrix(test_y,pred_y))
[[10483   152]
 [ 1006   300]]
```

图 3.13　测试结果

3.3　KNN 算法

实验目的

（1）学习 KNN 算法的基本概念。
（2）理解并实现 K 邻近算法。
（3）使用 K 邻近算法解决实际问题，能够对结果进行分析。

实验环境

Python 3、Anaconda、PyCharm、Jupyter Notebook。

实验原理

1. 基本原理

KNN（K-Nearest Neighbor）算法是机器学习算法中最基础、最简单的算法之一，它既能用于分类，也能用于回归。其目的是根据训练数据集中的最近邻数量来做决策，通过测量不同特征值之间的距离来进行分类。

KNN 算法的核心思想是如果一个样本在特征空间中的 k 个最相邻的样本中的大多数属于某一个类别，则该样本也属于这个类别，并具有这个类别上样本的特性，该方法在确定分类决策上只依据最邻近的一个或者几个样本的类别来决定待分样本所属的类别。即对于任意 n 维输入向量，分别对应于特征空间中的一个点，输出为该特征向量所对应的类别标签或预测值。

KNN 算法是一种非常特别的机器学习算法，因为它没有一般意义上的学习过程。它的工作原理是利用训练数据对特征向量空间进行划分，并将划分结果作为最终算法模型。存在一个样本数据集合，也称作训练样本集，并且样本集中的每个数据都存在标签，即样本集中每一数据与所属分类的对应关系。输入没有标签的数据后，将这个没有标签的数据的每个特征与样本集中的数据对应的特征进行比较，然后提取样本中特征最相近的数据（最近邻）的分类标签。

2. 算法描述

一般而言，我们只选择样本数据集中前 k 个最相似的数据，这就是 KNN 算法中 K 的由来，通常 k 是不大于 20 的整数。最后，选择 k 个最相似数据中出现次数最多的类别，作为新数据的分类。其算法描述为：

（1）计算测试数据与各个训练数据之间的距离。
（2）按照距离的递增关系进行排序。
（3）选取距离最小的 k 个点。
（4）确定前 k 个点所在类别的出现频率．
（5）返回前 k 个点中出现频率最高的类别作为测试数据的预测分类。

3. 算法特点

KNN 是一种非参的，惰性的算法模型。非参并不是说算法不需要参数，而是意味着这个模型不会对数据做出任何的假设，与之相对的是线性回归（假设线性回归是一条直线）。KNN 建立的模型结构是根据数据来决定的，比较符合现实的实例，现实中的情况往往与理论上的假设是不相符的。

KNN 算法又是具有惰性的，同样是分类算法，逻辑回归需要先对数据进行大量训练，才会得到一个算法模型；而 KNN 算法却不需要，它没有明确的训练数据的过程，或者可以说这个过程很快。

KNN 算法优点：简单易用，即使没有很高的数学基础也能搞清楚它的原理；模型训练时间快；预测效果好；对异常值不敏感。

KNN 算法缺点：对内存要求较高，因为该算法存储了所有训练数据；预测阶段可能很慢；对不相关的功能和数据规模敏感。

4. 参数设置

KNN 算法中只有一个超参数 k，k 值的确定对 KNN 算法的预测结果有着至关重要的影响，因此，如何选择 k 值至关重要。

如果 k 值比较小，相当于在较小的领域内训练样本对实例进行预测。这时，算法的近似误差（Approximate Error）会比较小，因为只有与输入实例相近的训练样本才会对预测结果起作用；它的明显缺点在于：算法的估计误差比较大，预测结果会对近邻点十分敏感，如果近邻点是噪声点的话，预测就会出错。因此，k 值过小容易导致 KNN 算法的过拟合。

同理，如果 k 值选择较大，距离较远的训练样本也能够对实例预测结果产生影响。这时，模型相对鲁棒，不会因为个别噪声点对最终预测结果产生影响；但是缺点也十分明显：算法的近邻误差会偏大，距离较远的点（与预测实例不相似）也会同样对预测结果产生影响，使得预测结果产生较大偏差，此时模型容易发生欠拟合。

因此，在实际工程实践中，一般采用交叉验证的方式选取 k 值。通过以上分析可知，一般 k 值选得比较小，会在较小范围内选取 k 值，同时把测试集上准确率最高的那个确定为最终的算法超参数 k。

样本空间内的两个点之间的距离量度表示两个样本点之间的相似程度：距离越短，表示相似程度越高；反之，相似程度越低。

5. 距离量度

常用的距离量度方式包括：闵可夫斯基距离、欧氏距离、曼哈顿距离、切比雪夫距离、余弦距离。

实验步骤

1. 导包

```
import numpy as np
import pandas as pd
import matplotlib.pyplot as plt
%matplotlib inline                    # 内嵌画图，省略掉plt.show()，直接显示图像
from sklearn.datasets import load_iris
from sklearn.model_selection import train_test_split
from collections import Counter
```

2. 数据读取

实验数据采用 Iris 鸢尾花数据集，它是一个经典数据集，在统计学习和机器学习领域都经常被用作示例。数据集内包含 3 类共 150 条记录，每类各 50 个数据，每条记录都有 4 项特征：花萼长度、花萼宽度、花瓣长度、花瓣宽度，可以通过这 4 个特征预测鸢尾花卉属于（iris-setosa, iris-versicolour, iris-virginica）中的哪一品种。

```
iris = load_iris()                    # 获取鸢尾花Iris数据集
# 将数据集使用DataFrame建表
df = pd.DataFrame(iris.data, columns=iris.feature_names)
df['label'] = iris.target             # 将表的最后一列作为目标列
df.columns = ['sepal length', 'sepal width', 'petal length', 'petal width', 'label']
                                      # 定义表中各列
# data = np.array(df.iloc[:100, [0, 1, -1]])
df                                    # 将建好的表显示在屏幕上查看如图3.14-15
```

	sepal length	sepal width	petal length	petal width	label
0	5.1	3.5	1.4	0.2	0
1	4.9	3.0	1.4	0.2	0
2	4.7	3.2	1.3	0.2	0
3	4.6	3.1	1.5	0.2	0
4	5.0	3.6	1.4	0.2	0
5	5.4	3.9	1.7	0.4	0
6	4.6	3.4	1.4	0.3	0

图 3.14　数据显示

144	6.7	3.3	5.7	2.5	2
145	6.7	3.0	5.2	2.3	2
146	6.3	2.5	5.0	1.9	2
147	6.5	3.0	5.2	2.0	2
148	6.2	3.4	5.4	2.3	2
149	5.9	3.0	5.1	1.8	2

150 rows × 5 columns

图 3.15　数据显示

3. 定义训练集和测试集

```
# 按行索引，读取数据前100行的第0,1列和最后一列
```

```python
data = np.array(df.iloc[:100, [0, 1, -1]])
# X为data数据集中去除最后一列所形成的新数据集,y为data数据集中最后一列数据所形成的新数据集
X, y = data[:, :-1], data[:, -1]
# 选取训练集和测试集
X_train, X_test, y_train, y_test = train_test_split(X, y, test_size = 0.2)
```

4. 定义模型

```python
# 建立类KNN用于k-近邻计算
class KNN:
    # 初始化数据,neighbor表示邻近点,p为欧氏距离
    def __init__ (self, X_train, y_train, n_neighbors = 3, p = 2):
        self.n = n_neighbors
        self.p = p
        self.X_train = X_train
        self.y_train = y_train
    def predict(self, X):                        # X为测试集
        knn_list = []
        # 遍历邻近点
        for i in range(self.n):
            # 计算训练集和测试集之间的距离
            dist = np.linalg.norm(X - self.X_train[i], ord = self.p)
            # 在列表末尾添加一个元素
            knn_list.append((dist, self.y_train[i]))
        # 替换近邻点中最大的点
        for i in range(self.n, len(self.X_train)):
            # 找出列表中距离最大的点
            max_index = knn_list.index(max(knn_list, key = lambda x: x[0]))
            # 计算训练集和测试集之间的距离
            dist = np.linalg.norm(X - self.X_train[i], ord = self.p)
            # 若当前数据的距离大于之前得出的距离,就将数值替换
            if knn_list[max_index][0] > dist:
                knn_list[max_index] = (dist, self.y_train[i])
        # 提取近邻点标签
        knn = [k[-1] for k in knn_list]
        # 统计标签个数
        count_pairs = Counter(knn)
        # 将标签升序排列
        max_count = sorted(count_pairs, key = lambda x:x)[-1]
        return max_count
    # 计算正确率
    def score(self, X_test, y_test):
right_count = 0
n = 10
```

```
        for X, y in zip(X_test, y_test):
            label = self.predict(X)
            if label == y:
                right_count += 1
        return right_count / len(X_test)
```

5. 调用模型

```
clf = KNN(X_train, y_train)                    # 调用 KNN 进行训练
clf.score(X_test, y_test)                      # 测试数据的准确率
```

运行结果显示如下：

$$0.95$$

```
test_point = [6.0, 3.0]                        # 测试一个特征点
print('Test Point: {}'.format(clf.predict(test_point)))
```

运行结果显示如下：

$$\text{Test Point: 1.0}$$

```
plt.scatter(df[:50]['sepal length'], df[:50]['sepal width'], label = '0')
# 将数据的前 50 个数据绘制散点图
plt.scatter(df[50:100]['sepal length'], df[50:100]['sepal width'], label = '1')
# 将数据的 50-100 个数据绘制散点图
plt.plot(test_point[0], test_point[1], 'bo', label = 'test_point')
# 将测试数据点绘制在图中
plt.xlabel('sepal length')
plt.ylabel('sepal width')                      # x,y 轴命名
plt.legend()                                   # 绘图
```

可视化结果如图 3.16 所示。

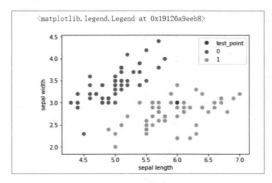

图 3.16　可视化结果

3.4 基于 KD 树的 KNN 算法

实验目的

（1）学习 KD 树算法的基本概念。
（2）理解并实现基于 KD 树的 K 邻近算法。
（3）使用基于 KD 树的 K 邻近算法解决实际问题，能够对结果进行分析。

实验环境

Python 3、Anaconda、PyCharm、Jupyter Notebook。

实验原理

针对特征点匹配有两种方法：最容易的办法就是线性扫描，也就是我们常说的穷举搜索。依次计算样本集 E 中每个样本到输入实例点的距离，然后抽取出计算出来的最小距离的点即为最近邻点。当样本集或训练集很大时，例如，在物体识别的问题中，可能有数千个甚至数万个特征点，计算这成千上万的特征点与输入实例点的距离，效率会非常低。

另外一种就是构建数据索引，实际数据一般都会呈现簇状的聚类形态，因此可以建立数据索引，然后再进行快速匹配。索引树是一种树结构索引方法，其基本思想是对搜索空间进行层次划分，kd 树就是其中一种索引树。

kd 树是一种对 k 维空间中的实例点进行存储以便对其进行快速检索的树形数据结构。kd 树是二叉树，表示对 k 维空间的一个划分。构造 kd 树相当于不断地用垂直于坐标轴的超平面将 k 维空间切分，构成一系列的 k 维超矩形区域，kd 树的每个结点对应于一个 k 维超矩形区域。

构造 kd 树的方法如下：

构造根结点，使根结点对应于 k 维空间中包含所有实例点的超矩形区域；通过下面的递归方法，不断地对 k 维空间进行切分，生成子结点。在超矩形区域（结点）上选择一个坐标轴和在此坐标轴上的一个切分点，确定一个超平面，这个超平面通过选定的切分点并垂直于选定的坐标轴，将当前超矩形区域切分为左右两个子区域（子结点），这时，实例被分到两个子区域，这个过程直到子区域内没有实例时终止（终止时的结点为叶结点）。在此过程中，将实例保存在相应的结点上。

通常，依次选择坐标轴对空间切分，选择训练实例点在选定坐标轴上的中位数为切分点，这样得到的 kd 树是平衡的，但平衡的 kd 树搜索时的效率未必是最优的。

实验步骤

1. 创建 kd 树

```
# 定义 kd 结点
```

```python
class KdNode(object):
    def __init__ (self, dom_elt, split, left, right):
        self.dom_elt = dom_elt          # 结点的父结点
        self.split = split              # 分隔纬度，划分结点
        self.left = left                # 左结点
        self.right = righ               # 右结点
# 定义kd树结点
class KdTree(object):
    def __init__ (self, data):
        k = len(data[0])                # 数据维度
        # print("创建结点")
        def CreateNode(split, data_set):
            # print(split, data_set)
            if not data_set:            # 数据集为空作为递归的停止条件
                return None
            # print("进入函数！！")
            data_set.sort(key = lambda x: x[split])   # 对data_set排序
            # print("data_set:", data_set)
            split_pos = len(data_set) // 2
            median = data_set[split_pos]  # 取得中位数点的坐标位置（求整）
            split_next = (split+1) % k    # （取余数）取得下一个结点的分离维数
            return KdNode (median,split,   # 递归创建kd树
                CreateNode(split_next, data_set[:split_pos]),   # 创建左结点
                CreateNode(split_next, data_set[split_pos+1:])) # 创建右结点
        self.root = CreateNode(0, data)   # 创建根结点
```

2. 搜索kd树

```python
# kd树的前序遍历
def preorder(root):
    print(root.dom_elt)
    if root.left:
        preorder(root.left)
    if root.right:
        preorder(root.right)
from math import sqrt
from collections import namedtuple
# 定义namedtuple，分别存放最近坐标点、最近距离和访问过的结点数
result = namedtuple("Result_tuple",
                    "nearest_point  nearest_dist  nodes_visited")
# 搜索与目标点最近样本点
def find_nearest(tree, point):
    k = len(point)                    # 数据维度
    def travel(kd_node, target, max_dist):
```

```python
            if kd_node is None:
                return result([0]*k, float("inf"), 0)
        nodes_visited = 1
        s = kd_node.split                    # 数据维度分隔
        pivot = kd_node.dom_elt              # 切分根结点
        if target[s] <= pivot[s]:            # 判断访问顺序
            nearer_node = kd_node.left       # 访问左子树根结点
            further_node = kd_node.right     # 记录右结点
        else:
            nearer_node = kd_node.right      # 访问右子树根结点
            further_node = kd_node.left
        # 找寻目标点区域
        temp1 = travel(nearer_node, target, max_dist)
        nearest = temp1.nearest_point        # 得到叶子结点,此时为nearest
        dist = temp1.nearest_dist            # 更新最近距离
        nodes_visited += temp1.nodes_visited
        print("nodes_visited:", nodes_visited)
        if dist < max_dist:
    # 最近点将在以目标点为球心,max_dist为半径的超球体内
            max_dist = dist
        temp_dist = abs(pivot[s]-target[s])  # 计算球体与分隔超平面的距离
        if max_dist < temp_dist:
            return result(nearest, dist, nodes_visited)
        # 计算分隔点到邻近点的欧式距离
        temp_dist = sqrt(sum((p1-p2) ** 2 for p1, p2 in zip(pivot, target)))
        if temp_dist < dist:
            nearest = pivot                  # 更新最近点
            dist = temp_dist                 # 更新最近距离
            max_dist = dist                  # 更新超球体的半径
            print("输出数据:", nearest, dist, max_dist)
        # 检查另一个子结点对应的区域是否有更近的点
        temp2 = travel(further_node, target, max_dist)
        nodes_visited += temp2.nodes_visited
        if temp2.nearest_dist < dist:        # 如果另一个子结点内存在更近距离
            nearest = temp2.nearest_point    # 更新最近点
            dist = temp2.nearest_dist        # 更新最近距离
        return result(nearest, dist, nodes_visited)
    return travel(tree.root, point, float("inf"))  # 从根结点开始递归
# 数据测试
data = [[2,3], [5,4], [9,6], [4,7], [8,1], [7,2]]
kd = KdTree(data)
preorder(kd.root)
```

运行结果如图 3.17 所示。

```
[7, 2]
[5, 4]
[2, 3]
[4, 7]
[9, 6]
[8, 1]
```

图 3.17　测试数据显示

```python
# 导包
from time import clock
from random import random
# 产生一个 k 维随机向量，每维分量值在 0～1 之间
def random_point(k):
    return[random() for _in range(k)]
# 产生 n 个 k 维随机向量
def random_points(k, n):
    return[random_point(k) for _in range(n)]
# 输入数据进行测试，结果如图 3.18 所示
ret = find_nearest(kd, [3,4.5])
print(ret)
```

```
nodes_visited: 1
输出数据: [4, 7] 2.692582403567252 2.692582403567252
nodes_visited: 2
输出数据: [5, 4] 2.0615528128088303 2.0615528128088303
nodes_visited: 1
输出数据: [2, 3] 1.8027756377319946 1.8027756377319946
nodes_visited: 4
Result_tuple(nearest_point=[2, 3], nearest_dist=1.8027756377319946, nodes_visited=4)
```

图 3.18　测试结果显示

```python
N = 400 000
t0 = clock()
kd2 = KdTree(random_points(3, N))         # 构建包含四十万个 3 维空间样本点的 kd 树
ret2 = find_nearest(kd2, [0.1, 0.5, 0.8]) # 四十万个样本点中寻找离目标最近的点
t1 = clock()
print("time: ", t1-t0, "s")
print(ret2)
```

运行结果如图 3.19 所示。

```
time: 6.0260507 s
Result_tuple(nearest_point=[0.09935455993499265, 0.5049982429468005, 0.7974515350681148], nearest_dist=0.005647450658642929, nodes_visited=77)
```

图 3.19　测试结果显示

3.5 支持向量机 SVM

实验目的

（1）学习支持向量机 SVM 的基本概念。
（2）使用 SVM 分类器解决实际问题，并能对结果进行分析。

实验环境

Python 3、Anaconda、PyCharm、Jupyter Notebook。

实验原理

1. 支持向量机简介

支持向量机（Support Vector Machines，SVM）：支持向量就是离分隔超平面最近的那些点，"机"表示一种算法。SVM 是一种监督学习算法，主要用于分类问题，主要的应用场景有字符识别、面部识别、行人检测、文本分类等领域。通常 SVM 用于二元分类问题，对于多元分类通常将其分解为多个二元分类问题，再进行分类。

图 3.20 是典型的二分类实例，明显发现 D 会比 B、C 分隔效果要好。SVM 的目标就是找到这样一个超平面（本例是找到一条直线），使得不同类别的数据能够落在超平面的两侧。A 给出了一个线性可分数据集，B、C、D 各自给出了一条可以将两类数据分开的直线。

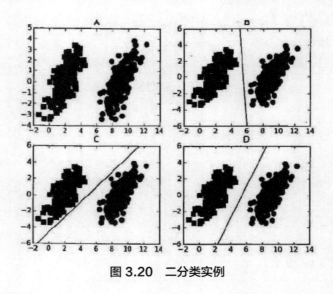

图 3.20 二分类实例

2. 间隔

图 3.20 中 D 框所示正负样本分得越开越好，代表正负样本之间的几何间隔越大越好。这是因为距离超平面越近的样本，分类的置信度越低（实际上几何间隔代表了分类器

的误差上界）。SVM 的优化目标是最大化最接近超平面的点到超平面的距离。

把二维的分类超平面设为 $f(x)=w^T x+b=0$。样本 x 代入 $f(x)$ 中，如果得到的结果小于 0，对该样本标一个 -1 的类别标签 y，大于 0 则标一个 +1 的 y。

首先定义函数间隔（function margin）：
$$\tilde{\gamma}=y|w^T x+b|=yf(x)。$$

注意：前面乘上 y 可以保证这个 margin 的非负性（因为 $f(x)<0$ 对应 $y=-1$ 的样本）。

如图 3.21 所示，对任意不在分类超平面上的点 x_i，可以依赖它到分类超平面的垂直投影 x_0，计算出它到分类超平面上的几何间隔：
$$\hat{\gamma}=y|w^T x_i+b|/\|w\|=\tilde{\gamma}/\|w\|$$

$\|w\|$ 是向量 w 的范数，是对 w 长度的一种度量，由此得到函数间隔和几何间隔的数值关系。

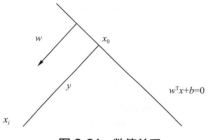

图 3.21　数值关系

$\tilde{\gamma}$ 不影响 SVM 优化问题的求解，为了简化问题，设 $\tilde{\gamma}=1$，从而把优化问题转化为：$\max \hat{\gamma}=1/\|w\|$，s.t. $y(w^T x+b)>=1$，$i=1,...,n$。

这个问题可以转化为一个等价的二次规划问题，也就是说它必然能得到一个全局的最优解。通过求解这个问题，可以得到了一个最大化几何间隔的分类超平面（如图 3.22 中间斜线所示），另外两条线到中间斜线的距离都等于 $1/\|w\|$，而两边两条线上的样本就是支持向量 Support Vector。

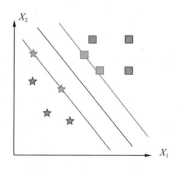

图 3.22　SVM 示意分类

通过最大化几何间隔，使得该分类器对样本分类时有了最大的置信度，准确的说，是对置信度最小的样本有了最大的置信度，这正是 SVM 的核心思想。

3. 核函数与方法

找到一个线/超平面来完成二分类成为问题的关键，这个线/超平面的函数被称为"核函数"。常见的核函数有：线性核函数——linear、多项式核函数——poly、高斯核函数——rbf（用得较多）、Sigmoid 核函数——sigmoid。

如何选择合适的核函数呢？那就是比较不同核函数的分类准确率。在实际处理分类问题时，分别计算几种核函数的分类性能，将准确率最高的核函数作为最终用于预测分类的核函数即可。使用模型不同，转换的方式不同，在多维空间中的图形就不同，分类的效果就不同。

对于简单的线性可分数据可以使用软间隔 SVM 或硬间隔 SVM 来划分，对于复杂的线性可分和线性不可分数据使用核函数，通过将特征向量映射到更高维的空间中，使得原本线性不可分数据在高维空间中变得线性可分。如图 3.23 所示，A 是一堆线性不可分数据，B 是通过 SVM 核函数将特征向量拓展到高维空间中使得数据可分。绿色的平面就是 SVM 要找的分隔平面。C 是 B 的鸟瞰图。

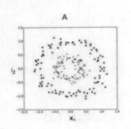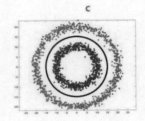

图 3.23 高维拓展

核函数解决非线性可分数据的核心思想是，将原始数据样本通过核函数映射到更高的维度空间中，直到样本在高维度空间中是线性可分的。然后再使用常见的线性分类器分隔样本数据。由于拓展到了高维空间，引入核函数就是为了降低向量内积的计算量。

4. SVM 特点

（1）不需要很多样本，并不意味着训练样本的绝对量很少，而是说相对于其他训练分类算法比起来，同样的问题复杂度下，SVM 需求的样本相对是较少的。并且由于 SVM 引入了核函数，所以对于高维的样本，SVM 也能轻松应对。

（2）结构风险最小。这种风险是指分类器对问题真实模型的逼近与问题真实解之间的累积误差。

（3）非线性，是指 SVM 擅长应付样本数据线性不可分的情况，主要通过松弛变量（也叫惩罚变量）和核函数技术来实现，这一部分也正是 SVM 的精髓所在。

实验步骤

1. 数据预处理

实验数据：本实验中使用的数据集为 UCI 的光学字符识别数据集，该数据集包含了 26 个英文大写字母的 20 000 个样本，每一个样本代表光学图像中的一个矩形区域，该区域只包含单一字符，每一个样本包含 16 个自变量和 letter 目标变量，letter 指示当前样本是哪一个字母，每一个特征变量的具体含义如下所示：

letter（字符 A，B，…，Z）、x-box（字符所在矩形区域的水平位置）、y-box（字符所在矩形区域的竖直位置）、width（矩形区域的宽度）、high（矩形区域的高度）、x-bar（矩形区域内黑色像素的平均 x 值）、y-bar（矩形区域内黑色像素的平均 y 值）、x2bar（x 平均方差）、y2bar（y 平均方差）、xybar（x 和 y 的平均相关性）、x2ybr（xxy 均值）、xy2br（xyy 均值）、x-ege（从左到右的边缘数目）、xegvy（x 边缘与 y 的相关性）、y-ege（从下到上的边缘数目）、yegvx（y 边缘与 x 的相关性）。

首先使用 pandas 中的 read_csv() 函数加载数据：

```
import pandas as pd                          # 导入 pandas 包
letters = pd.read_csv("C:/ Users / wangyuexue / PycharmProjects / dataset / letterecognition.csv")                                  # 通过 read_csv() 函数加载数据
letters.head(10)                             # 显示前十条数据，如图 3.24 所示
```

	letter	xbox	ybox	width	height	onpix	xbar	ybar	x2bar	y2bar	xybar	x2ybar	xy2bar	xedge	xedgey	yedge	yedgex
0	T	2	8	3	5	1	8	13	0	6	6	10	8	0	8	0	8
1	I	5	12	3	7	2	10	5	5	4	13	3	9	2	8	4	10
2	D	4	11	6	8	6	10	6	2	6	10	3	7	3	7	3	9
3	N	7	11	6	6	3	5	9	4	6	4	4	10	6	10	2	8
4	G	2	1	3	1	1	8	6	6	6	6	5	9	1	7	5	10
5	S	4	11	5	8	3	8	8	6	9	5	6	6	0	8	9	7
6	B	4	2	5	4	4	8	7	6	6	7	6	6	2	8	7	10
7	A	1	1	3	2	1	8	2	2	2	8	2	8	1	6	2	7
8	J	2	2	4	4	2	10	6	2	6	12	4	8	1	6	1	7
9	M	11	15	13	9	7	13	2	6	2	12	1	9	8	1	1	8

图 3.24 数据信息显示

```
letters["letter"].value_counts().sort_index()   # 使用 value_counts() 函数
观察数据集中每一种字符的数量分布，sort_index() 函数使得结果按照字母顺序展示结果
letters.iloc[:,1:].describe()                   # 显示每一个自变量的取值分布，如图 3.25 所示
```

	xbox	ybox	width	height	onpix	xbar	ybar	x2bar	y2bar	xybar
count	20000.000000	20000.000000	20000.000000	20000.00000	20000.000000	20000.000000	20000.000000	20000.000000	20000.000000	20000.00
mean	4.023550	7.035500	5.121850	5.37245	3.505850	6.897600	7.500450	4.628600	5.178650	8.28205
std	1.913212	3.304555	2.014573	2.26139	2.190458	2.026035	2.325354	2.699968	2.380823	2.48847
min	0.000000	0.000000	0.000000	0.00000	0.000000	0.000000	0.000000	0.000000	0.000000	0.00000
25%	3.000000	5.000000	4.000000	4.00000	2.000000	6.000000	6.000000	3.000000	4.000000	7.00000
50%	4.000000	7.000000	5.000000	6.00000	3.000000	7.000000	7.000000	4.000000	5.000000	8.00000
75%	5.000000	9.000000	6.000000	7.00000	5.000000	8.000000	9.000000	6.000000	7.000000	10.0000
max	15.000000	15.000000	15.000000	15.00000	15.000000	15.000000	15.000000	15.000000	15.000000	15.0000

图 3.25 自变量取值分布

ybar	x2bar	y2bar	xybar	x2ybar	xy2bar	xedge	xedgey	yedge	yedgex
20000.000000	20000.000000	20000.000000	20000.000000	20000.00000	20000.000000	20000.000000	20000.000000	20000.000000	20000.00000
7.500450	4.628600	5.178650	8.282050	6.45400	7.929000	3.046100	8.338850	3.691750	7.80120
2.325354	2.699968	2.380823	2.488475	2.63107	2.080619	2.332541	1.546722	2.567073	1.61747
0.000000	0.000000	0.000000	0.000000	0.00000	0.000000	0.000000	0.000000	0.000000	0.00000
6.000000	3.000000	4.000000	7.000000	5.00000	7.000000	1.000000	8.000000	2.000000	7.00000
7.000000	4.000000	5.000000	8.000000	6.00000	8.000000	3.000000	8.000000	3.000000	8.00000
9.000000	6.000000	7.000000	10.000000	8.00000	9.000000	4.000000	9.000000	5.000000	9.00000
15.000000	15.000000	15.000000	15.000000	15.00000	15.000000	15.000000	15.000000	15.000000	15.00000

图 3.25　自变量取值分布（续）

观察可见，16 个自变量的取值范围都在 1~15 之间，因此不需要进行规范化操作，并且本数据集是作者已经进行随机排列后的结果，所以不需要进行数据处理。

```
letters_train = letters.iloc[0:14 000,]        # 前 14 000 个样本为训练集
letters_test = letters.iloc[14 000:20 000,]    # 后 6 000 个样本为测试集
```

2. 模型训练

在本实验中，使用 sklearn.svm 包的相关类来实现构建基于支持向量机的光学字符识别模型。在 svm 包中有 SVC、NuSVC 和 LinearSVC 三个类都实现了支持向量机算法，但是这三个类之间存在细微的差别，底层的数学形式不一样。在本实验中使用 SVC 来进行模型建模。SVC 有两个需要设置的主要参数：核函数 kernel 和约束惩罚参数 C。核函数参数 kernel 的常用取值以及对应的含义如下："linear"：线性核函数；"poly"：多项式核函数；"rbf"：径向基核函数；"sigmoid"：sigmoid 核函数。对于惩罚项参数 C，C 值越大，惩罚越大，支持向量机的决策边界越窄。本实验中上述两个参数分别设置为线性核函数和 C=1。

```
from sklearn.svm import SVC
# 采用 SVC 来构建模型，并传入参数，如图 3.26 所示
letter_recognition_model = SVC(C = 1, kenerl = "linear")
letter_recognition_model.fit(letters_train.iloc[ :, 1:], letters_train
['letter'])                    # 两个参数分别指输入的训练数据以及输入的训练标签
```

```
SVC(C=1, cache_size=200, class_weight=None, coef0=0.0,
    decision_function_shape=None, degree=3, gamma='auto', kernel='linear',
    max_iter=-1, probability=False, random_state=None, shrinking=True,
    tol=0.001, verbose=False)
```

图 3.26　SVC 参数

3. 模型性能评估

```
from sklearn import metrics
# 使用 predict() 函数得到上一节训练的支持向量机模型在测试集合上的预测结果
letters_pred = letter_recognition_model.predict (letters_test[:, 1:])
# 使用 sklearn.matrics 中的相关函数对模型的性能进行评估，如图 3.27 所示
print(metrics.classification_report (letters_test["letter"], letters_pred))
```

```
print(pd.DataFrame(
            metrics.confusion_matrix(letters_test["letter"], letters_pred),
            columns = letters["letter"].value_counts().sort_index().index,
            index = letters["letter"].value_counts().sort_index().index))
```

	precision	recall	f1-score	support
A	0.92	0.92	0.92	245
B	0.78	0.87	0.82	207
C	0.82	0.84	0.83	202
D	0.77	0.91	0.83	251
E	0.80	0.86	0.83	230
F	0.77	0.89	0.82	240
G	0.73	0.75	0.74	235
H	0.65	0.70	0.67	210
I	0.89	0.86	0.87	243
J	0.83	0.88	0.86	216
K	0.79	0.84	0.81	214
L	0.95	0.86	0.90	250
M	0.89	0.94	0.92	224
N	0.95	0.88	0.91	246
O	0.87	0.71	0.78	216
P	0.92	0.80	0.86	246
Q	0.85	0.75	0.80	252
R	0.81	0.84	0.82	242
S	0.75	0.67	0.71	240
T	0.89	0.90	0.90	226
U	0.91	0.92	0.92	248
V	0.91	0.91	0.91	212
W	0.90	0.92	0.91	216
X	0.89	0.84	0.86	230
Y	0.93	0.88	0.90	223
Z	0.86	0.83	0.84	236

图 3.27　模型性能评估结果

图 3.28 中表格为 26×26 方阵，对角线上的元素数值代表正确预测的数目，对角线元素之和代表模型整体预测正确的数目。非对角线上的数值表示模型在哪些类别的预测上容易出错，如第 P 行第 F 列数值为 25，则说明有 25 次将 P 字符识别为 F 字符。

avg / total	0.85	0.84	0.84	6000

	A	B	C	D	E	F	G	H	I	J	...	Q	R	S	T	\	U	V	W	X	Y	Z
A	225	1	0	2	0	0	2	0	0	1	...	0	2	1	0		2	0	0	0	3	3
B	0	181	0	4	1	0	1	2	1	1	...	0	10	4	0		0	0	0	1	0	0
C	1	0	169	0	8	0	7	0	0	0	...	0	0	0	0		4	0	0	0	0	0
D	1	9	0	228	0	1	1	2	0	1	...	0	0	0	0		3	0	0	0	0	0
E	0	2	5	0	197	2	11	0	0	0	...	1	1	1	5		0	0	0	2	0	2
F	0	1	3	1	3	213	1	2	2	3	...	0	0	0	4		0	0	0	0	1	0
G	0	2	14	2	1	4	177	2	0	0	...	9	3	5	0		0	6	1	0	0	0
H	1	4	2	12	0	5	4	147	0	1	...	3	9	0	1		2	3	0	2	0	0
I	0	1	2	4	0	7	0	0	208	12	...	0	0	2	0		0	0	0	4	0	3
J	2	0	0	2	0	2	0	3	11	190	...	0	0	2	0		0	0	0	0	0	2
K	0	0	2	5	4	0	1	5	0	0	...	0	12	0	0		2	0	0	4	0	0
L	0	0	5	5	6	0	3	2	0	0	...	4	1	3	1		0	0	0	6	0	0
M	1	3	0	0	0	0	0	3	0	0	...	0	2	0	0		1	0	4	0	0	0
N	1	0	0	7	0	0	0	10	0	0	...	0	2	0	0		1	2	0	0	0	0
O	3	0	3	7	0	0	2	26	0	1	...	5	1	0	0		3	1	4	1	0	0
P	0	2	0	3	0	25	5	0	1	1	...	1	1	0	0		1	0	0	0	5	0
Q	5	5	0	1	7	1	14	3	0	4	...	190	1	13	0		0	1	0	0	0	0
R	0	11	0	4	0	0	2	6	0	0	...	0	203	0	0		0	1	0	1	0	0
S	1	8	0	1	10	7	7	0	4	1	...	9	1	160	3		0	0	0	2	1	20
T	1	0	0	0	0	3	2	5	0	0	...	0	1	2	204		0	0	0	0	3	3
U	1	0	0	1	0	0	0	1	0	0	...	0	0	0	1		228	0	6	0	0	0
V	0	2	0	0	0	2	0	4	0	0	...	0	1	0	0		0	193	6	0	1	0
W	1	0	0	0	0	0	0	0	0	0	...	0	0	0	0		2	2	199	0	0	0
X	0	1	0	5	5	1	1	0	6	3	...	0	0	2	2		1	0	0	193	1	0
Y	0	0	0	3	0	4	0	3	1	0	...	2	0	0	5		0	4	1	1	196	0
Z	1	0	0	1	4	1	0	0	1	9	...	0	0	18	3		0	0	0	1	0	196

图 3.28　运行结果

```
# 计算模型在测试集中的预测正确率
agreement = letters_test["letter"] == letters_pred
print(agreement.value_counts())
print("Accuracy:", metric.accuracy_score (letters_test["letter"], letters_pred))
```

图 3.29 中结果显示在初步模型 6 000 个测试样本中，正确预测有 5 068 个，正确率达到了 84.47%。

```
True     5068
False     932
Name: letter, dtype: int64
Accuracy: 0.844666666667
```

图 3.29 结果分析

4. 模型性能提升

影响模型性能的参数主要是：核函数以及惩罚参数，所以将通过改变这两个参数的选择进而观察模型性能的改变。

（1）核函数的选取。

初始模型选取的是线性核函数，下面观察在其他三种核函数下模型正确率的变化情况：

```
kernels = ["rbf","poly", "sigmoid"]
from kernel in kernels:
letters_model = SVC(C = 1, kernel = kernel)
letters_model.fit(letters_train.iloc[ :, 1:], letters_train['letter'])
letters_pred = letters_model.predict(letters_test.iloc[ :, 1:])
print("kernel = ", kernel , ", Accuracy:"\
metrics.accuracy_score(letters_test["letter"], letters_pred))
```

图 3.30 显示，采用 rbf 核函数时正确率最高，sigmoid 核函数正确率最低。

```
kernel =    rbf , Accuracy: 0.971166666667
kernel =    poly , Accuracy: 0.943166666667
kernel =    sigmoid , Accuracy: 0.0376666666667
```

图 3.30 不同核函数正确率

（2）惩罚参数 C 的选取。

在此实验中，选取 rbf 核函数，C 的取值设置为 0.01，0.1，1，10，100 进行测试。

```
c_list = [0.01, 0.1, 1, 10, 100]
for C in c_list:
    letters_model = SVC(C = C, kernel = "rbf")
letters_model.fit(letters_train.iloc[ :, 1:], letters_train['letter'])
letters_pred = letters_model.predict(letters_test.iloc[ :, 1:])
print("C = ", C, ",Accuracy:",\
metrics.accuracy_score (letters_test["letter"], letters_pred))
```

由图 3.31 结果可知，当 C 设置为 10 和 100 时，正确率进一步提升，分别达到了 97.62% 和 97.63%。

```
C =    0.01 , Accuracy: 0.059
C =    0.1 , Accuracy: 0.886333333333
C =    1 , Accuracy: 0.971166666667
C =    10 , Accuracy: 0.976166666667
C =    100 , Accuracy: 0.976333333333
```

图 3.31 惩罚参数不同取值正确率

3.6 朴素贝叶斯分类器

实验目的

（1）学习朴素贝叶斯的基本概念。
（2）能够独立实现贝叶斯分类器的设计。
（3）能够评估分类器的精度。

实验环境

Python 3、Anaconda、PyCharm、Jupyter Notebook。

实验原理

贝叶斯分类是一类分类算法的总称，这类算法均以贝叶斯定理为基础，故统称为贝叶斯分类。而朴素贝叶斯分类是贝叶斯分类中最简单，也是常见的一种分类方法。

朴素贝叶斯的思想基础：对于给出的待分类项，求解在此项出现的条件下各个类别出现的概率，哪个最大，就认为此待分类项属于哪个类别。在概率论和统计学中，Bayes theorem（贝叶斯法则）根据事件的先验知识描述事件的概率。事件 A 在另外一个事件 B 已经发生条件下的发生概率，表示为 P(A|B)。贝叶斯法则表达式如下所示：

$$P(A|B) = \frac{P(B|A)P(A)}{P(B)}$$

式中　P(A|B)：在事件 B 下事件 A 发生的条件概率；

P(B|A)：在事件 A 下事件 B 发生的条件概率；

P(A)，P(B)：独立事件 A 和独立事件 B 的边缘概率。

朴素贝叶斯分类分为三个阶段：

（1）准备工作阶段，任务是为朴素贝叶斯分类做必要的准备，主要工作是根据具体情况确定特征属性，并对每个特征属性进行适当划分，然后由人工对一部分待分类项进行分类，形成训练样本集合。这一阶段的输入是所有待分类数据，输出是特征属性和训练样本。这一阶段是整个朴素贝叶斯分类中唯一需要人工完成的阶段，其质量对整个过程将有重要影响，分类器的质量很大程度上由特征属性、特征属性划分及训练样本质量决定。

（2）分类器训练阶段。这个阶段的任务就是生成分类器，主要工作是计算每个类别在训练样本中的出现频率及每个特征属性划分对每个类别的条件概率估计,并将结果记录。其输入是特征属性和训练样本,输出是分类器。这一阶段是机械性阶段,根据前面讨论的公式可以由程序自动计算完成。

(3)应用阶段。这个阶段的任务是使用分类器对待分类项进行分类,其输入是分类器和待分类项,输出是待分类项与类别的映射关系。这一阶段也是机械性阶段,由程序完成。

贝叶斯算法的优点如下:

(1)朴素贝叶斯模型发源于古典数学理论,有稳定的分类效率。

(2)对小规模的数据表现很好,能处理多分类任务,适合增量式训练,尤其是数据量超出内存时,可以一批批地去增量训练。

(3)对缺失数据不太敏感,算法也比较简单,常用于文本分类。

贝叶斯算法的缺点如下:

(1)理论上,朴素贝叶斯模型与其他分类方法相比具有最小的误差率。但是实际上并非总是如此,这是因为朴素贝叶斯模型给定输出类别的情况下,假设属性之间相互独立,这个假设在实际应用中往往是不成立的,在属性个数比较多或者属性之间相关性较大时,分类效果不好。而在属性相关性较小时,朴素贝叶斯性能最为良好。对于这一点,有半朴素贝叶斯之类的算法通过考虑部分关联性适度改进。

(2)需要知道先验概率,且先验概率很多时候取决于假设,假设的模型可以有很多种,因此在某些时候会由于假设的先验模型的原因导致预测效果不佳。

(3)由于通过先验和数据来决定后验的概率从而决定分类,所以分类决策存在一定的错误率。

(4)对输入数据的表达形式很敏感。

实验步骤

文本中的特征来自文本的词条(token),一个词条是字符的任意组合。

1. 准备数据:从文本中构建词向量

确定将那些词纳入词汇集合,然后将每一篇输入文本转换为与词汇表同纬度的向量。

创建实验样本,这些文本被切分为一系列词条集合,将标点从文本中去除。返回类别标签集合。

```
def loadDataSet():
    postingList = [['my', 'dog', 'has', 'flea', 'problems', 'help', 'please'],
                   ['maybe', 'not', 'take', 'him', 'to','dog','park','stupid'],
                   ['my', 'dalmation', 'is', 'so', 'cute', 'I', 'love', 'him'],
                   ['stop', 'posting', 'stupid', 'worthless', 'garbage'],
                   ['mr', 'licks', 'ate','my','steak','how','to','stop','him'],
                   ['quit', 'buying', 'worthless', 'dog', 'food', 'stupid']]
    classVec = [0, 1, 0, 1, 0, 1]
    return postingList, classVec
```

2. 创建词汇表 词集模型 即包含所有词的列表

```python
def createVocabList(dataSet):
    vocab_set = set([])
    for document in dataSet:
        vocab_set = vocab_set | set(document)
    return list(vocab_set)
```

3. 结合词汇表 将输入文档转换为文档向量

```python
def setWordsToVect (vocabList,inputSet):
    returnVec = [0] * len(vocabList)
    for word in inputSet:                      # 遍历输入的每个词条
        if word in vocabList:
            returnVec[vocabList.index(word)] = 1
        else:
            print("the word:%s not in vocabList" % word)
    return returnVec
```

4. 训练算法

```python
def trainNB0(trainMatrix,trainGategory):
    """
    :param trainMatrix 文件的单词矩阵 [[0, 1, 0, 1],....[0, 1, 1]]
    :param trainGategory 文件对应的标签类别 [0, 1, 1...]
    return:
    : p0Vect: 各单词在分类 0 下的概率
    : p1Vect: 各单词在分类 1 下的概率
    : pAbusive : 文档属于分类 1 的概率
    """
    numTrainDocs = len(trainMatrix)            # 文件数
    numWords = len(trainMatrix[0])             # 单词数
    pAbusive  = sum(trainGategory) / float(numTrainDocs)   # 初始化文件数
    # p0Num = np.zeros(numWords); p1Num = np.zeros(numWords)
    p0Num = np.ones(numWords); p1Num = np.ones(numWords)
    # p0Denom = 0.0; p1Denom = 0.0
    p0Denom = 2.0; p1Denom = 2.0
    for i in range(numTrainDocs):
        if trainGategory[i] == 1:
            p1Num += trainMatrix[i]
            p1Denom += sum(trainMatrix[i])
        else:
            p0Num += trainMatrix[i]
            p0Denom += sum(trainMatrix[i])
    p1Vect = p1Num / p1Denom
    p0Vect = p0Num / p0Denom
    return p0Vect, p1Vect, pAbusive
```

5. 朴素贝叶斯分类函数

```
def classifyNB(vec2Classify, p0Vec, p1Vec, pClass1):
    """
    : param vec2Classify 测试向量文档
    : param p0Vec: 积极类词汇在词汇表中单词的概率
    : param p1Vec: 消极类词汇
    : param pClass1: 消极类的先验概率
    """
    # 对数映射
    p1 = sum(vec2Classify * p1Vec) + math.log(pClass1)
    p0 = sum(vec2Classify * p0Vec) + math.log(pClass1)
    if p1 > p0:
        return 1
    else:
        return 0
```

6. 打印函数

```
def printClassierResult(sentense,sentenseType):
    print(sentense)
    if sentenseType == 1:
        print ("这是消极类语句")
    else:
        print ("这不是消极类语句")
```

7. 加载测试数据

```
def loadTestSet():
    testList = [['It`s','worthless','to','stop','my','dog','eating','food'],
                ['Please', 'help', 'me', 'to', 'solve', 'this', 'problem'],
                ['This', 'dog', 'is', 'so', 'stupid','But','that','one','is',
                 'so', 'cute']]
    return testList
```

8. 开始测试

```
if __name__ == '__main__':
    postingList,classVec = loadDataSet()
    vocab_set = createVocabList(postingList)
    messageMatrix = []
    for sentence in postingList:
        message = setWordsToVect(vocab_set, sentence)
        messageMatrix.append(message)
    p0Vect, p1Vect, pAbusive = trainNB0(messageMatrix, classVec)
    # test 词汇集
    testList = loadTestSet()
```

```
    for sentence in testList:
        sVec = setWordsToVect(vocab_set, sentence)
        sType = classifyNB(sVec, p0Vect, p1Vect, pAbusive)
        printClassierResult(sentence, sType)
```

运行结果如图 3.32 所示。

```
the word:It`s not in vocabList
the word:eating not in vocabList
['It`s', 'worthless', 'to', 'stop', 'my', 'dog', 'eating', 'food']
这是消极类语句

the word:Please not in vocabList
the word:me not in vocabList
the word:solve not in vocabList
the word:this not in vocabList
the word:problem not in vocabList
['Please', 'help', 'me', 'to', 'solve', 'this', 'problem']
这不是消极类语句
the word:This not in vocabList
the word:, not in vocabList
the word:But not in vocabList
the word:that not in vocabList
the word:one not in vocabList
['This', 'dog', 'is', 'so', 'stupid', ',', 'But', 'that', 'one', 'is', 'so', 'cute']
这是消极类语句
```

图 3.32　运行结果

9. 修改分类器（词袋模型）

使用朴素贝叶斯进行文本的分类（词袋模型），在词袋模型中每个单词可以出现多次，当遇到一个单词时，就会增加词向量的对应值，而不是将对应的一个数值设为 1，其中词集模型 setWordsToVect() 被替换成 bagofWord2Vec()。

```
def bagofWord2Vec(vocbList, inputSet):
    """
    param : vocabList 词汇列表
    param : inputSet 文档
    return :  词汇向量
    """
    returnVec = [0] * len(vocbList)
    for word in inputSet:
        if word in vocbList:
            # 记录单词出现的次数，而不是出现与否
            returnVec [vocbList.index(word)] += 1
    return returnVec
# test 词袋模型
for sentence in testList:
```

```
        sVec = bagofWord2Vec(vocab_set, sentence)
        sType = classifyNB(sVec, p0Vect, p1Vect, pAbusive)
        printClassierResult(sentence, sType)
```

运行结果如图3.33所示。

```
['It`s', 'worthless', 'to', 'stop', 'my', 'dog', 'eating', 'food']
这是消极类语句
['Please', 'help', 'me', 'to', 'solve', 'this', 'problem']
这不是消极类语句
['This', 'dog', 'is', 'so', 'stupid', ',', 'But', 'that', 'one', 'is', 'so', 'cute']
这是消极类语句
```

图3.33 运行结果

10. 实验评价结论

（1）朴素贝叶斯有一个很强的假设：各特征之间有很强的独立性。但实际上语义之间是有上下文联系的，比如当一句话中出现太多贬义词，但实际是表达褒义的时候，可能有错误分类。

（2）word2vec算法会考虑上下文，比Embedding效果要好，维度更少，通用性也强。但是由于词和向量是一一对应的，所以无法解决一词多义的问题。而且这种静态方法，无法针对特定任务做动态优化。

（3）选用词袋模型，当某个单词出现多次时，可以增加该单词在某类别的权重，本例数据较小，实验效果没有明显修正。

（4）实验中做了以下代码修改：

```
# p0Num = np.zeros(numWords); p1Num = np.zeros(numWords)
p0Num = np.ones(numWords); p1Num = np.ones(numWords)
# p0Denom = 0.0; p1Denom = 0.0
p0Denom = 2.0; p1Denom = 2.0
```

当出现训练集未出现的词汇，可能导致概率为0，从而影响分类效果。为避免此种情况，做了以上修改。

3.7 决策树

实验目的

（1）学习决策树的基本概念。
（2）学习剪枝方法的实现。
（3）掌握决策树的构造方法和基本流程。

Python 3、Anaconda、PyCharm、Jupyter Notebook。

1. 决策树简介

决策树（Decision Tree）是一种以树形数据结构来展示决策规则和分类结果的模型，它是将看似无序、杂乱的已知实例，通过某种技术手段将它们转化成可以预测未知实例的树状模型。决策树是一种监督学习的分类算法，要求输入标注好类别的训练样本集，每个训练样本由若干个用于分类的特征来表示。决策树算法的训练目的在于构建决策树，希望能够得到一颗可以将训练样本按其类别进行划分的决策树。在构建决策树时，每次都要选择区分度最高的特征，使用其特征值对数据进行划分，每次消耗一个特征，不断迭代，直到所有特征均被使用为止。如果还未使用全部特征，剩下的训练样本就已经具有相同类别了，则决策树的构建可以提前完成。如果使用全部特征后，剩下的训练样本中仍然包含一个以上的类别，则选择剩下的训练样本中占比最大的类别作为这批训练样本的类别。决策树从根结点开始延伸经过不同的判断条件后，到达不同的子结点，而上层子结点又可以作为父结点被进一步划分为下层子结点，一般情况下，从根结点输入数据，经过多次判断后，这些数据就会被划分到不同的类别，这就构成了一颗简单的分类决策树。构建决策树如图 3.34 所示。

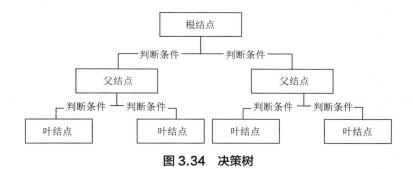

图 3.34　决策树

决策树可以用来解决分类或者回归问题，分别称之为分类树或回归树。其中，分类树的输出是一个标量，而回归树的输出一般为一个实数。通常情况下，决策树利用损失函数最小的原则建立模型，然后利用该模型进行预测。

2. 构造及基本流程

决策树预测过程：

（1）收集数据：可以使用任何方法。

（2）准备数据：收集完数据，进行整理，将这些所有收集的信息按照一定规则整理出来，并排版，方便后续处理。

（3）分析数据：决策树构造完成之后，可以检查决策树图形是否符合预期。

（4）训练算法：这个过程也就是构造决策树，也可以说是决策树学习，就是构造一个决策树的数据结构。

（5）测试算法：使用经验树计算错误率。当错误率达到了可接收范围，这个决策树就可以投放使用了。

（6）使用算法：此步骤适用于任何监督学习算法，使用决策树可以更好地理解数据的内在含义。

对于有很多特征的数据集，决策树先根据一个特征进行分类，虽然分类结果达不到理想效果，但是通过这次分类，问题规模变小了，同时分类后的子集相比原来的样本集更加易于分类。然后针对上一次分类后的样本子集，递归这个过程。在理想的情况下，经过多层的决策分类，将得到完全纯净的子集，也就是每一个子集中的样本都属于同一个分类。

图 3.35 中，平面坐标中的六个样本点，无法通过其 x 坐标或者 y 坐标直接将两类点分开。采用决策树算法思想：先依据 y 坐标将六个点划分为两个子类（如水平线所示），水平线上面的两个点是同一个分类，但是水平线之下的四个点是不纯净的。对这四个点进行再次分类，这次以 x 左边分类（见图中的竖线），通过两层分类，实现了对样本点的完全分类。决策树的伪代码实现如下：

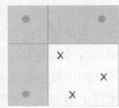

图 3.35　样本

```
if y > a:
    output dot
else:
    if x < b:
        output cross
    else:
        output dot
```

由这个分类的过程形成一个树形的判决模型，树的每一个非叶子结点都是一个特征分隔点，叶子结点是最终的决策分类。将新样本输入决策树进行判决时，就是将样本在决策树上自顶向下，依据决策树的结点规则进行遍历，最终落入的叶子结点就是该样本所属的分类。

决策树算法的思想，可以简单归纳如下：

（1）选取特征，分隔样本集。

（2）计算增益，如果增益够大，将分隔后的样本集作为决策树的子结点，否则停止分隔。

（3）递归执行上两步。

其中特征选择是建立决策树之前的十分重要的一步，如果是随机的选择特征，那么所建立决策树的学习效率就会大打折扣。例如：银行采用决策树来解决信用卡审批问题，判断是否向某人发放信用卡可以根据其年龄、工作单位、是否有不动产、历史信贷情况等特征决定，而选择不同的特征，后续生成的决策树就会不一致，这种不一致最终会影响到决策树的分类效率。通常在选择特征的时候，会考虑到两种不同的指标，分别为：信息增益

和信息增益比。这需要信息论中的一个常见名词：熵。熵是表示随机变量不确定性的度量。简单来说：熵越大，随机变量的不确定性就越大，而特征 A 对于某一训练集 D 的信息增益 g(D,A)定义为集合 D 的熵 H(D) 与特征 A 在给定条件下 D 的信息熵 H(D|A) 之差。

$$g(D, A) = H(D) - H(D|A)$$

每一个特征针对训练数据集的前后信息变化的影响是不一样的，信息增益越大，即代表这种影响越大，而影响越大，就表明该特征更加重要。

决策树的生成算法最经典的是 ID3 算法，这个算法的核心理论即源于上一节提到的信息增益。ID3 算法通过递归的方式建立决策树，建立时，从根结点开始，对结点计算每个独立特征的信息增益，选择信息增益最大的特征作为结点特征。接下来，对该特征施加判断条件，建立子结点。然后针对子结点再次使用信息增益进行判断，直到所有特征的信息增益很小或者没有特征时结束，这样就逐步建立一颗完整的决策树。除了从信息增益演化而来的 ID3 算法，还有一种常见的算法叫 C4.5。C4.5 使用信息增益比来选择特征，这被看作是 ID3 算法的一种改进。ID3 和 C4.5 算法简单高效，但是这两种算法均存在缺点，这两个算法从信息增益和信息增益比开始，对整个训练集进行的分类，拟合出来的模型针对该训练集非常完美，但是这会造成整体模型的复杂度较高，而对其他数据集的预测能力就降低了，即发生过拟合使得模型的泛化能力变弱。为了解决过拟合的问题，从而对决策树进行修剪。

3. 剪枝方法

剪枝是指将一颗子树的子结点全部删掉，根结点作为叶子结点，如图 3.36 所示。

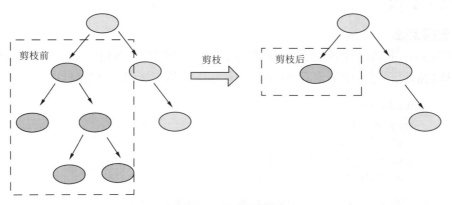

图 3.36　决策树剪枝

决策树剪枝的目的是防止构建的决策树出现过拟合。随着决策树的深度的增加，模型的准确度肯定会越来越好，但是对于新的未知数据，模型的泛化能力不够。在数据集没有足够多的情况下，数据集本身存在噪声，同时数据的特征属性不能完全作为分类的标准。

剪枝分为预剪枝和后剪枝两种方法，预剪枝是指在构建完全正确分类训练集的决策树之前，停止树的构建。常见有 3 种方法来决定何时停止树的构建：

（1）预设树的高度。当决策树的高度达到预设值之后，停止继续构建。

（2）设定实例阈值。当叶子结点里的实例数量小于阈值时，停止。

（3）设定增益阈值。计算每一次增加深度后模型的增益，增益小于阈值，则停止。

预剪枝优点是速度快，计算量少。缺点是视线短浅。比如一颗完整的决策树有 5 层，A->B->C->D->E，从 B->C 的过程中模型几乎没有什么提升，但是从 C->D 的过程中模型的准确度提升显著，这种情况使用预剪枝，会使模型提前终止。

后剪枝的整体思路是先构建完整的决策树，然后再对决策树进行剪枝操作。也有 3 种常用的剪枝方法：

（1）错误率降低剪枝。

使用一个测试集，对于非叶子结点的子树，尝试把它替换成叶子结点。用子树中样本数量最多的类来表示这个结点的结果。比较替换前后两个决策树在测试集上的表现。从下至上，遍历所有的可能的子树，直到在测试集上没有提升时停止。

（2）悲观剪枝。

对于决策树中的子树，尝试把它直接替换成一个叶子结点（具体用哪个结点来替代不太确定，有些资料表示直接用子树的根来替换）。比较被替换子树的错误数—标准差（由二项分布计算）和新叶子结点错误数，如果前者大，那么执行剪枝操作，反之保留。

（3）代价复杂度剪枝。

选择结点表面误差率增益值最小的非叶子结点，删除该非叶子结点的左右子结点，若有多个非叶子结点的表面误差率增益值相同，则选择非叶子结点中子结点数最多的非叶子结点进行剪枝。

实验步骤

1. 数据读取

实验数据：本实验中使用的数据集为 UCI 上的德国信用数据集。该数据集包含了 1 000 个贷款信息，每一个贷款有 20 个自变量和 1 个类变量记录该笔贷款是否违约。

```
import pandas as pd
import numpy as np
import matplotlib.pyplot as plt
credit = pd.read_csv ("credit.csv")
credit.head (10)
```

查看前十行数据可以看出该数据集包含 1 000 个样本和 21 个变量。变量类型同时包括因子变量和数值变量。

接下来，使用 value_counts() 函数对支票余额变量 check_balance 和储蓄账户余额变量 savings_balance 进行查看，进行数据集的观察。

```
credit.checking_balance.value_counts()
credit.savings_balance.value_counts()
```

图 3.37 中两个变量的单位都是德国马克（Deutsche Mark, DM）。支票余额和储蓄账户余额越大，贷款违约的可能性理应越小。

```
credit.checking_balance.value_counts()
```

```
<  100 DM       603
unknown         183
101 - 500 DM    103
501 - 1000 DM    63
>  1000 DM       48
```

```
credit.savings_balance.value_counts()
```

```
<  100 DM       603
unknown         183
101 - 500 DM    103
501 - 1000 DM    63
>  1000 DM       48
```

图 3.37　变量查看

```
credit[["months_loan_duration","amount"]].describe()
```

数据集还有一些数值型变量，如图 3.38 所示。例如贷款期限（months_loan_duration）和贷款申请额度（amount）。通过 describe() 函数，可以观测到两个数值型变量的描述。其中，贷款期限为 4~72 个月（min 和 max 显示），中位数为 18 个月（50%）。贷款申请额度在 250~18 424 马克（min 和 max 显示）之间，中位数为 2 319.5 马克（50%）。

```
credit[["months_loan_duration","amount"]].describe()
```

	months_loan_duration	amount
count	1000.000000	1000.000000
mean	20.903000	3271.258000
std	12.058814	2822.736876
min	4.000000	250.000000
25%	12.000000	1365.500000
50%	18.000000	2319.500000
75%	24.000000	3972.250000

图 3.38　数值型变量

```
credit.default.value_counts()
```

图 3.39 中变量 default 表示贷款是否违约，也就是需要预测的类别。可以看到，在 1 000 个贷款中，30% 贷款申请者有违约行为。（其中数据集规定 default = 1，表示无违约行为，default = 2，表示有违约行为）。银行不太希望贷款给违约率高的客户，因为这些客户会给银行带来损失。本实验就是建模识别可能违约的客户，从而减少违约数量，避免给银行带来更大的损失。

```
credit.default.value_counts()
1    700
2    300
Name: default, dtype: int64
```

图 3.39 预测类别变量

2. 划分训练集

```
col_dicts = {}
cols = ['checking_balance','credit_history', 'purpose', 'savings_balance',
        'employment_length', 'personal_status','other_debtors','property',
        'installment_plan','housing','job','telephone','foreign_worker']
col_dicts = {'checking_balance': {'1 - 200 DM': 2,  '< 0 DM': 1,'> 200 DM': 3,
  'unknown': 0},'credit_history': {'critical': 0,'delayed': 2,
  'fully repaid': 3,'fully repaid this bank': 4,'repaid': 1},
  'employment_length': {'0 - 1 yrs': 1,  '1 - 4 yrs': 2,'4 - 7 yrs': 3,
  '> 7 yrs': 4,'unemployed': 0},'foreign_worker': {'no': 1, 'yes': 0},
  'housing': {'for free': 1, 'own': 0, 'rent': 2},'installment_plan':
  {'bank':1, 'none': 0, 'stores': 2},'job': {'mangement self-employed': 3,
  'skilled employee': 2,'unemployed non-resident': 0,'unskilled resident': 1},
  'other_debtors': {'co-applicant': 2, 'guarantor': 1, 'none': 0},
  'personal_status': {'divorced male': 2,'female': 1,'married male': 3,
  'single male': 0},'property': {'building society savings': 1,'other': 3,
  'real estate': 0,'unknown/none': 2},'purpose': {'business': 5,
  'car (new)': 3,'car (used)': 4,'domestic appliances': 6,'education': 1,
  'furniture': 2,'others': 8,'radio/tv': 0,'repairs': 7,'retraining': 9},
  'savings_balance': {'101 - 500 DM': 2,'501 - 1000 DM': 3,'< 100 DM': 1,
  '> 1000 DM': 4,'unknown': 0},'telephone': {'none': 1, 'yes': 0}}
```

以上代码是将数据集中字符串形式的变量使用整数进行编码。

图 3.40 中通过返回前 10 行数据，可以看到，每个属性下的属性值已经根据刚才字典中设定的值进行了替换（字符串替换成了整数）。

```
from sklearn.model_selection import train_test_split
y = credit ['default']
del credit ['default']
X  = credit
X_train, X_test, y_train, y_test = train_test_split (X, y, test_size = 0.3, random_state = 0)
```

从数据集中随机选取其中 70% 作为训练数据，30% 作为测试数据，并删除 credit 中的 'default' 列。验证训练集和测试集中，违约贷款的比例是否接近，如图 3.41 所示。

```
for col in cols:
    credit[col] = credit[col].map(col_dicts[col])
credit.head(10)
```

	checking_balance	months_loan_duration	credit_history	purpose	amount	savings_balance	employment_length	installment_rate	personal_status	other_debt
0	1	6	0	0	1169	0	4	4	0	
1	2	48	1	0	5951	1	2	2	1	
2	0	12	0	1	2096	1	3	2	0	
3	1	42	1	2	7882	1	3	2	0	
4	1	24	2	3	4870	1	2	3	0	
5	0	36	1	1	9055	0	2	2	0	
6	0	24	1	2	2835	3	4	3	0	
7	2	36	1	4	6948	1	2	2	0	
8	0	12	1	0	3059	4	3	2	2	
9	2	30	0	3	5234	1	0	4	3	

10 rows × 21 columns

图 3.40 数据查看

```
print(y_train.value_counts()/len(y_train))
print(y_test.value_counts()/len(y_test))
1    0.694286
2    0.305714
Name: default, dtype: float64
1    0.713333
2    0.286667
Name: default, dtype: float64
```

图 3.41 default 比例

如图 3.41 所示，训练集和测试集中，违约贷款的样例比例基本保持一致，均在 30% 左右。

3. 模型训练

使用 Scikit-learn 中的 DecisionTreeClassifier 算法来训练决策树模型。DecisionTreeClassifier 算法位于 sklearn.tree 包，首先将其导入，然后调用 fit() 方法进行模型训练。

```
from sklearn import tree
from sklearn.tree import DecisionTreeClassifier
credit_model = DecisionTreeClassifier (min_samples_leaf = 6)
credit_model.fit (X_train, y_train)
```

credit_model 就是训练得到的决策树模型。

4. 模型性能评估

为了将训练好的决策树模型应用于测试数据，可以使用 predict() 函数：

```
credit_pred = credit_model.predict (X_test)
```

得到了决策树模型在测试数据上的预测结果，通过将预测结果和真实结果进行对比可以评估模型性能。使用 sklearn.metrics 包中的 classification_report() 和 confusion_matrix() 函数，展示模型分类结果，如图 3.42 所示。

```
              precision    recall   f1-score   support

           1      0.78      0.81      0.80        214
           2      0.49      0.44      0.46         86

    accuracy                          0.71        300
   macro avg      0.64      0.63      0.63        300
weighted avg      0.70      0.71      0.70        300

[[174  40]
 [ 48  38]]
0.7066666666666667
```

图 3.42　分类结果

```
from sklearn import metrics
print (metrics.classification_report (y_test, credit_pred))
print (metrics.confusion_matrix (y_test, credit_pred))
print (metrics.accuracy_score (y_test, credit_pred))
```

在 300 个贷款申请测试数据中，模型的预测正确率（Accuracy）为 70.7%。214 个未违约贷款中，模型正确预测了 78%。86 个违约贷款中，模型正确预测了 49%，如图 3.42 所示。

5. 模型的性能提升

在实际应用中，模型的预测正确率不高，很难将其应用到实时的信贷评审过程。本案例中，如果一个模型将所有的贷款都预测为"未违约"，此时模型的正确率将为 71%（214/300），则该模型是一个完全无用的模型。

通过创建一个代价矩阵定义模型犯不同错误时的代价。假设认为一个贷款违约者给银行带来的损失是银行错过一个不违约的贷款带来损失的 4 倍，则未违约和违约的代价权重可以定义为：

```
class_weights = {1:1, 2:4}
credit_model_cost = DecisionTreeClassifier (max_depth=6,class_weight = class_weights)
credit_model_cost.fit (X_train, y_train)
credit_pred_cost = credit_model_cost.predict (X_test)
print (metrics.classification_report (y_test, credit_pred_cost))
print (metrics.confusion_matrix (y_test, credit_pred_cost))
print (metrics.accuracy_score (y_test, credit_pred_cost))
```

从结果可以了解到，模型的整体正确率下降为 58%，但模型能将 86 个违约贷款中的 72 个正确识别，识别率为 84%，比优化前模型性能提升很多，如图 3.43 所示。

```
              precision    recall   f1-score   support

           1      0.88      0.48      0.62        214
           2      0.39      0.84      0.53         86

    accuracy                          0.58        300
   macro avg      0.64      0.66      0.58        300
weighted avg      0.74      0.58      0.59        300

[[102 112]
 [ 14  72]]
0.58
```

图 3.43　分类结果

3.8 Kmeans 算法

实验目的

（1）学习 Kmeans 算法的基本概念。
（2）掌握模型创建、使用模型及模型评价等操作。

实验环境

Python 3、Anaconda、PyCharm、Jupyter Notebook。

实验原理

1. 聚类简介

聚类 (clustering) 是根据数据的"相似性"将数据分为多类的过程。评估两个不同样本之间的"相似性"，通常使用的方法就是计算两个样本之间的"距离"。使用不同的方法计算样本间的距离会关系到聚类结果的好坏。聚类效果如图 3.44 所示。

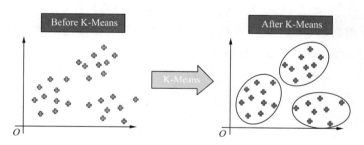

图 3.44 聚类效果

2. 聚类技术

物以类聚，人以群分，是对聚类最好的解释。聚类直观上来说是将相似的样本聚在一起，从而形成一个类簇（cluster）。评估两个不同样本之间的"相似性"，通常使用的方法就是计算两个样本之间的"距离"。计算样本之间的距离通常有以下几种。

欧氏距离是最常用的一种距离度量方法，源于欧式空间中两点的距离。其计算方法如下：

$$d = \sqrt{\sum_{k=1}^{n}(x_1 k - x_2 k)^2}$$

二维空间中的欧氏距离计算公式如下：

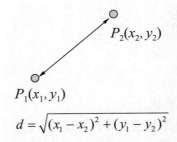

$$d = \sqrt{(x_1-x_2)^2 + (y_1-y_2)^2}$$

曼哈顿距离又称为"城市街区距离",类似于在城市之中驾车行驶,从一个十字路口到另外一个十字楼口的距离。其计算方法如下:

$$d = \sum_{k=1}^{n} |x_{1k} - x_{2k}|$$

二维空间中曼哈顿距离计算方式如下:

$$d = |x_1 - x_2| + |y_1 - y_2|$$

马氏距离表示数据的协方差距离,是一种尺度无关的度量方式。也就是说马氏距离会先将样本点的各个属性标准化,再计算样本间的距离。其计算方式如下:

$$d(x_i, x_j) = \sqrt{(x_i - x_j)^T s^{-1} (x_i - x_j)}$$

余弦相似度用向量空间中两个向量夹角的余弦值作为衡量两个样本差异的大小。余弦值越接近1,说明两个向量夹角越接近0°,表明两个向量越相似。其计算方法如下:

$$\cos\theta = \frac{\sum_{k=1}^{n} x_{1k} x_{2k}}{\sqrt{\sum_{k=1}^{n} x_{1k}^2} \sqrt{\sum_{k=1}^{n} x_{2k}^2}}$$

二维空间中夹角余弦计算如下:

$$\cos\theta = \frac{x_1 x_2 + y_1 y_2}{\sqrt{x_1^2 + y_1^2} \cdot \sqrt{x_2^2 + y_2^2}}$$

3. 典型聚类算法

K-means、DBSCAN 是较为经典的聚类算法。K-means 算法以 k 为参数,把 n 个对象分成 k 个簇,使簇内具有较高的相似度,而簇间的相似度较低。DBSCAN 算法是一种基于密度的聚类算法,聚类的时候不需要预先指定簇的个数,最终的簇的个数不定。

K-means 的一般过程如图 3.45 所示。

(1)随机选择 k 个点作为初始的聚类中心。

(2)对于剩下的点,根据其与聚类中心的距离,将其归入最近的簇。

(3)对每个簇,计算所有点的均值作为新的聚类中心。

K-means聚类算法

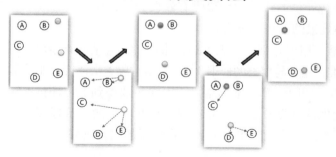

图 3.45 聚类一般处理过程

（4）重复（2）、（3）步直到聚类中心不再发生改变。

DBSCAN 算法将数据点分为三类：

核心点：在半径 Eps 内含有超过 MinPts 数目的点。

边界点：在半径 Eps 内点的数量小于 MinPts，但是落在核心点的邻域内。

噪声点：既不是核心点也不是边界点的点。

DBSCAN 算法流程：

（1）将所有点标记为核心点、边界点或噪声点。

（2）删除噪声点。

（3）为距离在 Eps 之内的所有核心点之间赋予一条边。

（4）每组连通的核心点形成一个簇。

（5）将每个边界点指派到一个与之关联的核心点的簇中（哪一个核心点的半径范围之内）。

使用 DBSCAN 算法对如下 13 个样本点进行聚类，取 Eps=3，MinPts=3，依据 DBSACN 对所有点进行聚类（曼哈顿距离）。

对每个点计算其邻域 Eps=3 的点的集合。集合内点的个数超过 MinPts=3 的点为核心点，查看剩余点是否在核心点的邻域内，若在，则为边界点，否则为噪声点。将距离不超过 Eps=3 的点相互连接，构成一个簇，核心点邻域内的点也会被加入这个簇中，则形成 3 个簇，过程如图 3.46 所示。

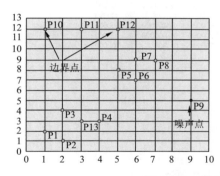 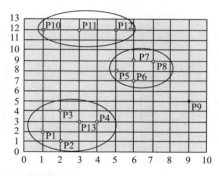

图 3.46 DBSCAN 算法聚类效果

4. 聚类算法评价标准

对聚类效果进行评价的研究称为聚类有效性分析，在聚类有效性分析研究中，评价聚类算法得到的聚类效果的方法主要有三类。

（1）外部标准：用事先判定的聚类结构来评价，与某专家给出的参考模型进行对比。

（2）内部标准：用参与聚类的样本（n 个数据对象）来评价，如采用各簇误差平方和。

（3）相对标准：用同一算法不同结果（不同参数得到）来评价，通过与其他结果的比较来判断评价的优劣性聚类分析中，存在两种相互联系的评价标准。聚类结果中，簇类越紧密，簇间分离就越好。聚类结果与人工判定结果越吻合越好。

实验步骤

1. 数据读取

使用 pandas 的 read_table() 方法读取标准化数据集 protein.txt 文件，以 \t 分隔并传入 protein，如图 3.47 所示。

```
import pandas as pd
protein = pd.read_table ('protein.txt', sep = '\t')
protein.head()
```

	Country	RedMeat	WhiteMeat	Eggs	Milk	Fish	Cereals	Starch	Nuts	Fr&veg
0	Albania	10.1	1.4	0.5	8.9	0.2	42.3	0.6	5.5	1.7
1	Austria	8.9	14.0	4.3	19.9	2.1	28.0	3.6	1.3	4.3
2	Beigium	13.5	9.3	4.1	17.5	4.5	26.6	5.7	2.1	4.0
3	Bulgaria	7.8	6.0	1.6	8.3	1.2	56.7	1.1	3.7	4.2
4	Czechoslovakia	9.7	11.4	2.8	12.5	2.0	34.3	5.0	1.1	4.0

图 3.47 读取数据

```
print (protein.describe())          # 查看protein的描述性统计，如图 3.48 所示
```

```
print(protein.describe())
            RedMeat  WhiteMeat      Eggs       Milk      Fish    Cereals  \
count     25.000000  25.000000  25.000000  25.000000  25.000000  25.000000
mean       9.828000   7.896000   2.936000  17.112000   4.284000  32.248000
std        3.347078   3.694081   1.117617   7.105416   3.402533  10.974786
min        4.400000   1.400000   0.500000   4.900000   0.200000  18.600000
25%        7.800000   4.900000   2.700000  11.100000   2.100000  24.300000
50%        9.500000   7.800000   2.900000  17.600000   3.400000  28.000000
75%       10.600000  10.800000   3.700000  23.300000   5.800000  40.100000
max       18.000000  14.000000   4.700000  33.700000  14.200000  56.700000

             Starch       Nuts      Fr&Veg
count     25.000000  25.000000  25.000000
mean       4.276000   3.072000   4.136000
std        1.634085   1.985682   1.803903
min        0.600000   0.700000   1.400000
25%        3.100000   1.500000   2.900000
50%        4.700000   2.400000   3.800000
75%        5.700000   4.700000   4.900000
max        6.500000   7.800000   7.900000
```

图 3.48 数据集描述性统计

```python
print (protein.columns)        # 查看protein的列名,如图3.49所示
```

```
print(protein.columns)
Index(['Country','RedMeat','WhiteMeat','Eggs','Milk','Fish','Cereals',
       'Starch','Nuts','Fr&Veg'],
      dtype='object')
```

图 3.49　数据集列名称

```python
print (protein.shape)          # 用.shape方法可以读取矩阵的形状,如图3.50所示
```

```
print(protein.shape)
(25,10)
```

图 3.50　数据集矩阵

2. 数据规整化处理

```python
# 导入sklearn模块中的preprocessing函数
from sklearn import preprocessing
# 删除protein中的Country列,axis=1表示横向执行
sprotein = protein.drop (['Country'], axis = 1)
# 使用preprocessing函数中的.scale()方法进行标准化,一般会把train和test集放在
一起做标准化,或者在train集上做标准化后,用同样的标准化器去标准化test集
sprotein_scaled = preprocessing.scale (sprotein)
print (sprotein_scaled)        # 注意:受篇幅限制,图3.51的数据显示并不完整
```

```
[[ 0.08294065 -1.79475017 -2.22458425 -1.1795703  -1.22503282  0.9348045
  -2.29596509  1.24796771 -1.37825141]
 [-0.28297397  1.68644628  1.24562107  0.40046785 -0.6551106  -0.39505069
  -0.42221774 -0.91079027  0.09278868]
 [ 1.11969872  0.38790475  1.06297868  0.05573225  0.06479116 -0.5252463
   0.88940541 -0.49959828 -0.07694671]
 [-0.6183957  -0.52383718 -1.22005113 -1.2657542  -0.92507375  2.27395937
  -1.98367305  0.32278572  0.03621022]
 [-0.03903089  0.96810416 -0.12419682 -0.6624669  -0.6851065   0.19082957
   0.45219769 -1.01358827 -0.07694671]
 [ 0.23540507  0.8023329   0.69769391  1.13303099  1.68457011 -0.96233157
   0.3272812  -1.21918427 -0.98220215]
 [-0.43543839  1.02336124  0.69769391 -0.86356267  0.33475432 -0.71124003
   1.38907137 -1.16778527 -0.30326057]
 [-0.10001666 -0.82775116 -0.21551801  2.38269753  0.45473794 -0.55314536
   0.51465594 -1.06498727 -1.5479868 ]
 [ 2.49187852  0.55367601  0.33240914  0.34301192  0.42474204 -0.385751
   0.3272812  -0.34540128  1.33751491]
 [ 0.11343353 -1.35269348 -0.12419682  0.07009624  0.48473385  0.87900638
  -1.29663317  2.4301447   1.33751491]
 [-1.38071781  1.24438959 -0.03287563 -1.06465843 -1.19503691  0.73021139
  -0.17238476  1.19656871  0.03621022]
 [ 1.24167025  0.58130455  1.61090584  1.24794286 -0.62511469 -0.76703815
   1.20169663 -0.75659327 -0.69930983]
 [-0.25248108 -0.77249407 -0.03287563 -0.49008911 -0.26516381  0.42332173
  -1.35909141  0.63117972  1.45067184]
 [-0.10001666  1.57593211  0.60637272  0.90320726 -0.53512697 -0.91583314
  -0.04746827 -0.65379528 -0.24668211]
 [-0.13050955 -0.88300824 -0.21551801  0.88884328  1.62457829 -0.86003502
   0.20236471 -0.75659327 -0.81246676]
 [-0.89283166  0.63656164 -0.21551801  0.31428395 -0.38514744  0.35822393
   1.0143219  -0.55099728  1.39409338]
 [-1.10628185 -1.15928368 -1.67665709 -1.75412962  2.97439408 -0.48804755
   1.0143219   0.83677571  2.12961342]]
```

图 3.51　数据集标准化操作显示

3. 数据建模

```
# 导入 sklearn 模块中的 KMeans 方法
from sklearn.cluster import KMeans
# 创建一个 1 ~ 20 的列表并赋值给 NumberofClusters
NumberofClusters = range(1, 20)
# n_clusters 参数：分成的簇数，即要生成的质心数
kmeans = [KMeans(n_clusters = i) for i in NumberofClusters]
score = [kmeans[i].fit(sprotein_scaled).score(sprotein_scaled) for i in range(len(kmeans))]
score        # 数据显示如图 3.52 所示
```

```
[-225.00000000000003,
 -139.5073704483181,
 -110.40242709032154,
 -92.13173447853241,
 -74.9410599104884,
 -66.05142756772558,
 -54.51435852692131,
 -46.14848750402004,
 -41.98594335317263,
 -36.82652774356474,
 -30.42916411649433,
 -25.87455615045071,
 -22.987026332639406,
 -19.783300331055,
 -16.864665316660055,
 -13.476648949999607,
 -11.14746922210383,
 -8.545460381665568,
 -6.7115069049385721]
```

图 3.52 数据建模

```
import matplotlib.pyplot as plt    # 导入 matplotlib 模块内嵌画图
%matplotlib inline
plt.plot(NumberofClusters,score)
plt.xlabel('Number of Clusters')
plt.ylabel('Score')
plt.title('Elbow Curve')
plt.show()
```

通过 matplotlib 绘图库得到模块图，如图 3.53 所示。

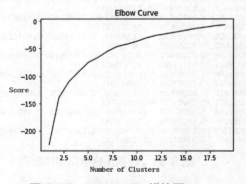

图 3.53 matplotlib 模块图

4. 模型生成

myKmeans = KMeans (algorithm = "auto", n_clusters = 5, n_init = 10, max_iter = 200)

参数解释：

algorithm：有"auto"、"full"和"elkan"三种选择，默认的"auto"则会根据数据值是否是稀疏的，来决定如何选择"full"和"elkan"，一般数据是稠密的，那么就是"elkan"，否则就是"full"。

n_clusters = 5：即 k 值，一般需要多试一些值以获得较好的聚类效果。

n_init：用不同的初始化质心运行算法的次数。

max_iter：最大的迭代次数。

```
# 利用 .fit() 方法对 sprotein_scaled 进行模型拟合
myKmeans.fit (sprotein_scaled)
print(myKmeans)    # 输出 myKmeans 模型，如图 3.54 所示
```

```
print(myKmeans)
KMeans(algorithm='auto', copy_x=True, init='k-means++', max_iter=200,
    n_clusters=5, n_init=10, n_jobs=None, precompute_distances='auto',
    random_state=None, tol=0.0001, verbose=0)
```

图 3.54　模型输出

5. 模型预测（见图 3.55）

```
y_kmeans = myKmeans.predict (sprotein)
print(y_kmeans)
```

```
y_kmeans = myKmeans.predict(sprotein)
print(y_kmeans)
[1 2 2 1 3 4 2 4 2 1 1 2 1 2 4 3 0 1 0 4 2 2 1 2 1]
```

图 3.55　模型预测结果

6. 结果输出

编写 print_kmcluster() 函数并输出结果，用于聚类结果的输出。其中 k 为聚类中心个数，运行结果如图 3.56 所示。

```
def print_kmcluster(k):
  for i in range(k):
    print('聚类 ', i)
    ls = []
    for index, value in enumerate(y_kmeans):
      if i == value:
        ls.append(index)
    print(protein.loc[ls, ['Country', 'RedMeat', 'Fish', 'Fr&Veg']])print_kmcluster(5)
```

```
聚类 0
    Country  RedMeat  Fish  Fr&Veg
16  Portugal     6.2  14.2     7.9
18  Spain        7.1   7.0     7.2
聚类 1
     Country   RedMeat  Fish  Fr&Veg
0    Albania      10.1   0.2     1.7
3    Bulgaria      7.8   1.2     4.2
9    Greece       10.2   5.9     6.5
10   Hungary       5.3   0.3     4.2
12   Italy         9.0   3.4     6.7
17   Romania       6.2   1.0     2.8
22   USSR          9.3   3.0     2.9
24   Yugoslavia    4.4   0.6     3.2
聚类 2
     Country      RedMeat  Fish  Fr&Veg
1    Austria          8.9   2.1     4.3
2    Belgium         13.5   4.5     4.0
6    E Germany        8.4   5.4     3.6
8    France          18.0   5.7     6.5
11   Ireland         13.9   2.2     2.9
13   Netherlands      9.5   2.5     3.7
20   Switzerland     13.1   2.3     4.9
21   UK              17.4   4.3     3.3
23   W Germany       11.4   3.4     3.8
聚类 3
     Country        RedMeat  Fish  Fr&Veg
4    Czechoslovakia     9.7   2.0     4.0
15   Poland             6.9   3.0     6.6
聚类 4
    Country  RedMeat  Fish  Fr&Veg
5   Denmark     10.6   9.9     2.4
7   Finland      9.5   5.8     1.4
14  Norway       9.4   9.7     2.7
19  Sweden       9.9   7.5     2.0
```

图 3.56　运行结果

3.9　线性回归

实验目的

（1）学习回归的基本概念和常用算法。
（2）了解回归算法的评价标准。
（3）学会使用 scikit-learn API 函数实现回归算法。

实验环境

Python 3、Anaconda、PyCharm、Jupyter Notebook。

实验原理

1. 回归简介

回归：统计学分析数据的方法，目的在于了解多个数据变量间是否相关、研究其相关方向与强度，并建立数学模型以便观察特定变数来预测研究者感兴趣的变数。回归分析可以帮助人们了解在自变量变化时应变量的变化，通过回归分析可以由自变量估计因变量的条件期望。

线性回归的目的是预测数值型的目标值。最直接的方式是依据输入写出一个目标值计算公式,其表达形式为 $y = w'x+e$,e 为误差服从均值为 0 的正态分布。回归分析中,只包括一个自变量和一个因变量,且二者的关系可用一条直线近似表示,这种回归分析称为一元线性回归分析。如果回归分析中包括两个或两个以上的自变量,且因变量和自变量之间是线性关系,则称为多元线性回归分析。

线性回归得出的模型不一定是一条直线:

(1)在只有一个变量的时候,模型是平面中的一条直线。

(2)有两个变量的时候,模型是空间中的一个平面。

(3)有更多变量时,模型将是更高维的。

2. 常用回归算法

在机器学习中常用的回归算法主要有三种:线性回归、逻辑回归、正则化。

(1)线性回归

假定输入变量(X)和单个输出变量(Y)之间呈线性关系。它旨在找到预测值 Y 的线性方程:$Y=w^TX+b$。其中,$X=(x_1,x_2,\cdots,x_n)$ 为 n 个输入变量,$w=(w_1,w_2,\cdots,w_n)$ 为线性系数,b 是偏置项。目标是找到系数 w 的最佳估计,使得预测值 Y 的误差最小。使用最小二乘法估计线性系数 w,即使预测值(Y_{hat})与观测值(Y)之间的差的平方和最小。其中线性回归又可分简单线性回归:$Y=wX+b$,多元线性回归:$Y=w_1x_1+w_2x_2+\cdots+w_nx_n+b$、多项式回归:$Y=b_0+b_1x_1+b_2x_1^2+b_3x_1^3+\cdots+b_nx_1^n$,这个表达式和多元线性回归非常像,唯一的区别就是多项式线性回归中存在很多次方项,而多元线性回归中是多个变量。

(2)逻辑回归

用来确定一个事件的概率。通常来说,事件可被表示为类别因变量。事件的概率用 logit() 函数(Sigmoid() 函数)表示,逻辑回归用于分类问题,例如,对于给定的医疗数据,可以使用逻辑回归判断一个人是否患有癌症。如果输出类别变量具有两个或更多个层级,则可以使用多项式逻辑回归。

(3)正则化

当有大量的输入特征时,需要正则化来确保预测模型不会太复杂。正则化可以帮助防止数据过拟合。它也可以用来获得一个凸损失函数。有两种类型的正则化——L_1 和 L_2 正则化。当数据高度共线时,L_1 正则化也可以工作。在 L_1 正则化中,与所有系数的绝对值的和相关的附加惩罚项被添加到损失函数中。L_2 正则化提供了稀疏的解决方案。当输入特征的数量非常大时,非常有用。

3. 一元线性回归

线性回归是回归问题中的一种,线性回归假设目标值 y 与特征 x 之间线性相关,即满足线性方程。在一元线性回归中,自变量的维度为 1,通过构建损失函数,求解损失函数最小时的参数 w_0 和 w_1。一元线性回归建模如下:

$$y=w_0+w_0x+\varepsilon$$

其中 w_0,w_1 为回归系数,ε 为随机误差项(noise),一般假设随机误差 ε 服从 0 均值的

标准正态分布，即 $\varepsilon \sim N(0,\sigma^2)$，则随机变量 $y \sim N(w_0+w_1x,\sigma^2)$。

对于一个具体问题，给定样本集合 $D=\{(x_1,y_1),\cdots,(x_n,y_n)\}$，目标是找到一条直线 $y=w_0+w_1x$ 使得所有样本点尽可能落在它的附近，找到一条直线 $y=w_0+w_1x$ 使得所有样本点尽可能落直线附近，如图 3.57 所示。

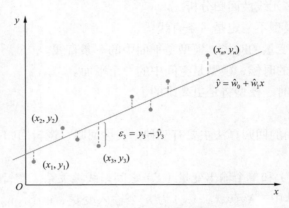

图 3.57　一元线性回归

最小化损失函数为：

$$(\hat{w}_0,\hat{w}_1) = \arg\min_{\hat{w}_0,\hat{w}_1} \sum_{i=1}^{n}(y_i - w_0 - w_1x_i)^2$$

最小化目标函数可以求得回归系数参数 w_0 和 w_1，求解方式有两种：

（1）最小二乘法：将损失函数分别对 w_0 和 w_1 求导并令其等于零，得到回归系数的解。求解参数 w_0 和 w_1 是使损失函数最小化的过程，称为线性回归模型的最小二乘参数估计。

（2）梯度下降：梯度下降是对自变量进行不断的更新（针对 w_0 和 w_1 求偏导），使得目标函数不断逼近最小值的过程。

可决系数 R_2 用来衡量回归的好坏，即回归拟合曲线的拟合优度。决定系数它是表征回归方程在多大程度上解释了因变量的变化，或者说方程对观测值的拟合程度如何。一般可决系数越大拟合优度越好。具体计算公式如下：

总平方和：

$$SS_{tot} = \sum_{i=1}^{n}(y_i - \overline{y})^2$$

残差平方和：

$$SS_{res} = \sum_{i=1}^{n}(y_i - \hat{y}_i)^2$$

可决系数：

$$R^2(y,\hat{y}) = 1 - \frac{SS_{res}}{SS_{tot}}$$

其中 y_i 为真实值，$\bar{y}$ 为真实值的平均值，$\hat{y}_i$ 为模型估计值。

4. 多元线性回归

在上述一元线性回归中，使用一个因素作为自变量来解释因变量的变化。在现实问题中，因变量的变化往往受到多个因素的影响，经常需要用两个或两个以上的影响因素作为自变量来解释因变量的变化，这就是多元回归模型。当多个自变量与因变量之间满足线性关系时，所进行的回归分析就是多元线性回归。

建立多元线性回归模型时，选择自变量的准则是：

（1）自变量对因变量必须有显著的影响，并呈现的线性相关关系。

（2）自变量与因变量之间的线性相关必须是真实的，而不是形式上的。

（3）自变量之间应具有一定的互斥性，即自变量之间的相关程度不应高于自变量与因变量之间的相关程度。

（4）自变量应具有完整的统计数据，容易确定其预测值。

多元线性回归建模如下：

$$y = w^T x + \varepsilon$$

其中 $x=(x_1,x_2,\cdots,x_d)$ 为自变量，$w=(w_1,w_2,\cdots,w_d)$ 为回归系数。假设训练集的自变量部分记为 $n \times d$ 矩阵 X，因变量部分记为 $y=(y_1,y_2,\cdots,y_n)$。

在多元线性回归中对应的模型输出为：

$$\hat{y} = Xw$$

最小化目标函数为：$E(w)=(y-Xw)^T(y-Xw)$

当矩阵 $X^T X$ 满秩时：

令 $\dfrac{\partial E(w)}{\partial w} = -2X^T(y-Xw) = 0$，可得：$\hat{w} = (X^T X)^{-1} X^T y$

在实际应用中，得到的解易产生过拟合问题，通常使用正则化的方法来克服过拟合。与一元线性回归中可决系数 R_2 相对应，多元线性回归中也有多重可决系数 R_2，它是在因变量的变化中，由回归方程解释的变动（回归平方和）所占的比重，R_2 越大，回归方各对样本数据点拟合的程度越强，所有自变量与因变量的关系越密切。

5. 回归评价标准

回归算法的评价指标常用的有 MSE，RMSE，MAE，R-Squared。

MSE（Mean Squared Error）均方误差，用真实值减去预测值，然后平方之后求和平均。线性回归用 MSE 作为损失函数。

RMSE（Root Mean Squared Error）均方根误差，这就是 MSE 开个根号。其实实质是一样的，可用于数据更好的描述。

MAE（Mean absolute Error）平均绝对误差。

R-Squared 方差除了可以预测数据准确性外，还可以捕捉到数据的"规律"，比如数据的分布规律，单调性等。

RMSLE(Root Mean Squared Logarithmic Error) 当数据当中有少量的值和真实值差值较大的时候，使用该函数能够减少这些值对于整体误差的影响。

MSE 和 MAE 适用于误差相对明显的时候，大的误差也有比较高的权重，RMSE 则是针对误差不是很明显的时候；MAE 是一个线性的指标，所有个体差异在平均值上均等加权，所以它更加凸显出异常值，相比 MSE；RMSLE 主要针对数据集中有一个特别大的异常值，这种情况下，data 会被 skew，RMSE 会被明显拉大，这时候就需要先对数据 log 下，再求 RMSE，这个过程就是 RMSLE。对低估值（under-predicted）的判罚明显多于估值过高 (over-predicted) 的情况（RMSE 则相反）。

实验步骤

1. 数据读取

实验数据集是包含美国病人的医疗费用，基于美国人口普查局的人口统计资料整理得出的 insurance.csv，包含 1 338 个案例，即目前已经登记过的保险计划受益者以及表示病人特点和历年计划计入的总的医疗费用的特征。这些特征是：

age：是一个整数，表示主要受益者的年龄（不包括超过 64 岁的人，因为他们一般由政府支付）。

sex：保单持有人的性别，要么是 male，要么是 female。

bmi：身体质量指数（Body Mass Index, BMI），它提供了一个判断人的体重相对于身高是过重还是偏轻的方法，BMI 指数等于体重（公斤）除以身高（米）的平方。

children：是一个整数，表示保险计划中所包括的孩子/受抚养者的数量。

smoker：根据被保险人是否吸烟判断 yes 或者 no。

region：根据受益人在美国的居住地，分为 4 个地理区域：northeast、southeastern、southwest 和 northwest。

实验目的是建立医疗费用和其他变量之间的关系。

```
# 使用pandas 的 read_csv() 函数读入数据
import pandas as pd
import numpy as np
import matplotlib.pyplot as plt
insurance = pd.read_csv("insurance.csv")
insurance.head(10)
# 查看 charge 变量情况,可以看到charge变量对应样本容量,均值,标准差,分位数等统计信息,
如图 3.58 所示
insurance["charges"].describe()
```

```
insurance["charges"].describe()
count      1338.000000
mean      13270.422265
std       12110.011237
min        1121.873900
25%        4740.287150
50%        9382.033000
75%       16639.912515
max       63770.428010
Name: charges, dtype: float64
```

图 3.58　查看变量

```
# 由于平均值远大于中位数，这表明保险费用的分布是右偏的。可以使用直观的直方图来证实这一点，
使用pylab模块中的hist()函数即可画出直方图，如图3.59所示
import pylab as pl
pl.hist(insurance["charges"])
pl.xlabel('charges')
pl.show()
```

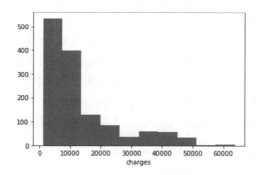

图 3.59　直方图

2. 相关系数矩阵

探索特征之间的关系——相关系数矩阵，如图 3.60 所示。在使用回归模型拟合数据之前，有必要确定自变量与因变量之间以及自变量之间是如何相关的。相关系数矩阵（correlation matrix）提供了这些关系的快速概览，给定一组变量，它可以为每一对变量之间的关系提供一个相关系数。为 insurance 中的 4 个数值型变量创建一个相关系数矩阵，可以使用 corr() 命令：

```
insurance[["age", "bmi", "children", "charges"]].corr()
```

```
insurance[["age","bmi","children","charges"]].corr()
              age       bmi    children   charges
age      1.000000  0.109272   0.042469  0.299008
bmi      0.109272  1.000000   0.012759  0.198341
children 0.042469  0.012759   1.000000  0.067998
charges  0.299008  0.198341   0.067998  1.000000
```

图 3.60　相关系数矩阵

如图 3.60 所示，在每个行与列的交叉点，列出的相关系数表示其所在的行与其所在的列的两个变量之间的相关系数。对角线始终为 1，因为一个变量和其自身之间总是完全相关的。因为相关性是对称的，即 corr(x,y) = corr(y,x)，所以对角线上方的值与其下方的值是相同的。

该矩阵中的相关系数不是强相关，但还是存在一些显著的关联。例如，age 和 bmi 显示出中度相关，这意味着随着年龄（age）的增长，身体质量指数（bmi）也会增加。此外，age 和 charges，bmi 和 charges，以及 children 和 charges 也都呈现出中度相关。

3. 线性回归模型

用 Python 对数据拟合一个线性回归模型，可以使用 sklearn 包的线性模型类 Linear_model 中的函数 LinearRegression()。

在此之前，sex、smoker 和 region 这三个变量均为类别变量，而非数值型。虚拟编码允许名义特征通过为特征的每一类创建二元变量来将其处理成数值型变量，即如果观测值属于某一类，那就设定为 1，否则设定为 0。例如，性别（sex）变量有两类：男性（male）和女性（female），这将分为两个二进制值变量，R 中将其命名为 sexmale 和 sexfemale。对于观测值，如果 sex=male，那么 sexmale=1、sexfemale=0；如果 sex=female，那么 sexmale=0、sexfemale=1。相同的编码适用于有 3 个类别甚至更多类别的变量，具有 4 个类别的特征 region 可以分为 4 个变量：regionnorthwest、regionsoutheast、regionsouthwest、regionnortheast。当添加一个虚拟编码的变量到回归模型中时，一个类别总是被排除在外作为参照类别。然后，估计的系数就是相对于参照类别解释的。首先对上述三个类别变量进行虚拟编码，如下定义函数 dummycoding()。

```
def dummycoding(dataframe):
    dataframe_age = dataframe['age']
    dataframe_bmi = dataframe['bmi']
    dataframe_children = dataframe['children']
    dataframe_charges = dataframe['charges']
    dataframe_1 = dataframe.drop(['age'], axis = 1)
    dataframe_2 = dataframe_1.drop(['bmi'], axis = 1)
    dataframe_3 = dataframe_2.drop(['children'], axis = 1)
    dataframe_new = dataframe_3.drop(['charges'], axis = 1)
    dataframe_new = pd.get_dummies(dataframe_new,prefix = dataframe_new. columns).astype(int)
    dataframe_new['age'] = dataframe_age
    dataframe_new['bmi'] = dataframe_bmi
    dataframe_new['children'] = dataframe_children
    dataframe_new['charges'] = dataframe_charges
    return dataframe_new
insurance_lm = dummycoding(insurance)
insurance_lm.head(10)
```

在回归模型中保留 sex_female、smoker_no 和 region_northeast 变量，使东北地区的女

性非吸烟者作为参照组,过程如图 3.61 所示。

```
In [7]: from sklearn import linear_model
        insurance_lm_y = insurance_lm['charges']
        insurance_lm_X1 = insurance_lm.drop(['charges'], axis = 1)
        insurance_lm_X2 = insurance_lm_X1.drop(['sex_female'], axis = 1)
        insurance_lm_X3 = insurance_lm_X2.drop(['smoker_no'], axis = 1)
        insurance_lm_X = insurance_lm_X3.drop(['region_northeast'], axis = 1)

In [8]: insurance_lm_X.head(10)
```

Out[8]:

	sex_male	smoker_yes	region_northwest	region_southeast	region_southwest	age	bmi	children
0	0	1	0	0	1	19	27.900	0
1	1	0	0	1	0	18	33.770	1
2	1	0	0	1	0	28	33.000	3
3	1	0	1	0	0	33	22.705	0
4	1	0	1	0	0	32	28.880	0
5	0	0	0	0	1	31	25.740	0
6	0	0	0	1	0	46	33.440	1
7	0	0	1	0	0	37	27.740	3
8	1	0	0	0	0	37	29.830	2
9	0	0	0	0	1	60	25.840	0

```
In [9]: regr = linear_model.LinearRegression()
        regr.fit(insurance_lm_X, insurance_lm_y)

        print('Intercept: %.2f'
              % regr.intercept_)
        print('Coefficients: ')
        print(regr.coef_)
        print('Residual sum of squares: %.2f'
              % np.mean((regr.predict(insurance_lm_X) - insurance_lm_y) ** 2))
        print('Variance score: %.2f' % regr.score(insurance_lm_X, insurance_lm_y))

Intercept: -11938.54
Coefficients:
[ -131.3143594   23848.53454191  -352.96389942 -1035.02204939
  -960.0509913     256.85635254   339.19345361   475.50054515]
Residual sum of squares: 36501893.01
Variance score: 0.75
```

图 3.61 创建模型

截距是当自变量的值都等于 0 时 charges 的值,因为使所有特征的取值都为 0 是不可能的。例如,因为没有人的年龄(age)和 BMI 是取值为 0 的,所有截距没有内在的意义。出于这个原因,截距在实际中常常被忽略。

在其他特征保持不变时,一个特征的 β 系数表示该特征每增加一个单位,charges(费用)的增加量。例如,随着每一年年龄的增加,假设其他一切都一样(不变),将预计平均增加 256.90 美元的医疗费用;同样,每增加一个孩子,每年将会产生平均 475.50 美元的额外医疗费用;而每增加一个单位的 BMI,每年的医疗费用将会增加 339.20 美元。

相对于女性来说,男性每年的医疗费用要少 131.30 美元;吸烟者平均多花费 23 848.50 美元,远超过非吸烟者。此外,模型中另外 3 个地区的系数是负的,这意味着东北地区倾向于具有最高的平均医疗费用。线性回归模型中的结果是合乎逻辑的,高龄、吸烟和肥胖往往与其他健康问题联系在一起,而额外的家庭成员或者受抚养者可能会导致就诊次数增加和预防保健（比如接种疫苗、每年体检）费用的增加，然而，目前并不知道该模型对数据的拟合程度。

4. 提高模型的性能

在线性回归中，自变量和因变量之间的关系假设为线性的，但不一定是正确的。例如，对所有的年龄值来讲，年龄对于医疗费用的影响可能不是恒定的；对于最老的人群，治疗可能会过于昂贵。考虑到非线性关系，可以添加一个高阶项到回归模型中，把模型当做多项式处理。由此建立一个如下所示的关系模型：

$$y=\alpha+\beta_1 x+\beta_2 x^2$$

为了将非线性年龄添加到模型中，只需要创建一个新的变量：

```
insurance_lm['age2'] = insurance_lm['age']*insurance_lm['age']
insurance_lm['age2'].head(10)
```

前十行数据显示如图 3.62 所示。

```
0     361
1     324
2     784
3    1089
4    1024
5     961
6    2116
7    1369
8    1369
9    3600
Name: age2, dtype: int64
```

图 3.62　数据显示

对于在正常体重范围内的个人来说，BMI 对医疗费用的影响可能为 0，但是对于肥胖者（即 BMI 不低于 30）来说，它可能与较高的费用密切相关。可以通过创建一个二进制指标变量来建立这种关系，即如果 BMI 大于等于 30，那么设定为 1，否则设定为 0。该二元特征的 β 估计表示 BMI 大于等于 30 的个人相对于 BMI 小于 30 的个人对医疗费用的平均净影响。运行结果如图 3.63 所示。

```
In [11]: insurance_lm['bmi30'] = 0

         for i in range(0, 1338):
             if insurance_lm['bmi'][i] >= 30 :
                 insurance_lm['bmi30',i] = 1
             else:
                 insurance_lm['bmi30',i] = 0
         insurance_lm['bmi30'].head(10)
Out[11]: 0    0
         1    0
         2    0
         3    0
         4    0
         5    0
         6    0
         7    0
         8    0
         9    0
         Name: bmi30, dtype: int64
```

图 3.63　运行结果

到目前为止，只考虑了每个特征对结果的单独影响（贡献）。如果某些特征对因变量有综合影响，该怎么处理？例如，吸烟和肥胖可能分别都有有害影响，假设它们的共同影响可能比它们每一个单独影响更糟糕是合理的。

当两个特征存在共同影响时，称为相互作用。如果怀疑两个变量相互作用，可以通过在模型中添加它们的相互作用来检验这一假设，使用 R 中的公式语法来指定相互作用的影响。为了体现肥胖指标（bmi30）和吸烟指标（smoker）的相互作用，可以将 bmi30 ** smoker_yes 作为自变量放入模型。基于医疗费用如何与患者特点联系在一起的问题，开发一个更加精确专用的回归公式，改进如下：增加一个非线性年龄项，为肥胖创建一个指标，制定肥胖和吸烟之间的相互作用。像之前一样使用回归函数来训练模型，添加新构造的变量和相互作用项，如图 3.64 所示。

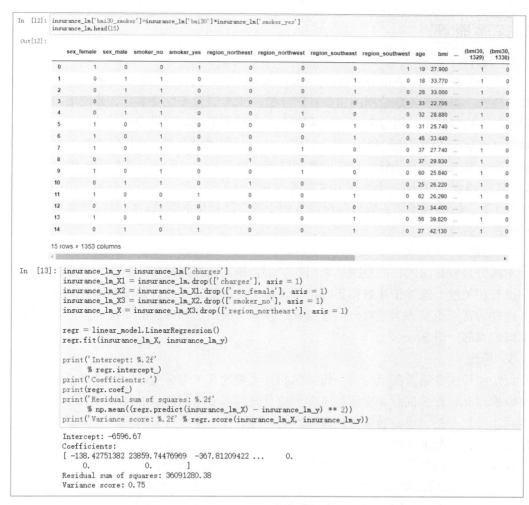

图 3.64　运行程序

分析该模型的拟合统计量有助于确定改变是否提高了回归模型的性能。相对于第一个模型，R 方值从 0.75 提高到约 0.87，由此能解释医疗费用变化的 87%。

3.10 PCA 降维实验

实验目的

（1）了解数据降维的各种算法原理。
（2）使用 pca 对高维数据降维。
（3）熟练掌握 sklearn.decomposition 中降维方法的使用。

实验环境

Python 3、Anaconda、PyCharm、Jupyter Notebook。

实验原理

1. 简介

主成分分析 PCA（Principal Component Analysis）是最常用的非监督学习，常用于高维数据的降维，可用于提取数据的主要特征分量。PCA 经常与监督学习合并使用，特别是在数据量较大的情况下，通过 PCA 压缩数据集，再使用监督学习模型进行分析，可提升系统有效性。PCA 会根据设置把数据点分解成一些分量的加权求和，利用降维的思想，把多指标转化为少数几个综合指标。这个变换把数据变换到一个新的坐标系统中，使得任何数据投影的第一大方差在第一个坐标(称为第一主成分)上，第二大方差在第二个坐标(第二主成分)上，依次类推。主成分分析经常用于减少数据集的维数，同时保持数据集的对方差贡献最大的特征。

2. 目的

主成分分析算法的目的是找到能用较少信息描述数据集的特征组合。它意在发现彼此之间没有相关性、能够描述数据集的特征，确切说这些特征的方差跟整体方差没有多大差距，这样的特征也被称为主成分。这也就意味着，借助这种方法能通过更少的特征捕获到数据集的大部分信息。

3. 原理

设法将原来变量重新组合成一组新的相互无关的几个综合变量，同时根据实际需要从中可以取出几个较少的总和变量尽可能多地反映原来变量的信息的统计方法称为主成分分析或称主分量分析，也是数学上处理降维的一种方法。主成分分析是设法将原来众多具有一定相关性（比如 P 个指标），重新组合成一组新的互相无关的综合指标来代替原来的指标。通常数学上的处理就是将原来 P 个指标作线性组合，作为新的综合指标。最经典的做法就是用 F1（选取的第一个线性组合，即第一个综合指标）的方差来表达，即 Va（rF1）越大，表示 F1 包含的信息越多。因此在所有的线性组合中选取的 F1 应该是方差最大的，故称 F1 为第一主成分。如果第一主成分不足以代表原来 P 个指标的信息，再考虑选取 F2 即选第二个线性组合，为了有效地反映原来信息，F1 已有的信息不需要出现在 F2 中，用数学语言表达就是要求 Cov（F1,F2）=0，则称 F2 为第二主成分，依此类推可以构造出第三、第四、……、第 P 个主成分。

4. sklearn 中主成分分析的模型

基于 sklearn.decomposition.PCA 类使用 scikit-learn 进行 PCA 降维，PCA 类基本不需要调参，一般来说，只需要指定要降维到的维度，或者希望降维后主成分的方差和占原始维度所有特征方差和的比例阈值即可。

sklearn.decomposition.PCA 的主要参数：

```
class sklearn.decomposition.PCA(n_components=None, copy=True, whiten=False,
svd_solver='auto', tol=0.0, iterated_power='auto', random_state=None)
```

n_components：指定希望 PCA 降维后的特征维度数目。最常用的做法是直接指定降维到的维度数目，此时 n_components 是一个大于等于 1 的整数；或者可以指定主成分的方差和所占的最小比例阈值，让 PCA 类自己去根据样本特征方差来决定降维到的维度数，此时 n_components 是一个 (0,1] 之间的浮点数；还可以将参数设置为 "mle"，此时 PCA 类会用 MLE 算法根据特征的方差分布情况自己去选择一定数量的主成分特征来降维；也可以使用默认值，即不输入 n_components，此时 n_components=min(样本数，特征数)。

whiten：判断是否进行白化。所谓白化，就是对降维后的数据的每个特征进行归一化，让方差都为 1。对于 PCA 降维本身来说，一般不需要白化，如果在 PCA 降维后有后续的数据处理动作，可以考虑白化，默认值是 False，即不进行白化。

svd_solver：即指定奇异值分解 SVD 的方法，由于特征分解是奇异值分解 SVD 的一个特例，一般的 PCA 库都是基于 SVD 实现的。有 4 个可以选择的值：{'auto', 'full', 'arpack', 'randomized'}。'randomized' 一般适用于数据量大，数据维度多同时主成分数目比例又较低的 PCA 降维，它使用了一些加快 SVD 的随机算法；'full' 则是传统意义上的 SVD，使用了 scipy 库中的实现；'arpack' 和 'randomized' 的适用场景类似，区别是 'randomized' 使用 scikit-learn 中的 SVD 实现，而 'arpack' 直接使用 scipy 库的 sparse SVD 实现。默认是 'auto'，即 PCA 类会自己去权衡前面讲到的三种算法，选择一个合适的 SVD 算法来降维，一般来说，使用默认值就够了。

除了这些输入参数外，还需注意两个 PCA 类的成员。第一个是 explained_variance_，它代表降维后的各主成分的方差值，方差值越大，则说明越是重要的主成分。第二个是 explained_variance_ratio_，它代表降维后的各主成分的方差值占总方差值的比例，这个比例越大，则越是重要的主成分。

实验步骤

1. 数据生成和读取

```
# 导入相关的可视化库
%matplotlib inline
import numpy as np
```

```
import matplotlib.pyplot as plt
import seaborn as sns;sns.set()
# 构建示例数据，创建随机数生成器
Rng = np.random.RandomState(1)
X = np.dot(rng.rand(2, 2), rng.randn(2, 200)).T
plt.scatter(X[:, 0], X[:, 1])
plt.axis("equal")
```

如图 3.65 所示，第一组示例数据为一组样本量为 200 的随机的二维数组。

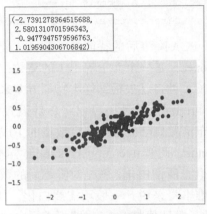

图 3.65 创建数据

2. PCA 分析

导入 Scikit-Learn 中用于主成分分析的 PCA 模块，构建一个主成分分析模型对象，并进行训练。构建过程设定 PCA 函数的参数 n_components 为 2，意味将得到特征值最大的两个特征向量。n_components 参数表示 PCA 算法中所要保留的主成分个数 n，即保留下来的特征个数 n。

```
from sklearn.decomposition import PCA
pca = PCA (n_components = 2)
# 使用 fit() 方法拟合模型
pca.fit(X)
# 模型训练完成后，components_ 属性可以查看主成分分解的特征向量
print(pca.components_)
# 使用 .shape 方法查看矩阵形状
pca.components_.shape
# 使用 type() 方法查看 pca.components_ 类型
type(pca.components_)
# explained_variance_ 代表降维后的各主成分的方差值。方差值越大，则说明越是重要的主成分
pca.explained_variance_
```

运行结果如图 3.66 所示。

```
from sklearn.decomposition import PCA
    pca=PCA(n_components=2)
    "使用fit（）方法拟合模型
    pca.fit(X)
PCA(copy=True, iterated_power='auto', n_components=2, random_state=None,
    svd_solver='auto', tol=0.0, whiten=False)
```

```
print(pca.components_)
```
[[-0.94446029 -0.32862557]
 [-0.32862557 0.94446029]]

```
pca.components_.shape
```
(2, 2)

```
type(pca.components_)
```
numpy.ndarray

```
pca.explained_variance_
```
array([0.7625315, 0.0184779])

图 3.66　PCA 分析

3. 主成分轴（Principal Axes）的可视化

通过如下方式将主成分分析中的特征向量描绘出来，下图中向量的起点为样本数据的均值，如图 3.67 所示。

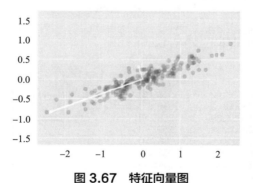

图 3.67　特征向量图

```
def draw_vector (v0,v1,ax = None):
    ax = ax or plt.gca()
    arrowprops=dict(arrowstyle='->',linewidth=2,shrinkA=0,shrinkB=0)
    ax.annotate('',v1,v0,arrowprops=arrowprops)
# 描绘数据
plt.scatter(X[:,0],X[:,1],alpha=0.2)
for length,vector in zip(pca.explained_variance_,pca.components_):
    v = vector * 3 * np.sqrt(length)
```

```
    draw_vector(pca.mean_,pca.mean_ + v)
plt.axis('equal');
```

4. PCA 降维处理

```
将n_components 设置为 1，并使用 fit() 方法进行拟合
pca=PCA(n_components=1)
pca.fit(X)
# 将数据 X 转换成降维后的数据 X_pca，并打印 X 和 X_pca 的矩阵形状
X_pca=pca.transform(X)
print("original shape:",X.shape)
print("transformed shape:",X_pca.shape)
# 使用切片打印 X 的前十项
X[:10]
# 使用切片打印 X_pca 的前十项
X_pca[:10]
```

降维过程如图 3.68 所示。

```
In [9]:  pca=PCA(n_components=1)
         pca.fit(X)

Out[9]:  PCA(copy=True, iterated_power='auto', n_components=1, random_state=None,
           svd_solver='auto', tol=0.0, whiten=False)

In [10]: X_pca=pca.transform(X)

         print("original shape:",X.shape)
         print("transformed shape:",X_pca.shape)

         original shape: (200, 2)
         transformed shape: (200, 1)

In [11]: X[:10]

Out[11]: array([[-0.62530162, -0.17006366],
                [ 0.96069503,  0.5909006 ],
                [-0.59854339, -0.40259339],
                [-2.22805938, -0.53257674],
                [-0.46143006, -0.49886724],
                [-0.95892903, -0.26933102],
                [-0.67307991, -0.33830855],
                [ 1.30501861,  0.59135785],
                [ 0.3745456 , -0.0985442 ],
                [-1.82628627, -0.40617025]])

In [12]: X_pca[:10]

Out[12]: array([[ 0.67676923],
                [-1.07121393],
                [ 0.72791236],
                [ 2.30964136],
                [ 0.63005232],
                [ 1.02448887],
                [ 0.77718351],
                [-1.39656414],
                [-0.29104987],
                [ 1.88864221]])
```

图 3.68 降维处理

5. PCA 逆向处理

```
将降维后的数据转换成原始数据
X_new=pca.inverse_transform(X_pca)
# 描绘数据，如图 3.69 所示
plt.scatter(X[:,0],X[:,1],alpha=0.2)
```

```
plt.scatter(X_new[:,0],X_new[:,1],alpha=0.8)
plt.axis('equal ')
```

Out[13]:(-2.77152878069022, 2.661757575965906776, -0.906467432967124, 1.0219081775900811)

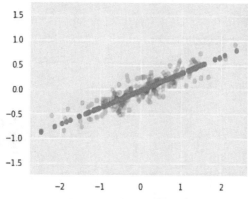

图 3.69 数据逆向处理

6. 计算主成分的个数

```
# 导入 sklearn.datasets 模块中的 load_digits() 函数
from sklearn.datasets import load_digits
digits=load_digits()
# 查看 digits.data 的矩阵形状
digits.data.shape
# 使用 digits.data 训练 PCA 模型并将结果可视化，如图 3.70 所示
pca=PCA().fit(digits.data)
plt.plot(np.cumsum(pca.explained_variance_ratio_))
plt.xlabel("number of components")
plt.ylabel("cumlative explained variance")
```

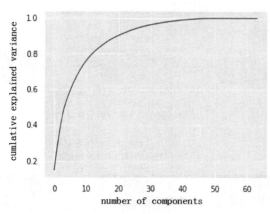

图 3.70 结果可视化

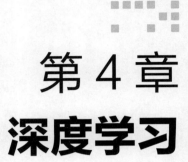

第 4 章 深度学习

深度学习（Deep Learning）是机器学习领域中一个新的研究方向，深度学习是学习样本数据的内在规律和表示层次，这些学习过程中获得的信息对诸如文字、图像和声音等数据的解释有很大的帮助。深度学习是一个复杂的机器学习算法，在语音和图像识别方面取得的效果，远远超过先前相关技术。

4.1 深度学习基础知识

4.1.1 传统机器学习和深度学习方法

传统机器学习：利用特征工程（feature engineering），人为对数据进行提取。

深度学习：利用表示学习（representation learning），机器学习模型自身对数据进行提炼，不需要选择特征、压缩维度、转换格式等对数据的处理。深度学习对比传统方法来说，最大的优势是自动特征的提取，如图 4.1 所示。

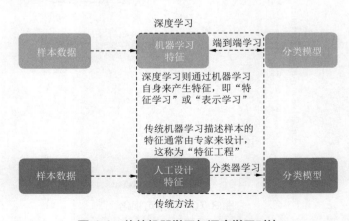

图 4.1　传统机器学习与深度学习对比

4.1.2 深度学习发展阶段

图 4.2 可以看出深度学习（Deep Learning）在 2006 年崛起之前经历了两个低谷，这两个低谷也将神经网络的发展分为了三个不同的阶段：

第一阶段：最早的神经网络（Neural Networks）的思想起源于 1943 年的 MCP 人工神经元模型，该模型将神经元简化为了三个过程：输入信号线性加权，求和，非线性激活（阈值法）。第一次将 MCP 用于机器学习的是 1958 年 Rosenblatt 发明的感知器（perceptron）算法。该算法使用 MCP 模型对输入的多维数据进行二分类，且能够使用梯度下降法从训练样本中自动学习更新权值。1962 年，该方法被证明为能够收敛，理论与实践效果引起第一次神经网络的浪潮。

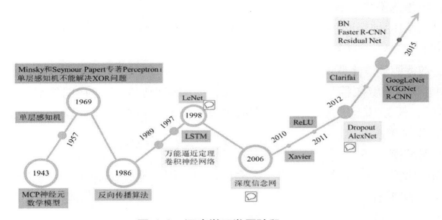

图 4.2 深度学习发展阶段

第二阶段：Hinton 在 1986 年发明了适用于多层感知器（MLP）的 BP 算法，并采用 sigmoid() 函数进行非线性映射，有效解决了非线性分类和学习的问题。该方法引起了神经网络的第二次热潮，但是 1991 年，BP 算法被指出存在梯度消失问题，即在误差梯度后向传递的过程中，后层梯度以乘性方式叠加到前层，由于 sigmoid() 函数的饱和特性，后层梯度本来就小，误差梯度传到前层时几乎为 0，因此无法对前层进行有效的学习，该发现对此时的 NN 发展雪上加霜。

第三阶段：分为快速发展期和爆发期两个时期。

快速发展期（2006—2012 年）：2006 年是 DL 元年，Hinton 提出了深层网络训练中梯度消失问题的解决方案，即无监督预训练对权值进行初始化+有监督训练微调。其主要思想是先通过自学习的方法学习到训练数据的结构（自动编码器），然后在该结构上进行有监督训练微调。但是由于没有特别有效的实验验证，该论文并没有引起重视。直到 2011 年，ReLU 激活函数被提出，该激活函数能够有效地抑制梯度消失问题。微软也首次将 DL 应用在语音识别上，取得了重大突破。

爆发期（2012 年至今）：2012 年，Hinton 课题组为了证明深度学习的潜力，首次参加 ImageNet 图像识别比赛，其通过构建的 CNN 网络 Alex-Net 一举夺得冠军，并且碾压第二名（SVM 方法）的分类性能。也正是由于该比赛，CNN 吸引到了众多研究者的注意。随着深度学习技术的不断进步以及数据处理能力的不断提升，2014 年，Facebook 基于深度学习技术的 DeepFace 项目，在人脸识别方面的准确率已经能达到 97% 以上，跟人类识别的准确率几乎没有差别。这样的结果也再一次证明了深度学习算法在图像识别方面的一骑绝尘。

4.1.3 深度学习特点

深度学习的优点如下：

1. 学习能力强

从结果看，深度学习比传统机器学习表现的效果要好，它可以学习数据的深层次特征，从而达到更高的识别率。

2. 覆盖范围广、适应性好

深度学习的神经网络层数很多，宽度很广，理论上可以映射到任意函数，所以能解决很复杂的问题。

3. 数据驱动、上限高

深度学习高度依赖数据，数据量越大，他的表现就越好。在图像识别、面部识别、NLP 等部分任务甚至已经超过了人类的表现。同时还可以通过调参进一步提高它的上限（也就是识别率）。

4. 可移植性好

由于深度学习的优异表现，有很多框架可以使用，例如 TensorFlow、PyTorch 这些框架，可以兼容很多平台。

深度学习的缺点如下：

1. 计算量大、便携性差

深度学习需要大量数据即高算力需求，所以成本很高，大部分深度学习模型只能在高性能的主机上运行。目前已有轻量级的深度学习模型和量化工具支持在移动设备上使用，同时目前已有很多公司和团队在研发高算力的 AI 芯片，例如 AI 芯片独角兽地平线。

2. 硬件需求高

深度学习对算力的要求很高，模型参数少则几百万，多则上亿，普通的 CPU 已经无法满足深度学习的要求，主流的算力都是使用 GPU 和 TPU，所以对硬件的要求很高，成本也很高。

3. 模型设计复杂

深度学习的模型设计非常复杂，需要投入大量的人力、物力和时间来开发新的算法和模型。大部分人只能使用现成的模型。

4.2 TensorFlow 框架

在深度学习初始阶段，大量重复的代码编写工作是不可避免的，为了提高工作效率，一些研究者将这些代码写成了一个框架分享到网上让所有研究者一起使用。因此，各种深度学习框架就应运而生。目前主流深度学习框架主要有 Tensorflow、Caffe、Theano、MXNet、PaddlePaddle、Torch 和 PyTorch 等。

TensorFlow 是 Google 基于 DistBelief 进行研发的第二代人工智能学习系统，其命名来源于本身的运行原理，是当今十分流行的深度学习框架。TensorFlow 提供全面的服务，无论是 Python、C++、Java、Go，甚至是 JavaScript、Julia、C# 等几乎所有的开发者都可以从各自熟悉的语言入手开始深度学习。TensorFlow 有很直观的计算图可视化呈现。模型能够快速的部署在各种硬件机器上，从高性能的计算机到移动设备，再到更小的更轻量的智能终端。

4.2.1 TensorFlow 简介

TensorFlow 中的计算可以表示为计算图（computation graph），其中每一个运算操作将作为一个结点（node），结点与结点之间的连接称为边（edge），而在计算图的边中流动的数据被称为张量（tensor），所以形象的看整个操作就好像数据张量在计算图中沿着边流过一个个结点。

TensorFlow 2.0 将重点放在简单和易用性上，宗旨就是简易性、扩展性、更清晰。核心功能是动态图机制 Eager execution，且作为默认模式。它允许用户像正常程序一样去编写、调试模型，使 TensorFlow 更易于学习和应用。经过多年的发展 TensorFlow 添加了许多组件，多种 API 接口最终导致使用上手难度高，开发困难等问题，在 2.0 版本中，这些组件被打包成一个综合平台，可支持机器学习的工作流程（从训练到部署），如图 4.3 所示。

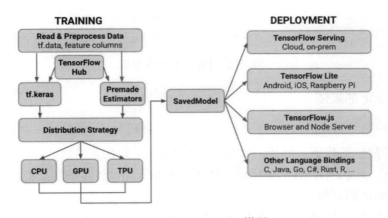

图 4.3　TensorFlow 模型

TensorFlow 服务：TensorFlow 库允许通过 HTTP/REST 或 gRPC/ 协议缓冲区提供模型。

TensorFlow Lite：TensorFlow 针对移动和嵌入式设备的轻量级解决方案提供了在 Android、iOS 和嵌入式系统（如 Raspberry Pi 和 Edge TPU）上部署模型的功能。

TensorFlow.js：允许在 JavaScript 环境下部署模型，如在 Web 浏览器或服务器端通过 Node.js 实现部署。TensorFlow.js 还支持使用类似 Keras 的 API 在 JavaScript 中定义模型并直接在 Web 浏览器中进行训练。

TensorFlow 还支持其他语言，包括 C、Java、Go、C#、Rust、Julia、R 等。

4.2.2 Tensor 基本概念

1. Tensor 的概念

在 TensorFlow 中，所有的数据都通过张量的形式来表示，从功能的角度，张量可以简单理解为多维数组，如图 4.4 所示。

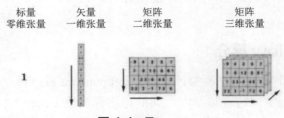

图 4.4 Tensor

点：标量（scalar）只有大小概念，没有方向的概念。通过一个具体的数值就能表达完整。比如：重量、温度、长度、提及、时间、热量等是数据标量。

线：向量（vector）有大小也有方向。

面：矩阵（matrix）。

体：张量（tensor）是多维数组，目的是把向量、矩阵推向更高的维度，如图 4.5 所示。

图 4.5 Tensor 相关名词

2. Tensor 的属性

```
tf.Tensor([15], shape=(2, ), dtype= int16)
```

Tensor 参数包括数据、形状、类型，数据（data）指张量的数值；形状（shape）指张量的维度信息，shape=()，表示是标量；类型（dtype）指的张量的数据类型。

3. Tensor 的形状

通过三个术语描述张量的维度：阶（rank）、形状（shape）、维数（dimension number）。

查看 Tensor 形状示例代码如下所示：

```
import tensorflow as tf
tensor = tf.constant([[[1, 1], [2, 2]], [[3, 3], [4, 4]]], tf.float32)
print(tensor)
```

运行结果如图 4.6 所示。

```
tf.Tensor(
[[[1. 1.]
  [2. 2.]]

 [[3. 3.]
  [4. 4.]]], shape=(2, 2, 2), dtype=float32)
```

图 4.6　查看 tensor 形状

将 Tensor 转化为 numpy 数据示例代码如下：

```
import tensorflow as tf
scalar = tf.constant(10)
vector = tf.constant([1, 2, 3, 4, 5])
matrix = tf.constant([[1, 2, 3], [4, 5, 6]])
tensor = tf.constant([[[1], [1], [1]], [[2], [2], [2]], [[3], [3], [3]]])
print('vector[2]:', vector[2].numpy())
print('matrix[1][2]:', matrix[1][2].numpy())
print('tensor[1][2][0]:', tensor[1][2][0].numpy())
print('vector:\n{}\n{}'.format(type(vector), type(vector.numpy())))
```

运行结果如图 4.7 所示。

```
vector[2]: 3
matrix[1][2]: 6
tensor[1][2][0]: 2
vector:
<class 'tensorflow.python.framework.ops.EagerTensor'>
<class 'numpy.ndarray'>
```

图 4.7　将 Tensor 转化为 numpy 数据

4.2.3　创建常量与变量

1. constant（常量）

常量的属性包括 value、dtype、shape、name。

value: 符合 tf 中定义的数据类型的常数值或者常数列表；

dtype: 数据类型，可选；

shape: 常量的形状，可选；

name: 常量的名字，可选。

具体定义如下：

```
tf.constant (value, dtype = None, shape = None, name = 'Const')
```

2. 常数生成函数

tf.zeros() 和 tf.ones() 函数,生成全零或者全一的向量,参数有 shape、dtype 和 name。tf.fill() 函数用于生成指定 Tensor 的值。例如:

```
zero = tf.zeros([2, 3])
one = tf.ones([2, 3])
fill = tf.fill([1, 3], 2)
print("zero:{} \none : {} \nfill : {} \n" . format (zero, one, fill))
```

运行结果如图 4.8 所示。

3. 随机数生成函数

生成正态分布的随机数:tf.random.normal() 函数,随机参数分布使用的是正态分布,主要参数包括平均值、标准差、取值类型。

生成截断式正态分布的随机数:tf.truncated.normal() 函数,随机参数分布满足正态分布,当如果随机数偏离平均值超过 2 个标准差,那么这个数将会被重新分配一个随机数,主要参数包括平均值、标准差、取值类型。

```
zero:[[0. 0. 0.]
 [0. 0. 0.]]
one:[[1. 1. 1.]
 [1. 1. 1.]]
fill:[[2 2 2]]
```

图 4.8 常数生成函数

生成均匀分布的随机数:tf.random.uniform() 函数,随机参数满足平均分布,主要参数包括最小值、最大值、取值类型。

4. Variable(变量)

变量就是在运行过程中值会改变的单元。变量常用参数为:

```
# 初始的变量值 initial_value
# 数据类型 dtype
# 变量的名字 name
variable=tf.Variable(tf.ones([2,3]),dtype=tf.float32,name='variable_0')
```

运行结果如图 4.9 所示。

```
<tf.Variable 'variable_0:0' shape=(2, 3) dtype=float32, numpy=
array([[1., 1., 1.],
       [1., 1., 1.]], dtype=float32)>
```

图 4.9 变量

4.3 TensorFlow 安装与配置

实验目的

学习如何安装配置 TensorFlow。

实验环境

Python 3、Anaconda、PyCharm、ubuntu 18.04.2、TensorFlow。

实验原理

TensorFlow 是由 Google Brain 团队开发的功能强大的开源软件库,于 2015 年 11 月首次发布,在 Apache 2.x 协议许可下使用。开源深度学习库 TensorFlow 允许将深度神经网络的计算部署到任意数量的 CPU 或 GPU 的服务器上、PC 或移动设备上,且只利用一个 TensorFlow API。

TensorFlow 不仅仅是一个软件库,它是一套包括 TensorFlow、TensorBoard 和 TensorServing 的软件。

本次安装 TensorFlow 基于 Python,以下步骤是在 Windows 操作系统下 Anaconda 安装 TensorFlow 的过程。

实验步骤

1. 安装 Anaconda

Anaconda 集成了很多库,后续不需要用 Python 一个个进行安装。安装之前要选择好需要安装 TensorFlow 的哪个版本,1.2 版本之前就只能安装 Python 3.5,如果是 1.2 版本及以后的新版本就可以安装 Python 的最新版本。

2. 检查安装结果

安装成功后,在菜单里找到 Anaconda3 文件夹,在 Anaconda3 文件夹中找到 Anaconda Prompt 并打开。查询安装版本,会打印版本信息,说明安装成功。如图 4.10 所示。

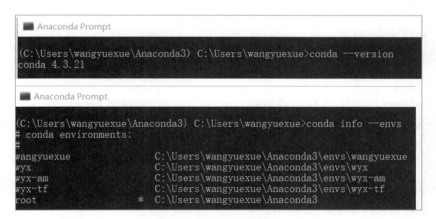

图 4.10　查询安装环境

正常情况下会仅有 root 环境,这里显示的其他环境是事先创建的。

3. 创建 TensorFlow 虚拟环境

（1）激活虚拟环境。

根据图 4.11 第一行命令创建 TensorFlow 虚拟环境，其中 TensorFlow 是虚拟环境的名称，也可以进行修改，python=3.6 代表 Python 版本为 3.6。

根据图 4.11 第二行命令激活虚拟环境，"activate+ 虚拟环境名称"的作用为激活虚拟环境，"deactivate+ 虚拟环境名称"的作用为退出当前虚拟环境。

```
(C:\Users\wangyuexue\Anaconda3) C:\Users\wangyuexue>conda create -n tensorflow python=3.6
(C:\Users\wangyuexue\Anaconda3) C:\Users\wangyuexue>activate tensorflow
```

图 4.11　创建环境

（2）安装 TensorFlow。

有两种安装方法，一是在线安装，二是离线安装。这里采用离线安装的方式，下载 TensorFlow 的安装包，然后开始离线安装，由于安装的时期省掉了下载的过程所以速度会较快。

① 下载文件可以选择清华镜像下载，也可以选择官网下载，推荐用清华镜像下载，速度较快（注意：TensorFlow 版本和 Python 的版本相对应）。下载地址如下：

Index of /tensorflow/windows/cpu/ | 清华大学开源软件镜像站 | Tsinghua Open Source Mirror（清华大学开源软件镜像站）

tensorflow · PyPI（官网）

② 在刚安装的 .\Anaconda3\Lib\site-packages\ 文件夹下新建文件夹 tensorflow。

③ 将下载的 TensorFlow 安装包复制到 .\Anaconda3\Lib\site-packages\tensorflow 文件夹中。

④ 通过 cmd 命令进入 .\Anaconda3\Lib\site-packages\tensorflow 目录下，执行安装命令：pip install 安装包的文件名。

（3）Pycharm 环境使用 TensorFlow。

集成开发工具 Pycharm 也能够使用 TensorFlow，只要把上面创建的 TensorFlow 环境中的解释器添加到工程中就可以了，步骤如下：打开 Pycharm，依次打开 File-Setting-Project Interpreter，添加 TensorFlow 下的 Python 解释器（anaconda->envs->TensorFlow->python.exe），如图 4.12 所示。

至此，TensorFlow 配置完毕，可以通过新建工程完成相关项目。

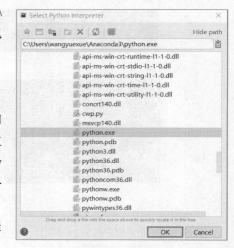

图 4.12　创建环境

4.4 PyTorch 安装与配置

实验目的

学习如何安装配置 PyTorch。

实验环境

Python 3、Anaconda、PyCharm、ubuntu 18.04.2、Pytorch。

实验原理

PyTorch 是一个基于 Torch 的 Python 开源机器学习库，其针对深度学习，并且使用 GPU 和 CPU 来优化 tensor library（张量库）计算，用于自然语言处理等应用程序。它主要由 Facebook 的人工智能小组开发，不仅能够实现强大的 GPU 加速，同时还支持动态神经网络，这一点是现在很多主流框架如 TensorFlow 都不支持的。除了 Facebook 之外，Twitter、GMU 和 Salesforce 等机构都采用了 PyTorch。应用领域如图 4.13 所示。

图 4.13　应用领域

PyTorch 提供两个高级功能：

（1）作为 NumPy 的替代品，使用 GPU 和 CPU 优化的深度学习张量库。

（2）作为一个高灵活性、速度快的深度学习平台，包含自动求导系统的深度神经网络。

PyTorch 的优点：

（1）支持 GPU。

（2）灵活，支持动态神经网络。

（3）底层代码易于理解。

（4）命令式体验。

（5）自定义扩展。

PyTorch 的缺点：

（1）对比 TensorFlow，其全面性处于劣势，目前 PyTorch 还不支持快速傅里叶、沿维翻转张量和检查无穷与非数值张量。

（2）针对移动端、嵌入式部署以及高性能服务器端的部署其性能表现有待提升。

（3）其次 PyTorch 文档及社区不及 TensorFlow 等其他框架强大。

实验步骤

1. 安装 Anaconda

Anaconda 是一个用于科学计算的 Python 发行版，支持 Linux、Mac 和 Window 系统，提供了包管理与环境管理的功能，可以很方便地解决 Python 并存、切换，以及各种第三方包安装的问题。

由于第一章已经介绍过其安装步骤，这里不再赘述。

2. 安装 PyTorch

进入 PyTorch 官网，依次选择计算机的配置，如图 4.14 所示。

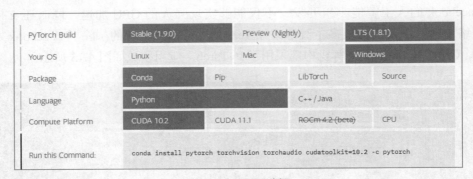

图 4.14 配置选择

在图 4.14 中可以选择：

（1）PyTorch 版本：包括 Stable、Preview 和 LTS 三个版本。

（2）操作系统：Linux、Mac、Windows。

（3）安装方式：Conda、Pip、LibTorch、Source。

（4）编程语言：Python、C++ / Java。

（5）计算平台：CUDA 10.2、CUDA 11.1、ROCm 4.2、CPU。

选择好相应的选项后，会给出对应的安装代码。如图 4.14 中选定选项对应的安装命令如下：

```
>>conda install pytorch torchvision torchaudio cudatoolkit=10.2 -c pytorch
```

在 Anaconda Prompt 命令行窗口下运行上面命令，则在当前虚拟环境下，就会完成 Pytorch 的安装，如图 4.15 所示。

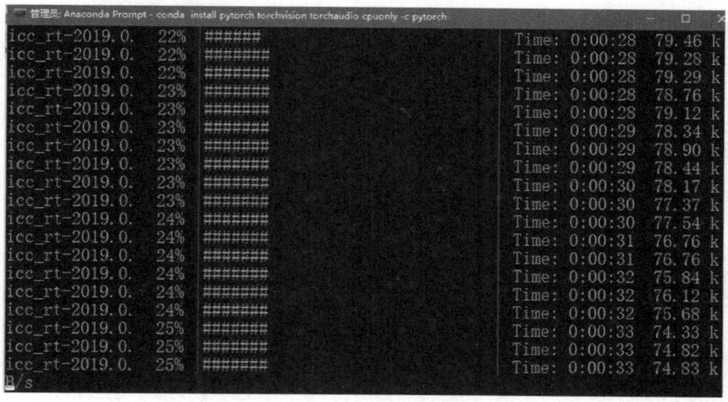

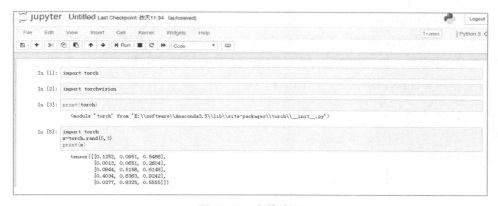

图 4.15　完成安装

如果需要安装其他版本的 Pytorch，则查看上面命令中指定版本即可，如在 Linux 和 Windows 平台下，基于以下命令安装 PyTorch 1.8.0 版本：

从 PyTorch 官网安装：PyTorch 1.8.0、TorchVision 0.9.0，采用 CUDA 加速，版本 10.2，如图 4.16 所示。

```
# CUDA 10.2
conda install pytorch=1.8.0 torchvision=0.9.0 torchaudio=0.8.0 cudatoolkit=10.2 -c pytorch
```

图 4.16　安装 PyTorch 采用 CUDA 加速

从 PyTorch 官网安装：PyTorch 1.8.0、TorchVision 0.9.0，不采用 CUDA 加速，如图 4.17 所示。

```
# CPU Only
conda install pytorch=1.8.0 torchvision=0.9.0 torchaudio=0.8.0 cpuonly -c pytorch
```

图 4.17　安装 PyTorch 不采用 CUDA 加速

安装完毕后，验证是否安装成功，打开 Anaconda 的 Jupyter 新建 python 文件，运行 demo，如果输出正常，至此 PyTorch 环境已经安装成功，如图 4.18 所示。

图 4.18　安装验证

4.5 数据操作实验

实验目的

了解并熟悉有关深度学习的数据操作基础知识和基本操作。

实验环境

Python 3、Anaconda、PyCharm、ubuntu 18.04.2、Pytorch。

实验原理

为了能够完成各种操作,需要某种方法来存储和操作数据。这个过程需要做两件重要的事情:

(1)获取数据。
(2)在数据读入计算机后对其进行处理。

如果没有某种方法来存储数据,那么获取数据是没有意义的。这里使用数组类型存储数据,即张量(tensor)。

为了更好地利用 GPU 进行加速计算处理数据,可以使用深度学习框架,如 PyTorch,TensorFlow、MXNet 等处理数据,这些框架中的张量类与 Python 中最广泛使用的科学计算包 Numpy 的 ndarray 类似,但比 ndarray 类多了许多新的功能,并能自动微分。本节使用 PyTorch 作为深度学习框架。

实验步骤

1. 构造张量

首先,导入 torch。需要注意的是,虽然它被称为 PyTorch,但导入名称是 torch 而不是 PyTorch。可以查看 PyTorch 版本,在安装过程中需要将 PyTorch 版本与 cuda 版本相对应。

```
import torch
```

下面介绍一些构造张量的方法: 张量表示一个数值组成的数组,这个数组可能有多个维度。具有一个轴的张量对应于数学上的向量(vector)。具有两个轴的张量对应于数学上的矩阵(matrix)。具有两个轴以上的张量没有特殊的数学名称。

(1)使用 arange() 函数产生一个顺序向量。

```
x = torch.arange (12)
print (x)
```

运行结果如下:

```
tensor ([ 0, 1, 2, 3, 4, 5, 6, 7, 8, 9, 10, 11 ])
```

（2）使用 arange() 函数产生不同类型的向量，首先定义从 0 开始到 9 为止的向量，接着定义从 1 开始、步长为 2 的向量，并且定义数据类型为 float64。

```
x = torch.arange (start = 0, end = 9)
print (x)
x = torch.arange (start = 1, end = 0, step = 2, dtype = torch.float64)
print (x)
```

运行结果如下：

```
tensor ([0, 1, 2, 3, 4, 5, 6, 7, 8])
tensor ([1., 3., 5., 7., 9., 11., 13., 15., 17., 19.], dtype = torch.float64)
```

（3）构建一个未初始化的 5×3 矩阵。注意空矩阵并非零矩阵，只是里面的值未经过初始化。

```
x = torch.empty (5, 3)
print (x)
```

运行结果如下：

```
tensor ([[ -1.4861e+18,   4.5663e-41,  -1.4861e+18],
        [  4.5663e-41,   4.4842e-44,   0.0000e+00],
        [  1.5695e-43,   0.0000e+00,   0.0000e+00],
        [  0.0000e+00,  -1.4861e+18,   4.5663e-41],
        [  0.0000e+00,   0.0000e+00,   0.0000e+00] ])
```

（4）构造一个随机初始化的矩阵。

```
x = torch.rand (5, 3)
print (x)
```

运行结果如下：

```
tensor ([[0.5347, 0.6737, 0.5124],
        [0.2029, 0.3050, 0.7891],
        [0.3416, 0.8426, 0.0033],
        [0.0837, 0.2720, 0.7888],
        [0.5818, 0.7680, 0.1040]])
```

（5）构造一个全零并且为 torch.long 类型的矩阵。

```
x = torch.zeros (5, 3, dtype = torch.long)
print (x)
```

运行结果如下：

```
tensor ([[0, 0, 0],
        [0, 0, 0],
        [0, 0, 0],
```

```
            [0, 0, 0],
            [0, 0, 0]])
```

（6）用数据直接构造一个矩阵：

```
x = torch.tensor ([5.5, 3])
print (x)
```

运行结果如下：

```
tensor ([5.5000, 3.0000])
```

（7）通过已有的 tensor 来构建一个新的 tensor，并且重新定义里面的数据类型。首先创建一个 5×3 维度，数据类型为 double 的矩阵，之后再根据已经创建的矩阵的维度构建一个内容为随机的，数据类型为 float 的矩阵。

```
x = torch.ones (5, 3, dtype = torch.double)
print(x)
x = torch.randn_like(x, dtype = torch.float)
print(x)
```

运行结果如下：

```
tensor ([[1., 1., 1.],
         [1., 1., 1.],
         [1., 1., 1.],
         [1., 1., 1.],
         [1., 1., 1.]], dtype = torch.float64)
tensor ([[-0.2995, -1.1920, -1.2643],
         [-0.7555,  1.2609,  0.0435],
         [ 1.4533,  0.8487, -0.2749],
         [ 0.5244,  0.7251, -0.5004],
         [-0.1545,  1.1299,  0.8329]])
```

（8）构建对角矩阵。

```
x = torch.eye (3)
print (x)
```

运行结果如下：

```
tensor ([[1., 0., 0.],
         [0., 1., 0.],
         [0., 0., 1.]])
```

（9）构建内容为一个数字的矩阵，前面 [3,3] 表示矩阵的维度，后面表示要填充的数字。

```
x = x.new_full ( [3, 3], 10 )
print (x)
```

运行结果如下：

```
tensor ([[10., 10., 10.],
        [10., 10., 10.],
        [10., 10., 10.]])
```

（10）根据正态分布构建矩阵，下例是根据数学期望为 0，方差为 1 的标准正态分布创建的维度为 3×3 的矩阵，并且 torch.mean() 和 torch.std() 函数分别表示整个矩阵的数学期望和方差。

```
x = torch.normal (mean = 0, std = 1, size = (3, 3))
print (x)
print (torch.mean (x), torch.std (x))
```

运行结果如下：

```
tensor ([[ 9.8381e-01, -5.4932e-01, -1.7938e-01],
        [ -2.7552e-01, -2.6953e-04,  5.9988e-01],
        [ 3.3890e-01,  4.3377e-01, -1.3631e-01]])
tensor (0.1351) tensor (0.4867)
```

（11）根据均匀分布构建矩阵。下例中通过 torch.distributions.Uniform() 函数首先创建一个最小值为 0，最大值为 1 的均匀分布，从第一个输出结果可以看到该均匀分布的最小值为 0，最大值为 1；x.sample() 函数表示从该均匀分布取值，构建一个 3×3 的矩阵；最后输出该矩阵的数学期望和方差。

```
num_samples = 3
Dim = 3
x = torch.distributions.Uniform (0, +1)
print (x)
x = x.sample ((num_samples, Dim))
print (x)
print (torch.mean (x), torch.std (x))
```

运行结果如下：

```
Uniform (low: 0.0, high: 1.0)
tensor ([[0.2666, 0.1030, 0.2074],
        [0.2869, 0.0304, 0.2495],
        [0.0773, 0.7267, 0.3789]])
tensor (0.2585) tensor (0.2081)
```

2. 基础运算

（1）基础操作。

通过张量的 shape 属性来访问张量的形状（沿每个轴的长度）。首先创建一个 0-11 的向量，再输出该向量的形状。

```
x = torch.arange (12)
print (x)
print (x.shape)
```

运行结果如下:

```
tensor ([0, 1, 2, 3, 4, 5, 6, 7, 8, 9, 10, 11 ])
torch.Size ([12])
```

如果只想知道张量中元素的总数,可以使用 numel() 函数返回数组中元素的个数。

```
print (x.numel())
12
```

要改变一个张量的形状而不改变元素数量和元素值,可以调用 reshape() 函数。例如,可以把张量 x 从形状为 (12) 的行向量转换为形状 (3, 4) 的矩阵,这个新的张量包含与转换前相同的值,但转变成一个三行四列的矩阵。由此改变张量的形状,张量的大小不会改变。

```
x = x.reshape (3, 4)
print (x)
```

运行结果如下:

```
tensor ([[ 0,  1,  2,  3],
        [ 4,  5,  6,  7],
        [ 8,  9, 10, 11]])
```

还可以将张量中的数据类型进行变换,上面的 x 张量中数据类型为 int 64,下面将其转化为 float 64:

```
x = x.type (torch.float64)
print (x)
```

运行结果如下:

```
tensor ([[ 0.,  1.,  2.,  3.],
        [ 4.,  5.,  6.,  7.],
        [ 8.,  9., 10., 11.] ], dtype = torch.float64)
```

(2)加法运算。

下面是张量的一系列运算,以下的操作,假设已存在一个 5×3 的矩阵 x。

```
x = torch.rand (5, 3)
print (x)
tensor ([[0.2719, 0.9386, 0.9577],
        [0.8939, 0.9578, 0.4924],
        [0.7678, 0.8104, 0.6960],
        [0.1168, 0.9634, 0.2126],
        [0.5436, 0.1683, 0.2037]])
y = torch.rand (5, 3)
```

加法句法 1：

```
print (x + y)
```

运行结果如下：

```
tensor ([[0.7217, 1.3081, 1.8097],
        [1.7907, 1.3591, 0.5319],
        [1.0198, 1.6959, 1.5777],
        [0.2646, 1.4118, 0.4246],
        [0.6651, 0.4455, 0.8405]])
```

加法句法 2：

```
print (torch.add (x, y))
```

运行结果如下：

```
tensor ([[0.7217, 1.3081, 1.8097],
        [1.7907, 1.3591, 0.5319],
        [1.0198, 1.6959, 1.5777],
        [0.2646, 1.4118, 0.4246],
        [0.6651, 0.4455, 0.8405]])
```

提供一个输出 tensor 作为参数，将两个相加的值存储在 result 空矩阵中：

```
result = torch.empty (5, 3)
torch.add (x, y, out = result)
print (result)
```

运行结果如下：

```
tensor ([[0.7217, 1.3081, 1.8097],
        [1.7907, 1.3591, 0.5319],
        [1.0198, 1.6959, 1.5777],
        [0.2646, 1.4118, 0.4246],
        [0.6651, 0.4455, 0.8405]])
```

将 x 加到 y 上，在相加过后 y 的值将变为 x+y 的值：

```
y.add_ (x)
print (y)
```

运行结果如下：

```
tensor ([[0.7217, 1.3081, 1.8097],
        [1.7907, 1.3591, 0.5319],
        [1.0198, 1.6959, 1.5777],
        [0.2646, 1.4118, 0.4246],
        [0.6651, 0.4455, 0.8405]])
```

任何 tensor 就地改变的操作必须用 _ 固定，比如 x.copy_ (y)，将会改变 x。首先创建一个全 1 矩阵 x，再创建一个随机矩阵 y，通过 y.add 将 x 的值加到 y 中，并用 a 承接相加后的值，观察发现两次输出 a 和 y 的结果不同，在 add 后面加上下画线 _ 后会发现 y 的值发生改变。

```
x = torch.ones (5, 3)
y = torch.rand (5, 3)
a = y.add (x)
print (a)
print (y)
a = y.add_ (x)
print (a)
print (y)
```

运行结果如下：

```
tensor ([[1.8064, 1.6775, 1.3910],
        [1.3502, 1.6029, 1.9963],
        [1.0870, 1.2203, 1.2769],
        [1.1116, 1.8084, 1.1856],
        [1.2130, 1.5193, 1.6414]])
tensor ([[0.8064, 0.6775, 0.3910],
        [0.3502, 0.6029, 0.9963],
        [0.0870, 0.2203, 0.2769],
        [0.1116, 0.8084, 0.1856],
        [0.2130, 0.5193, 0.6414]])
tensor ([[1.8064, 1.6775, 1.3910],
        [1.3502, 1.6029, 1.9963],
        [1.0870, 1.2203, 1.2769],
        [1.1116, 1.8084, 1.1856],
        [1.2130, 1.5193, 1.6414]])
tensor ([[1.8064, 1.6775, 1.3910],
        [1.3502, 1.6029, 1.9963],
        [1.0870, 1.2203, 1.2769],
        [1.1116, 1.8084, 1.1856],
        [1.2130, 1.5193, 1.6414]])
```

（3）其他基础运算。

首先创建两个矩阵，内容分别是 1 2 3 4 5，6 7 8 9 10。

第一条命令为矩阵相减命令，让矩阵 u 减去矩阵 t，得到输出结果如下。

第二条命令为矩阵对应位置相除（这里为相除，和整除要区分开）。

第三条命令为矩阵对应位置相乘。

第四条命令为矩阵中每个位置求一次平方。

```
t = torch.tensor ([1,2,3,4,5])
```

```
u = torch.tensor ([6,7,8,9,10])
v = torch.sub (u, t)
print (v)
v = torch.true_divide (u, t)
print (v)
v = torch.mul (u, t)
print (v)
v = (t ** 2)
print (v)
```

运行结果如下:

```
tensor ([5, 5, 5, 5, 5])
tensor ([6.0000, 3.5000, 2.6667, 2.2500, 2.0000])
tensor ([ 6, 14, 24, 36, 50])
tensor ([ 1, 4, 9, 16, 25])
```

(4)点积运算。

```
t = torch.tensor ([1,2,3,4,5])
u = torch.tensor ([6,7,8,9,10])
v = torch.dot (t,u)
print (v)
```

运行结果如下:

```
tensor (130)
```

(5)矩阵乘法。

```
t = torch.tensor ([ [1,2,3], [4,5,6] ])
u = torch.tensor ([ [1,2,3], [4,5,6], [7,8,9]])
v = torch.matmul (t,u)
print (v)
```

运行结果如下:

```
tensor ([[30, 36, 42],
        [66, 81, 96]])
```

(6)将两个张量类型数据连接。

首先创建两个张量类型的数据,之后使用 torch.cat() 函数连接, axis = 0 表示矩阵按行连接, axis = 1 表示矩阵按列连接。

```
t = torch.tensor ([[1, 2], [3, 4]])
print ("x",t)
u = torch.tensor ([[5, 6]])
print ("y",u)
v = torch.cat ((t, u), axis = 0)
```

```
print ("Concat (axis = 0 - Row)")
print (v)
v = torch.cat ((t, u.T), axis = 1)
print ("Concat (axis = 1 - Column)")
print (v)
```

运行结果如下:

```
x tensor ([[1, 2],
          [3, 4] ])
y tensor ([[5, 6]])
Concat (axis = 0 - Row)
tensor ([[1, 2],
        [3, 4],
        [5, 6]])
Concat (axis = 1 - Column)
tensor ([[1, 2, 5],
        [3, 4, 6]])
```

(7) 两个张量求和。

默认是将两个矩阵中所有位置相加求和, 若设置 axis = 0 表示将矩阵按行相加, axis = 1 表示矩阵按列相加。具体过程如图 4.19 所示。

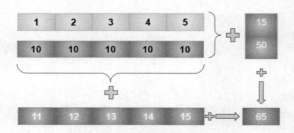

图 4.19 张量求和

```
c = torch.tensor([[1,2,3,4,5], [10,10,10,10,10]])
print("Overall flattened Sum", torch.sum (c))
print("Sum across Columns", torch.sum (c, axis = 0))
print("Sum across Rows", torch.sum (c, axis = 1))
```

运行结果如下:

```
Overall flattened Sum tensor (65)
Sum across Columns tensor ( [11, 12, 13, 14, 15] )
Sum across Rows tensor ( [15, 50] )
```

两个张量求平均值。默认是将两个矩阵中所有位置相加求和再求平均值, 设置 axis = 0 表示将矩阵按行相加求平均值, axis = 1 表示矩阵按列相加求平均值。具体过程如图 4.20 所示。

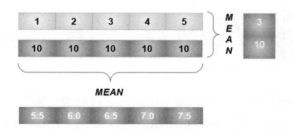

图 4.20 张量求平均值

```
c = torch.tensor ( [ [1,2,3,4,5], [10,10,10,10,10] ], dtype = torch.float32)
print(c)
print("Overall flattened mean", torch.mean (c))
print("Sum across Columns", torch.mean (c, axis = 0))
print("Sum across Rows", torch.mean (c, axis =1))
```

运行结果如下:

```
tensor ([[ 1., 2., 3., 4., 5.],
        [10., 10., 10., 10., 10.]])
Overall flattened mean tensor (6.5000)
Sum across Columns tensor([5.5000, 6.0000, 6.5000, 7.0000, 7.5000])
Sum across Rows tensor ([3., 10.])
```

3. 广播机制

在上面的部分中,介绍了如何在相同形状的两个张量上执行按元素操作。在某些情况下,即使形状不同,仍然可以通过调用广播机制(broadcasting mechanism)来执行按元素操作。这种机制的工作方式为:首先,通过适当复制元素来扩展一个或两个数组,以便在转换之后,两个张量具有相同的形状;其次,对生成的数组执行按元素操作。

在大多数情况下,将沿着数组中长度为 1 的轴进行广播,实例如下:

```
a = torch. arange (3). reshape ((3, 1))
b = torch. arange (2). reshape ((1, 2))
print (a, b)
```

运行结果如下:

```
tensor ([[0],
        [1],
        [2]])
tensor ([[0, 1]])
```

由于 a 和 b 分别是 (3 x 1) 和 (1 x 2) 矩阵,如果让它们相加,它们的形状不匹配。可以将两个矩阵广播为一个更大的 (3 x 2) 矩阵,矩阵 a 将复制列,矩阵 b 将复制行,然后再按元素相加。

```
print (a + b)
```

```
tensor ([[0, 1],
        [1, 2],
        [2, 3]])
```

4. 索引和切片

与任何其他 Python 数组中一样，张量中的元素可以通过索引访问。与任何 Python 数组一样，第一个元素的索引是 0，可以指定范围以包含第一个元素和最后一个之前的元素。与标准 Python 列表一样，可以通过使用负索引根据元素到列表尾部的相对位置进行访问元素操作。

由此，用 [-1] 选择最后一个元素，可以用 [1:3] 选择第二个和第三个元素，如下所示。

```
X = torch.arange (12, dtype = torch.float32).reshape ((3, 4))
print (X [-1])
print (X [1 : 3])
```

运行结果如下：

```
tensor ([8., 9., 10., 11.]),
tensor ([[4., 5., 6., 7.],
        [8., 9., 10., 11.]])
```

除读取外，还可以通过指定索引来将元素写入矩阵。

```
X [1, 2] = 9
print (X)
```

运行结果如下：

```
tensor ([[ 0., 1., 2., 3.],
        [ 4., 5., 9., 7.],
        [ 8., 9., 10., 11.]])
```

如果想为多个元素赋相同的值，则只需要索引所有元素，然后为它们赋值。例如，[0:2, :] 访问第 1 行和第 2 行，其中 ":" 代表沿轴 1（列）的所有元素。虽然讨论的是矩阵的索引，但这也适用于向量和超过 2 个维度的张量。

```
X [0 : 2, :] = 12
print (X)
```

运行结果如下：

```
tensor ([[12., 12., 12., 12.],
        [12., 12., 12., 12.],
        [ 8., 9., 10., 11.]])
```

5. 转换为其他 Python 对象

用以下方法可以将 Torch Tensor 转化为 NumPy 数组，反之亦然。将 Torch Tensor 转化为 NumPy 数组，只需要将张量矩阵通过 .numpy () 函数即可转换。

```
a = torch.Ones(5)
print(a)
b = a.numpy()
print(b)
```

运行结果如下:

```
tensor([1., 1., 1., 1., 1.])
     [1. 1. 1. 1. 1.]
```

将 NumPy 数组转化为 Torch Tensor,将 numpy 类型的数据通过 from_numpy() 函数转化为张量类型:

```
import numpy as np
a = np.ones(5)
b = torch.from_numpy(a)
print(a)
print(b)
```

运行结果如下:

```
[1. 1. 1. 1. 1.]
tensor([1., 1., 1., 1., 1.], dtype=torch.float64)
```

第 5 章 神经网络构建

深度学习必须要介绍神经网络,因为深度学习是基于神经网络算法的,即核心是人工神经网络算法。科学家们从生物神经网络的运作机制得到启发,构建了人工神经网络,动机在于建立、模拟人脑进行分析学习,模仿人脑的机制来解释数据,例如图像、声音和文本。通过组合低层特征,形成更加抽象的高层表示属性类别或特征,以发现数据的分布式特征表示。

深度神经网络是一个很广的概念,是指包含多个隐层的神经网络。某种意义上卷积神经网络、循环神经网络、生成对抗网络等都属于其范畴之内。浅层结构算法的局限性在于有限样本和计算单元情况下对复杂函数的表示能力有限,针对复杂分类问题其泛化能力受到一定制约。深度学习可通过学习一种深层非线性网络结构,实现复杂函数逼近,表征输入数据分布式表示,并展现了强大的从少数样本集中学习数据集本质特征的能力。多隐层的人工神经网络具有优异的特征学习能力,学习得到的特征对数据有更本质的刻画,从而有利于可视化或分类。

5.1 神经网络实现原理

5.1.1 基础概念

1. 神经元

生物神经元转换为人工神经元的过程如下:

生物神经元由树突、轴突和突触组成,如图 5.1 所示,树突用来接收信号,轴突用来传出信号,突触用于连接其他神经元。

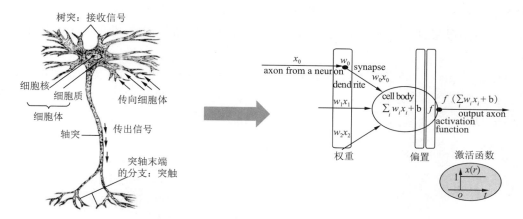

图 5.1　生物神经元到人工神经元

将生物神经元转换为数学模型之后的公式为 $f(\sum_i w_i x_i + b)$，X 对应生物神经元的树突，权重（w）和偏置（b）对应生物神经元的轴突，f 表示为激活函数对应生物神经元的突触。

2. 特征和标签

特征是指用于描述数据的输入变量 x，即线性回归中的 $\{x_1, x_2, \cdots, x_n\}$ 变量；标签是要预测的真实事物 y，即线性回归中的 y 变量。

3. 样本和模型

样本是指数据的特定实例：x。有标签样本具有 {特征, 标签}，即 $\{x, y\}$，用于训练模型；无标签样本具有 {特征}，即 $\{x\}$，用于对新数据做出预测。

模型可将样本映射到预测标签：y。由模型的内部参数定义，这些内部参数值是通过学习得到的。

4. 训练模型

训练模型表示通过有标签样本来学习（确定）所有权重 (w) 和偏置 (b) 的理想值，在监督式学习中，机器学习算法通过以下方式构建模型：检查多个样本并尝试找出可最大限度地减少损失的模型这一过程称为经验风险最小化。

5. 超参数

在机器学习中，超参数是在开始学习过程之前设置值的参数，而不是通过训练得到的参数数据。通常情况下，需要对超参数进行优化，选择一组好的超参数，可以提高学习的性能和效果。超参数是编程人员在机器学习算法中用于调整的旋钮。

典型超参数：学习率、神经网络的隐含层数量等。

5.1.2　神经网络的参数

如图 5.2 所示，需要将下图中的三角形和圆形进行分类，x_1 表示三角形，x_2 表示圆形。使用神经元训练可以得到一个直线，去线性分开这些数据点。图中直线作为分隔边界，这

个边界是方程 $w_1 \times x_1 + w_2 \times x_2 + b = 0$,而 $w_1 \times x_1 + w_2 \times x_2 + b$ 是作为激活函数 sigmoid() 的输入处理。激活函数将这个输入映射到 (0,1) 的范围内,可以增加一个维度来表示激活函数的输出。

可以定义 $g(x) > 0.5$ 为正类(这里指圆形类),定义 $g(x) < 0.5$ 为负类(这里指三角形类)。得到如图 5.3 所示的三维图,第三维可以看成是一种类别(比如圆形就是 +1、三角形就是 −1)。

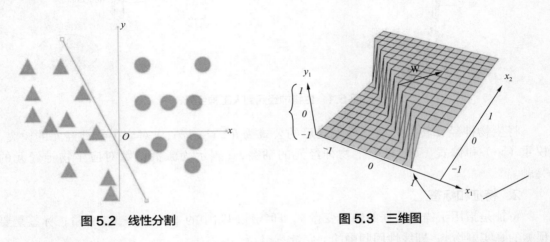

图 5.2　线性分割　　　　　　　　图 5.3　三维图

将三维图进行投影,得到直线分割好两类的平面图,三维图中分割平面投影得到的就是方程 $w_1 \times x_1 + w_2 \times x_2 + b = 0$。

右边输出为 1 的部分就是说 $w_1 \times x_1 + w_2 \times x_2 + b > 0$,导致激活函数输出 > 0.5,从而分为正类(圆形类);左边输出为 −1 的部分就是说 $w_1 \times x_1 + w_2 \times x_2 + b < 0$,导致激活函数输出 < 0.5,从而分为负类(三角形类)。

(1)参数 w 的作用。

参数 w 的作用:决定分割平面的方向所在。分割平面的投影是直线 $w_1 \times x_1 + w_2 \times x_2 + b = 0$,在 2 个输入中,参数 $w = [w_1, w_2]$ 令方程 $w_1 \times x_1 + w_2 \times x_2 + b = 0$,那么该直线的斜率就是 $-w_1/w_2$。随着 w_1, w_2 的变动,直线的方向也在改变,分割平面的方向也在改变。

(2)参数 b 的作用。

参数 b 的作用:决定竖直平面沿着垂直于直线方向移动的距离。当 $b > 0$ 时,直线往左边移动,当 $b < 0$ 时,直线往右边移动。

5.1.3　模型训练

1. 模型训练流程

训练模型的步骤:第一步将数据输入神经网络,第二步神经网络对输入数据进行推理预测,第三步根据神经网络预测结果与实际标签中的差值之和,通过损失函数计算损失,第四步使用梯度下降优化方法调整神经网络中的参数(权重和偏置),实际上是一个求梯度的过程,如图 5.4 所示。

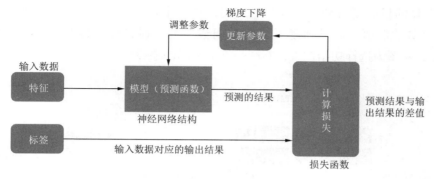

图 5.4 模型训练流程

2. 损失

损失是对糟糕预测的惩罚,损失是一个数值,表示对于单个样本而言模型预测的准确程度,即原始值和预测值间的差距值。如果模型的预测完全准确,则损失为零,否则损失会较大,训练模型的目标是从所有样本中找到一组平均损失"较小"的权重和偏置。

损失函数(loss function)用来表示当前的神经网络对训练数据不拟合的程度。为什么使用损失函数?在神经网络中并不希望所有的权重(w)和偏置(b)都是人为设定的,而是希望给定随机值,程序能够根据数据自己填写参数,如图5.5所示。常见的损失函数包括均方误差和交叉熵等。

均方误差损失函数(Mean Squared Error,MSE)如下:
$$\text{Loss}(y,\hat{y})=(y-\hat{y})^2,\ \hat{y}_i=f(x,w)$$

交叉熵损失函数(Cross Entropy Error,CEE):交叉熵损失函数是信息论的概念,主要是衡量两个概率分布的差异:
$$\text{Loss}(y,\hat{y})=-\sum_{i=1}^{c}y_i*\log\hat{y}_i,\ \hat{y}_i=f_i(x,w)$$

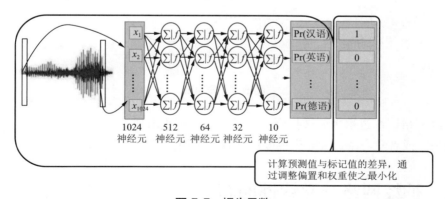

图 5.5 损失函数

3. 梯度

给定一个向量(矢量),梯度表示某一函数在该点处的方向导数沿着该方向取得最大值,即函数在该点处沿着该方向(此梯度的方向)变化最快,变化率最大。

梯度下降的目的是自动调整参数。首先选择一个初始参数值 w，然后按照梯度递减的方向调整参数取值。通过梯度下降不断调整参数使损失降到最低参数达到最优，如图 5.6 所示，左图为选择初始位置，右图为梯度下降调整参数。

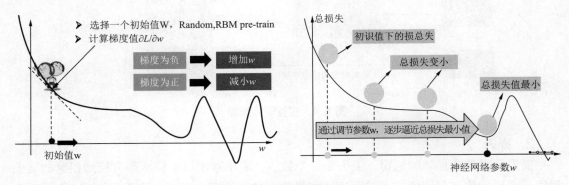

图 5.6 梯度下降过程

4. 学习率

用梯度乘以一个称为学习速率（有时也称为步长）的标量，以确定下一个点的位置，如图 5.7 所示。例如，如果梯度大小为 2.5，学习速率为 0.01，则梯度下降法算法会选择距离前一个点 0.025 的位置作为下一个点。

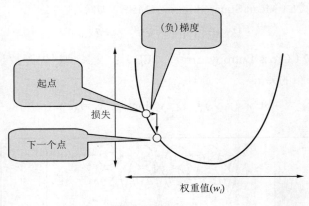

图 5.7 学习率

在神经网络训练过程中要选择合适的学习率，防止出现学习率过小导致梯度变化缓慢或直接消失，或者学习率过大导致梯度爆炸越过了最低点的情况。

5.2 神经网络一元线性回归

实验目的

（1）学习使用神经网络实现一元线性回归问题。

（2）掌握使用深度学习框架搭建线性回归网络模型。

实验环境

Python 3.8、Anaconda、PyCharm、ubuntu 18.04.2、TensorFlow。

实验原理

线性回归是利用数理统计中回归分析来确定两种或两种以上变量间相互依赖的定量关系的一种统计分析方法，运用十分广泛。其表达形式为 $y = wx+b$，b 为误差，服从均值为 0 的正态分布。

一元线性回归是分析只有一个自变量（自变量 x 和因变量 y）线性相关关系的方法，二者的关系可用一条直线近似表示。

一个经济指标的数值往往受许多因素影响，若其中只有一个因素是主要的，起决定性作用，则可用一元线性回归进行预测分析。

实验步骤

1. 导入需要的工具包

```python
import torch as t
from torch.autograd import Variable as V
from matplotlib import pyplot as plt
from IPython import display
```

2. 随机初始化数据

```python
t.manual_seed(1000)
```

3. 设定初始线性函数、产生随机数据

```python
def get_data (batch_size = 8):
    # 设定函数为 y = 2 * x + 3
    # 产生随机数据
    x = t.rand(batch_size,1) * 20
    x = x.float()
    y = 2 * x + (1 + t.rand(batch_size,1)) * 3    # 加上一点噪声
    y = y.float()
    return x,y
```

4. 随机初始化参数 w,b,α（学习率）

```python
# 随机初始化参数
w = V (t.rand (1,1), requires_grad = True)
b = V (t.rand (1,1), requires_grad = True)
# 设置学习率
lr = 0.001
```

5. 实验过程

主要是以下五个步骤:

(1) 获取随机数据。
(2) 计算预测值。
(3) 根据一般损失函数计算误差。
(4) 梯度更新。
(5) 根据梯度更新参数 w, b。

具体实现如下:

```
for  i in range (8000):
    x, y = get_data ()
    x, y  = V (x), V (y)                    # 为了方便后面使用 Autograd
    # 前向传播, 计算 loss
    y_pred = x.mm (w) + b.expand_as (y)     # 计算预测值
    loss = 0.5 * (y - y_pred) ** 2
    loss = loss.sum ()
    # 自动求梯度, 使用 Pytorch 中的 Autograd
    loss.backward ()
    # 更新参数
    w.data.sub_ (lr * w.grad.data)
    b.data.sub_ (lr * b.grad.data)
    # 梯度清零
    w.grad.data.zero_ ()
    b.grad.data.zero_ ()
    if i % 1000 == 0:
        # 画图
        display.clear_output (wait = True)
        x = t.arange (0,20). view (-1,1)
        x = x.float ()
        y = x.mm (w.data) + b.data.expand_as (x)
        y = y.float ()
        plt.plot ( x.numpy (), y.numpy () )
        x2, y2 = get_data (batch_size = 20)
        plt.scatter (x2.numpy (), y2.numpy ())
        plt.xlim (0,100)
        plt.ylim (0,100)
        plt.show ()
        plt.pause (0.5)
# 打印最后得到的参数
print (w.data.squeeze (). item (), b.data.squeeze (). item ())
```

运行结果如图 5.8 所示。

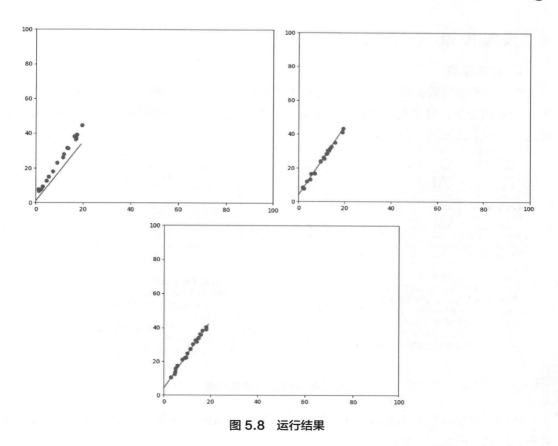

图 5.8 运行结果

5.3 神经网络多元线性回归

实验目的

（1）学习使用神经网络实现多元线性回归问题。
（2）掌握使用深度学习框架搭建线性回归网络模型。

实验环境

Python 3.8、Anaconda、PyCharm、ubuntu 18.04.2、TensorFlow。

实验原理

在回归分析中，如果有两个或两个以上的自变量，就称为多元回归。事实上，一种现象常常是与多个因素相联系的，由多个自变量的最优组合共同来预测或估计因变量，比只用一个自变量进行预测或估计更有效，更符合实际。因此多元线性回归比一元线性回归的实用意义更大。

实验步骤

1. 数据读取

实验中使用的数据集为波士顿房价预测数据集，其中共有 506 条数据，13 个输入变量和 1 个输出变量，每个类的观察值数量是均等的，每条数据包含房屋以及房屋周围的详细信息，具体条目如图 5.9 所示。

CRIM	ZN	INDUS	CHAS	NOX	RM	AGE	DIS	RAD	TAX	PTRATIO	B	LSTAT	MEDV
0.00632	18.00	2.310	0	0.5380	6.5750	65.20	4.0900	1	296.0	15.30	396.90	4.98	24.00
0.02731	0.00	7.070	0	0.4690	6.4210	78.90	4.9671	2	242.0	17.80	396.90	9.14	21.60
0.02729	0.00	7.070	0	0.4690	7.1850	61.10	4.9671	2	242.0	17.80	392.83	4.03	34.70
0.03237	0.00	2.180	0	0.4580	6.9980	45.80	6.0622	3	222.0	18.70	394.63	2.94	33.40
0.06905	0.00	2.180	0	0.4580	7.1470	54.20	6.0622	3	222.0	18.70	396.90	5.33	36.20
0.02985	0.00	2.180	0	0.4580	6.4300	58.70	6.0622	3	222.0	18.70	394.12	5.21	28.70
0.08829	12.50	7.870	0	0.5240	6.0120	66.60	5.5605	5	311.0	15.20	395.60	12.43	22.90
0.14455	12.50	7.870	0	0.5240	6.1720	96.10	5.9505	5	311.0	15.20	396.90	19.15	27.10
0.21124	12.50	7.870	0	0.5240	5.6310	100.00	6.0821	5	311.0	15.20	386.63	29.93	16.50

- CRIM - 城镇人均犯罪率
- ZN - 占地面积超过25,000平方英尺的住宅用地比例
- INDUS - 每个城镇非零售业务的比例
- CHAS - Charles River虚拟变量（如果是河道，则为1;否则为0）
- NOX - 一氧化氮浓度（每千万份）
- RM - 每间住宅的平均房间数
- AGE - 1940年以前建造的自住单位比例
- DIS - 加权距离波士顿的五个就业中心
- RAD - 径向高速公路的可达性指数
- TAX - 每10,000美元的全额物业税率
- PTRATIO - 城镇的学生与教师比例
- B - 1000（Bk - 0.63）^ 2其中Bk是城镇黑人的比例
- LSTAT - 人口状况下降%
- MEDV - 自有住房的中位数报价,单位1000美元

图 5.9 波士顿房价数据集

使用深度学习框架 Tensorflow 中的 Tensorflow contrib 数据集直接加载波斯顿房价预测数据，示例代码如下所示：

```
import matplotlib.pyplot as plt
import tensorflow as tf
import pandas as pd
# 导入波士顿房价数据集
boston_housing = tf.keras.datasets.boston_housing
(train_x, train_y), (test_x, test_y) = boston_housing.load_data()
print(test_x.shape)
column_names = [ 'CRIM', 'ZN', 'INDUS', 'CHAS', 'NOX', 'RM', 'AGE', 'DIS', 'RAD',
                'TAX', 'PTRATIO', 'B', 'LSTAT' ]
df = pd.DataFrame (test_x, columns = column_names)
print( df.head () )
```

2. 特征数据归一化

为了消除数据特征之间的量纲影响，需要对特征进行归一化处理，使各指标处于同一数值量级，使得不同指标之间具有可比性，以便进行分析。对数值类型的特征做归一化可以将所有的特征都统一到一个大致相同的数值区间内。

最常用的数据归一化方法主要有两种，线性函数归一化和零均值归一化。

线性函数归一化：对原始数据进行线性变换，使结果映射到 [0,1] 的范围，实现对原始

数据的等比缩放。

零均值归一化：将原始数据映射到均值为 0、标准差为 1 的分布上。示例代码如下。

```
# 特征数据归一化
def normalize (data_nz):
# 对特征数据{0-12}列 做(0-1)归一化
return ( data_nz - data_nz.min (axis = 0)) / ( data_nz.max (axis = 0) -
        data_nz.min (axis = 0) )
# 数据归一化处理
train_x = normalize (train_x)
test_x = normalize (test_x)
```

3. 模型构建

构建多元线性回归模型，首先修改数据集的形状。因数据集中的 Y 值为 1 维数组，而模型的计算结果为二维数组，要修改数据集的形状，与模型输出结果的形状相匹配。

```
Y_train = tf.constant (train_y.reshape (-1, 1), tf.float32)
Y_test = tf.constant (test_y.reshape (-1, 1), tf.float32)
print ('train_y.shape:', train_y.shape, 'Y_train.shape:', Y_train.shape)
print ('test_y.shape:', test_y.shape, 'Y_test.shape:', Y_test.shape)
```

运行结果如图 5.10 所示。

```
train_y.shape: (404,) Y_train.shape: (404, 1)
test_y.shape: (102,) Y_test.shape: (102, 1)
```

图 5.10　修改数据集形状

搭建模型代码如下：

```
class Model (object):
def _ _init_ _ (self):
self.w = tf.Variable (tf.random.normal ([13, 1], stddev = 0.01), dtype = tf.float 32)
self.b = tf.Variable (1.2)
def _ _call_ _ (self, inputs):
return inputs @ self.w + self.b
# 定义损失函数(分三步：求差、求平方、求平均)
def compute_loss(y_true, y_pred):
return tf.reduce_mean(tf.square(y_true-y_pred))
```

梯度下降模型训练，使用损失函数计算的总损失对权重和偏置求梯度，并根据梯度衰减权重和偏置的值，学习率为 0.01，训练轮数为 3 000 轮。

```
learn_rate = 0.01          # 学习率
epoch = 3000               # 训练轮数
model = Model()
for i in range (0, epoch + 1):
```

```
with tf.GradientTape() as tape:
PRED_train = model (train_x)
Loss_train = 0.5 * compute_loss (Y_train, PRED_train)
PRED_test = model (test_x)
Loss_test = 0.5 * compute_loss (Y_test, PRED_test)
grad = tape.gradient (Loss_train, [model.w, model.b])
model.w.assign_sub (learn_rate * grad[0])
model.b.assign_sub (learn_rate * grad[1])
if i % 200 == 0:
print("epoch:%i, Train Loss:%f, Test Loss:%f" % (i, Loss_train, Loss_test))
```

运行结果如图 5.11 所示，训练集和测试集的损失值曲线基本一致，因为模型中只有一个神经元实际结果与预测值之间还有较大损失。

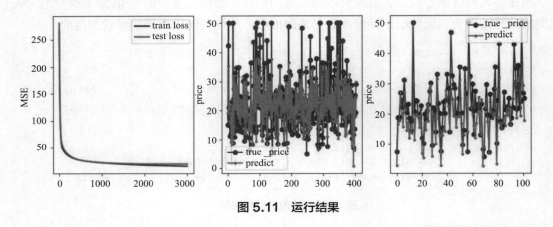

图 5.11 运行结果

5.4 神经网络非线性回归

实验目的

（1）学习使用神经网络实现非线性回归问题。
（2）掌握激活函数的基本使用方法。

实验环境

Python 3.8、Anaconda、PyCharm、ubuntu 18.04.2、TensorFlow。

实验原理

在线性回归问题中每一层输出只是承接了上一层输入函数的线性变换，无论神经网络有多少层，输出都是输入的线性组合。要将神经网络应用于非线性问题，使得神经网络可以逼近任何非线性函数，就需要使用激活函数给神经元引入非线性的因素，这样神经网络就可以应用到非线性模型中。

在生物意义上的神经元中,只有前面的树突传递的信号的加权和值大于某一个特定的阈值的时候,后面的神经元才会被激活。简单地说激活函数的意义在于判定每个神经元的输出。

线性函数是一个一级多项式,通常线性方程容易解决,但它们的复杂性有限,并且从数据中学习,则输出信号将仅仅是一个简单的线性复杂函数映射的能力更小。若神经网络模型没有激活函数,它的功能则约等于一个线性回归模型,功能有限,并且大多数情况下模型结果并不好。因此没有激活函数,神经网络将无法学习和模拟其他复杂类型的数据,例如图像、视频、音频、语音等。这就是为什么要使用人工神经网络技术,诸如深度学习,来学习一些复杂的事情,一些相互之间具有很多隐藏层的非线性问题,而这也可以了解更复杂的数据。

在深度学习中,常用的激活函数主要有:sigmoid() 函数、tanh() 函数、ReLU() 函数。

实验步骤

1. 数据生成和读取

```
import tensorflow as tf
import numpy as np
import matplotlib.pyplot as plt
# 使用 numpy 生成 200 个随机点,范围在 -0.5 ~ 0.5 之间,即产生 200 行 1 列的矩阵
# newaxis = None
x_data = np.linspace (-0.5, 0.5, 200) [:, np.newaxis]
# 产生随机噪声
noise = np.random.normal (0, 0.01, x_data.shape)
# 给 y_data 加入噪声
y_data = np.square (x_data) + noise
plt.scatter (x_data, y_data)
plt.show()
```

运行结果如图 5.12 所示。

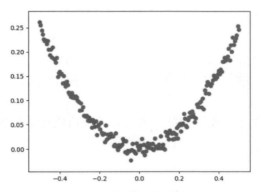

图 5.12　非线性分布的数据

2. 构建模型

定义非线性回归模型，以及偏置、激活函数等参数。

```
# 定义两个 placeholder
x = tf.placeholder (tf.float32, [None,1])
y = tf.placeholder (tf.float32, [None,1])
# 定义神经网络的中间层，中间层的权值为 1 行 10 列的矩阵
Weights_L1 = tf.Variable (tf.random_normal ([1, 10]))
# 产生偏置值
biases_L1 = tf.Variable (tf.zeros ([1, 10]))
# 预测结果：y = x * w + b
Wx_plus_b_L1 = tf.matmul (x,Weights_L1) + biases_L1
# 激活函数使用 tanh
L1 = tf.nn.tanh (Wx_plus_b_L1)
# 定义输出层，权重为 10 行 1 列
Weights_L2 = tf.Variable(tf.random_normal([10, 1]))
biases_L2 = tf.Variable(tf.zeros([1, 1]))
Wx_plus_b_L2 = tf.matmul (L1, Weights_L2) + biases_L2
prediction = tf.nn.tanh (Wx_plus_b_L2)
# 二次代价函数
loss = tf.reduce_mean (tf.square (y - prediction))
# 使用梯度下降法进行训练
train_step = tf.train.GradientDescentOptimizer (0.1). minimize (loss)
```

3. 训练和预测模型

对定义好的模型进行训练，得到模型，再利用该模型对测试数据进行预测：

```
with tf.Session() as sess:
sess.run (tf.global_variables_initializer())
for _ in range (3000):
sess.run (train_step, feed_dict = {x : x_data, y : y_data})
# 获取预测值
prediction_value = sess.run ( prediction, feed_dict = { x : x_data })
# 画图
plt.figure()
# 绘制散点图
plt.scatter (x_data, y_data)
plt.plot (x_data, prediction_value, 'r-', lw = 5)
plt.show()
```

运行结果如图 5.13 所示，模型训练完成后，预测值成功拟合数据。

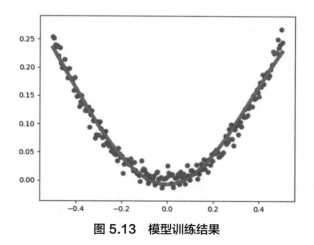

图 5.13　模型训练结果

5.5　基础神经网络实验

实验目的

（1）学习基础神经网络的构建过程。
（2）学习使用 Pytorch 构建基础神经网络。

实验环境

Python 3.8、Anaconda、PyCharm、ubuntu 18.04.2、Pytorch 1.7.0、torchvision 0.8.1、Cuda 11.0、numpy 1.20.2、ipython 7.16.1、matplotlib 3.2.2。

实验原理

构建的第一步是进行参数初始化，每个层的权重和偏置参数被初始化为张量变量。

```
x = torch. randn ((1, n_input))
y = torch. randn ((1, n_output))
w1 = torch. randn (n_input, n_hidden)
w2 = torch. randn (n_hidden, n_output)
b1 = torch. randn ((1, n_hidden))
b2 = torch. randn ((1, n_output))
```

在参数初始化完成之后，通过以下四个关键步骤来定义和训练神经网络：
（1）前向传播。
每个层都使用以下两个公式计算激活流，这些激活流从输入层流向输出层，以生成最终输出。下面使用 PyTorch 实现过程，大多数函数，如指数和矩阵乘法，均与 NumPy 中的函数相类似。代码实现如下：

```
def sigmoid_activation (z):
return 1 / (1 + torch. exp (-z))
# 激活隐藏层
z1 = torch.mm (x, w1) + b1
a1 = sigmoid_activation (z1)
# 激活输出层
z2 = torch.mm (a1, w2) + b2
output = sigmoid_activation (z2)
```

（2）损失计算。

在输出层中计算误差(也称为损失)。一个简单的损失函数可以用来区分实际值和预测值之间的差异。稍后，将查看 PyTorch 中可用的不同类型的损失函数。

（3）反向传播。

这一步的目的是通过对偏差和权重进行边际变化，从而将输出层的误差降到最低，边际变化是利用误差项的导数计算出来的。根据链规则的微积分原理，将增量变化返回到隐藏层，并对其权重和偏差进行相应的修正。通过对权重和偏差的调整，使得误差最小化。

```
# 求导
def sigmoid_delta (x):
return x * (1 - x)
# 对误差项求导
delta_output = sigmoid_delta (output)
delta_hidden = sigmoid_delta (a1)
# 传回增量变化
d_outp = loss * delta_output
loss_h = torch.mm (d_outp, w2.t ())
d_hidn = loss_h * delta_hidden
```

（4）更新参数。

利用从上述反向传播中接收到的增量变化来对权重和偏差进行更新。

```
learning_rate = 0.1
w2 += torch.mm ( a1.t (), d_outp ) * learning_rate
w1 += torch.mm ( x.t (), d_hidn ) * learning_rate
b2 += d_outp.sum () * learning_rate
b1 += d_hidn.sum () * learning_rate
```

当使用大量训练示例对多个历元执行这些步骤时，损失将降至最小值。

实验步骤

1. 导入库

```
import torch
import torch.nn as nn
import numpy as np
```

引用 torch 包里的 nn，是 neural network 的缩写，用来搭建神经网络。

2. 创建输入集

```
# 构建输入集
x = np.mat ('0 0;' '0 1;' '1 0;' '1 1')
x = torch.tensor (x). float ()
y = np.mat ('1;' '0;' '0;' '1')
y = torch.tensor (y). float ()
```

使用 np.mat() 函数构建矩阵，构建完矩阵通过 torch.tensor(x). float()，把创建的输入转换成 tensor 变量。通过 np.mat 创建的输入是 int 型的，所以要在后面加 .float( ) 转换成浮点型。由此，构建完成输入和输出（分别是 x 矩阵和 y 矩阵），x 是四行二列的矩阵，y 是四行一列的矩阵。

3. 搭建网络

```
myNet = nn.Sequential ( nn.Linear (2, 10), nn.ReLU (), nn.Linear (10, 1),
                        nn.Sigmoid ())
print (myNet)
```

使用 nn 包中的 Sequential() 函数搭建网络。nn.Linear (2, 10) 表示搭建的输入层，2 代表输入结点个数，10 代表输出结点个数。Linear 为线性，表示不包括任何其他的激活函数。nn.ReLU() 代表激活函数层，第二个 Linear 同理，再进入 Sigmoid() 函数中。2,10,1 分别代表三个层的个数。

4. 设置优化器

```
optimzer = torch.optim.SGD ( myNet. Parameters (), lr = 0.05 )
loss_func = nn.MSELoss ()
```

设置优化方法训练网络，torch.optim.SGD 表示采用 SGD 方法训练，传入网络的参数和学习率，分别是 myNet. Paramets 和 lr。loss_func 设置代价函数，采用 MSE，即均方误差代价函数。

5. 训练网络

```
for epoch in range (5000):
    out = myNet (x)
    loss = loss_func (out, y)
    optimzer.zero_grad ()
    loss.backward ()
    optimzer.step ()
```

设置 5 000 次的循环，使训练的动作迭代 5 000 次，使用损失函数和标准输出求误差，清除梯度是为了每一次重新迭代时清除上一次所求出的梯度，通过 loss.backward() 将误差反向传播，通过 optimzer.step() 优化器开始工作。

6. 测试

```
print ( myNet (x).data )
```

运行结果如下：

```
tensor ( [[0.9424], [0.0406], [0.0400], [0.9590]] )
```

测试结果非常接近实际结果，代码末尾加上 .data，因为 tensor 变量包含两个部分，一部分是 tensor 数据，另一部分是 tensor 的自动求导参数，加上 .data 表示输出取 tensor 中的数据，否则运行结果如下：

```
tensor ( [[0.9492], [0.0502], [0.0757], [0.9351]], grad_fn = <SigmoidBackward>)
```

5.6 高级神经网络实验

实验目的

（1）学习高级神经网络的构建过程。
（2）学习使用 Pytorch 构建高级神经网络。

实验环境

Python 3.8、Anaconda、PyCharm、ubuntu 18.04.2、Pytorch 1.7.0、torchvision 0.8.1、Cuda 11.0、numpy 1.20.2、ipython 7.16.1、matplotlib 3.2.2。

实验原理

在 PyTorch 中定义网络模型，需要让自定义的网络类继承自 torch.nn.Module，模型和网络层都是它的子类，这个类封装了可学习参数，定义 forward() 方法，即对网络结构的前向传播做出定义；当一个网络作用于输入变量后，得到输出的值；将计算的损失反向传播，通过 loss.backward() 计算得到 loss 对网络中所有参数的反向传播后的梯度值，这里的 backward() 就是依赖于 forward() 定义的运算规则而自动计算的；最后利用梯度值更新网络的参数从而完成训练。

torch.nn 是 PyTorch 中的神经网络工具箱，它的核心数据结构是 Module，它是一个抽象概念，既可以表示神经网络中的个层（layer），也可以表示一个包含很多层的神经网络。要构造一个神经网络模型，首先需要创建一个 nn.Module 的子类，然后在这个子类中构造模型。所有的常用神经网络模型都在这个模块中，包括全连接层、卷积层、RNN 等。

torch.nn.functional：提供了一些功能的函数化接口，torch.nn 中的大多数 layer 在其中都有一个与之相对应的函数。

 实验步骤

1. 网络构建

定义一个三层神经网络：

```
from torch import nn
import torch.nn.functional as F
class Net (nn.Module):
    # 初始化父类，定义各个层的结构
    def __init__(self):
        super(Net, self).__init__()
        self.fc1 = nn.Linear (20, 120)
        self.fc2 = nn.Linear (120, 64)
        self.fc3 = nn.Linear (64, 1)
        self.drop = nn.Dropout (0.3)
    # 根据定义的层，构建向前传播的流程
    def forward (self, x):
        x = F.relu (self.fc1 (x))
        x = F.relu (self.fc2 (x))
        x = self.drop (x)
        x = self.fc3 (x)
        return x
if __name__ == '__main__':
    net = Net()
    print (net)
```

打印模型的结构如下：

```
Net ((fc1): Linear (in_features = 20, out_features = 120, bias = True)
    (fc2): Linear (in_features = 120, out_features = 64, bias = True)
    (fc3): Linear (in_features = 64, out_features = 1, bias = True)
    (drop): Dropout (p = 0.3))
```

2. 训练

首先配置损失函数，因为是回归任务，选择 MSE：

```
loss_function = nn.MSELoss()
```

然后通过 torch.optim 配置优化器，这里使用的是 SGD。optim 接受两个参数，第一个是模型的可训练参数 net.parameters()，第二个是学习率 lr：

```
import torch.optim as optim
optimizer = optim.SGD (net.parameters (), lr = 0.001)
```

对模型进行的优化过程如下所示：

（1）首先通过 optimizer.zero_grad() 把梯度置零，也就是把 loss 关于 weight 的导数变成

0。这是因为 PyTorch 中梯度是累加的,在每个 batch 中不需要前面 batch 的梯度。

（2）根据输入数据得到模型的输出。

（3）通过之前定义的 loss_function 来计算 loss。

（4）通过 loss.backward() 对 loss 进行反向传播。

（5）通过 optimizer.step() 使用之前定义的优化器优化网络。

实现代码如下：

```
optimizer.zero_grad ()
output = net (inputs)
loss = loss_function (output, target)
loss.backward ()
optimizer.step ()
```

3. 保存与载入

PyTorch 可以把数据保存为 .pth 或者 .pt 等文件。

保存和加载整个模型：

```
torch.save ( net, 'net.pth' )
net = torch.load ( 'net.pth' )
```

仅保存和加载模型参数 (推荐使用，需要提前手动构建模型)：

```
torch.save ( net.state_dict (), 'net.pth' )
net.load_state_dict ( torch.load ( 'net.pth' ) )
```

4. 完整的训练流程

```
if __name__ == '__main__':
    net = Net()
    print (net)
    x = torch.randn (100, 20)
    y = torch.randn (100, 1)
    optimizer = optim.SGD (net.parameters(), lr = 0.001)
    loss_function = nn.MSELoss()
    running_loss = 0.0
    for i in range (10):
        index = torch.randperm (100);
        x = x [index]
        y = y [index]
        b = list (range (0, 100, 10))
        for j, b_index in enumerate (b):
            inputs = x [b_index: b_index + 10, :]
            target = y [b_index: b_index + 10, :]
            if torch.cuda.is_available():
                inputs = inputs.cuda()
```

```
                target = target.cuda()
            optimizer.zero_grad()
            output = net (inputs)
            loss = loss_function (output, target)
            loss.backward()
            optimizer.step()
            running_loss += loss.item()
            if i != 0 and i % 2 == 0:
                print ('epoch:{} | batch:{} | loss:{:.5f}'.format(i, j,
                    running_loss / 2))
                running_loss = 0.0
            torch.save (net.state_dict(), 'net.pth')
```

训练结果：

```
...
epoch:6 | batch:7| loss:0.56948
epoch:6 | batch:8| loss:0.50152
epoch:6 | batch:9| loss:0.18269
epoch:8 | batch:0| loss:4.45438
epoch:8 | batch:1| loss:0.20041
epoch:8 | batch:2| loss:0.69559
epoch:8 | batch:3| loss:0.17017
epoch:8 | batch:4| loss:0.29025
epoch:8 | batch:5| loss:0.23748
epoch:8 | batch:6| loss:0.40649
epoch:8 | batch:7| loss:0.36893
epoch:8 | batch:8| loss:0.32532
epoch:8 | batch:9| loss:0.57664
```

5. 序列模型

nn.Sequential 是一个有序的容器，神经网络模块将按照传入构造器的顺序依次被添加到计算图中执行，同时以神经网络模块为元素的有序字典也可以作为传入参数。对于没有分支的网络结构，使用序列的方法构建模型更加容易。

```python
class Net (nn.Module):
    def __init__ (self):
        super (Net, self).__init__()
        
        self.seq = nn.Sequential ( nn.Conv2d (3, 64, 7, 2, 3, bias = False),
                                   nn.BatchNorm2d (64),
                                   nn.ReLU (inplace = True),
                                   nn.MaxPool2d (3, 2, 1) )
    def forward(self, x):
        x = self.seq(x)
```

```
        return x
if _ _name_ _ == '_ _main_ _':
    net = Net()
    print(net)
```

可以看出，多个不同的网络层被一个 Sequential 类包裹了：

```
Net ( (seq): Sequential(
    (0): Conv2d (3, 64, kernel_size = (7, 7), stride = (2, 2), padding = (3, 3), bias = False)
    (1): BatchNorm2d (64, eps = 1e-05, momentum = 0.1, affine = True, track_running_stats = True)
    (2): ReLU (inplace)
    (3): MaxPool2d (kernel_size = 3, stride = 2, padding = 1, dilation = 1, ceil_mode = False) )
```

5.7 卷积神经网络实验

实验目的

（1）学习卷积神经网络模型基本概念。
（2）掌握使用 TensorFlow 实现卷积神经网络构建。

实验环境

Python 3.8、Anaconda、PyCharm、ubuntu 18.04.2、TensorFlow。

实验原理

1. 基本概念

卷积神经网络（Convolutional Neural Network，CNN）是一种前馈神经网络，擅长处理图像特别是大图像的相关机器学习问题。全连接神经网络因其参数量太多，没有利用像素之间的位置信息，网络层数限制等问题，因此全连接不太适用于图像识别任务。卷积网络通过一系列方法，成功将数据量庞大的图像识别问题不断降维，最终使其能够被训练，因此被广泛应用于图像分类、目标检测、图像分割等场景。

在卷积神经网络中，先选择一个局部区域，用这个局部区域去扫描整张图片，局部区域所圈起来的所有结点会被连接到下一层的一个结点上。每个输出结点并非像前馈神经网络中那样与全部的输入结点连接，而是部分连接。

卷积神经网络模型发展分为 4 个阶段：第一阶段为后续的卷积神经网络模型奠定了基础；第二阶段网络层数进一步加深，并且采用模块化方式构建模型；第三阶段使用跨层连接的方式，使卷积神经网络层数可以达到一百多层；第四阶段因为卷积神经网络的模型层数越来越高，参数量也越来越大，为了能够再移动应用端、嵌入式端等硬件设备中部署模型，卷积神经网络模型开始往轻量级方向发展。

神经网络的基本组成包括输入层、隐藏层、输出层。而卷积神经网络的特点在于隐藏层分为卷积层和池化层（pooling layer，又叫下采样层）。

卷积层：通过在原始图像上平移来提取特征，每一个特征就是一个特征映射。

池化层：通过提取特征和稀疏参数来减少学习的参数，降低网络的复杂度。

输出层：卷积神经网络中输出层的上游通常是全连接层，因此其结构和工作原理与传统前馈神经网络中的输出层相同。

卷积神经网络的应用范围如下：

（1）图像分类。

图像分类问题，就是已有固定的分类标签集合，然后对于输入的图像，从分类标签集合中找出一个分类标签，最后把分类标签分配给该输入图像。简单来说，就是给定一组各自被标记为单一类别的图像，对一组新的测试图像的类别进行预测，并测量预测的准确性结果。

（2）目标检测。

对于人类来说，目标检测是一个非常简单的任务。然而，计算机能够"看到"的是图像被编码之后的数字，很难解释图像或是视频中出现了人或是物体这样的高层语义概念，也就更加难以定位目标出现在图像中哪个区域。与此同时，由于目标会出现在图像或是视频中的任何位置，目标的形态千变万化，图像或是视频的背景千差万别，诸多因素都使得目标检测对计算机来说是一个具有挑战性的问题。

在图像分类和目标检测任务中，识别图像中的目标这一任务，通常会涉及为各个对象输出边界框和标签。这不同于分类/定位任务，需要对很多对象进行分类和定位，而不仅仅是对主体对象进行分类和定位。简单来说，物体检测就是要让计算机不仅能够识别出输入图像中的目标物体，还要能够给出目标物体在图像中的位置。

（3）图像分割。

图像分割试图在语义上理解图像中每个像素的角色（比如，识别它是汽车、摩托车还是其他的类别）。图像分割是在像素级别上的分类，属于同一类的像素都要被归为一类，因此图像分割是从像素级别来理解图像的。

2. 卷积层的原理和作用

数字图像是一个二维的离散信号，对数字图像做卷积操作其实就是利用卷积核在图像上滑动，将图像点上的像素灰度值与对应的卷积核上的数值相乘，然后将所有相乘后的值相加作为卷积核中间像素对应的图像上像素的灰度值，并最终滑动完所有图像。

图像卷积的计算公式如下，I 表示输入图像，K 表示卷积核：

$$S(i,j)=(I*K)(i,j)=\sum_{m}\sum_{n} I(m,n)K(i-m,j-n)$$

例如在 7×7 的图像中使用 3×3 的卷积核做卷积运算如图 5.14 所示。

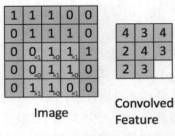

图 5.14　卷积运算

(1) 计算机如何能知道图像中有什么物体。

在计算机中，图像是用一堆二进制数通过多维数组表示，计算机要认识图像就要提取数据中的特征。实际上就是通过对数据做卷积运算来提取数据特征的。例如使用一个 3×3 的卷积核（垂直边缘滤波器）对 6×6 的矩阵（灰度图像）做卷积运算，计算结果为 4×4 的矩阵，如图 5.15 所示。

图 5.15　卷积运算

使用垂直边缘的滤波器对原始图像做卷积运算，最终生成只有垂直边缘信息的图像。要想认识图像就必须提取图像中的特征，卷积核的作用就是提取特征。

(2) 不同卷积核对图像的作用。

使用不同的卷积核对原始图像做卷积运算，可实现图像模糊、图像锐化、边缘检测等功能，如图 5.16 所示。

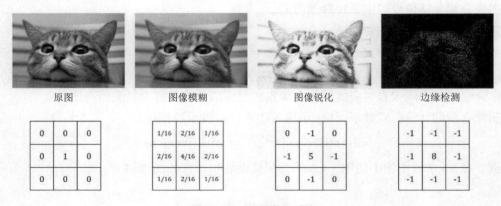

图 5.16　不同卷积对比

3. 卷积核分类

（1）标准卷积。

标准卷积是最常用的卷积核，连续紧密的矩阵形式可以提取图像区域中的相邻像素之间的关联关系，3×3 的卷积核可以获得 3×3 像素范围的感受视野。

（2）空洞卷积。

空洞卷积又名扩张卷积，向卷积层引入了一个称为"扩张率"的新参数，该参数定义了卷积核处理数据时各值的间距。使用同样尺寸的卷积核可以获得更大的感受视野，相应的在相同感受视野的前提下比普通卷积采用更少的参数，在实时图像分割领域广泛应用。

（3）转置卷积。

先对原始特征矩阵进行填充使其维度扩大到适配卷积目标输出维度，然后进行普通的卷积操作的一个过程，其输入到输出的维度变换关系恰好与普通卷积的变换关系相反，但这个变换并不是真正的逆变换操作，通常称为转置卷积而不是反卷积。转置卷积常见于目标检测领域中对小目标的检测和图像分割领域还原输入图像尺度。

（4）可分离卷积。

标准的卷积操作是同时对原始图像 h×w×c 三个方向的卷积运算，假设有 k 个相同尺寸的卷积核，这样的卷积操作需要用到的参数为 h×w×c×k 个；若将长、宽与深度方向的卷积操作分离出，变为 h×w 与 c 的两步卷积操作，同样的卷积核个数 k，则只需要 (h×w+c)×k 个参数，便可得到同样的输出尺度。可分离卷积通常应用在模型压缩或一些轻量的卷积神经网络中。

（5）可变形卷积。

传统的卷积核一般都是长方形或正方形，但 MSRA 提出了一个相当反直觉的见解，认为卷积核的形状可以是变化的，变形的卷积核能让它只看感兴趣的图像区域，这样识别出来的特征更佳。

4. 池化层

（1）池化层的作用。

池化层的主要作用就是通过下采样去掉 Feature Map 中不重要的样本，进一步减少参数数量，降低计算成本，而且可以控制过拟合。池化层并不会对 Feature Map 的深度有影响，还是会保持原来的深度，如图 5.17 所示。

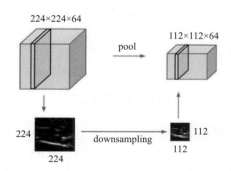

图 5.17　池化层

（2）平均池化和最大池化。

平均池化（mean pooling）对邻域内的特征点取平均作为最后的特征值，它的前向传播是把一个 patch 中的值求取平均来做 pooling，反向传播的过程就是把某个元素的梯度等分为 n 份分配给前一层，如此保证池化前后的梯度（残差）之和保持不变，如图 5.18 所示输出值的第一个点为：0.4。

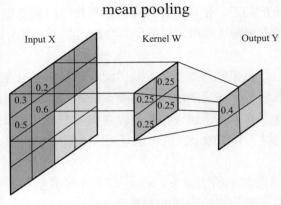

图 5.18　平均池化

最大池化（max pooling）要满足梯度之和不变的原则，它的前向传播是把 patch 中最大的值传递给后一层，而其他像素的值被舍弃掉。那么反向传播也就是把梯度直接传给前一层某一个像素，而其他像素不接受梯度，即为 0。所以 max pooling 操作和 mean pooling 操作不同点在于需要记录下池化操作时到底哪个像素的值最大。如图 5.19 所示，对邻域内的特征点取最大值，如输出值的第一个点为：0.6。

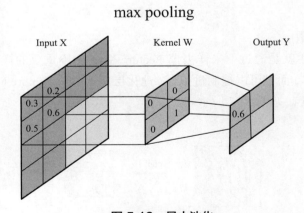

图 5.19　最大池化

5. 卷积神经网络经典结构

经典的卷积神经网络结构包括 Le-Net、Alex-Net、VGG、Res-Net 等。

Le-Net 网络：Le-Net 是 Yann LeCun 等人在多次研究后提出的最终卷积神经网络结构，

由卷积层，池化层，全连接层组成。Le-Net 共有 7 层，不包含输入，每层都包含可训练参数；每个层有多个 Feature Map，每个 Feature Map 通过一种卷积滤波器提取输入的一种特征，每个 Feature Map 有多个神经元。

Alex-Net 网络：Alex Net 是在 Le-Net 的基础上加深了网络的结构，学习更丰富更高维的图像特征。Alex-Net 网络结构共有 8 层，前面 5 层是卷积层，后面 3 层是全连接层，最后一个全连接层的输出传递给 softmax 层，对应相应的类标签分布。

VGG 网络：VGG-Net 探索了卷积神经网络的深度与其性能之间的关系，成功地构筑了 16~19 层深的卷积神经网络，VGG-Net 证明了增加网络的深度能够在一定程度上影响网络最终的性能，使错误率大幅下降，同时拓展性又很强，迁移到其他图片数据上的泛化性也非常好。VGG 由 5 层卷积层、3 层全连接层、softmax 输出层构成，层与层之间使用 max-pooling（最大化池）分开，所有隐藏层的激活单元都采用 ReLU 函数。

ResNet 网络：ResNet（Residual Neural Network）的结构可以极快的加速神经网络的训练，模型的准确率也有比较大的提升。ResNet 引入了残差网络结构（residual network），通过这种残差网络结构，可以把网络层堆叠的很深，并且最终的分类效果也非常好。

实验步骤

1. 数据集整理

本实验采用猫狗识别数据集，可以从 Kaggle 上下载。数据集下载链接：https://www.kaggle.com/c/dogs-vs-cats。

首先整理数据集，文件夹 train 是训练集，里面有 25 000 张图像，猫和狗的图像分别是 12 500 张，图像名称上各自标明类别。文件夹 test 是测试集，里面有 12 500 张图像，都没有标签，用来预测分类。

```
import shutil
import os
def remove_file (old_path, new_path):
    print (old_path)
    print (new_path)
    filelist = os.listdir (old_path)
# 列出该目录下的所有文件,listdir 返回的文件列表是不包含路径的
    # print (filelist)
    cat_n = 0
    dog_n = 0
    for file in filelist:
        src = os.path.join (old_path, file)
        if not os.path.isfile (src):
            continue
        animal_str = str (file). split ('.') [0]
        if animal_str == 'cat':
            if cat_n < 2500:
```

```
                    cat_path = os.path.join ('./validation/cat/', file)
                    shutil.move (src, cat_path)
                    cat_n += 1
                elif cat_n < 12500:
                    cat_path = os.path.join('./train/cat/', file)
                    shutil.move (src, cat_path)
                    cat_n += 1
                else:
                    os.remove (src)
            elif animal_str == 'dog':
                if dog_n < 2500:
                    dog_path = os.path.join ( './validation/dog/', file)
                    shutil.move (src, dog_path)
                    dog_n += 1
                elif dog_n < 12500:
                    dog_path = os.path.join ( './train/dog/', file)
                    dog_n += 1
                    shutil.move (src, dog_path)
                else:
                    os.remove (src)
            else:
                continue
if __name__ == '__main__':
    os.makedirs ( './train/cat/' )
    os.makedirs ( './train/dog/' )
    os.makedirs ( './validation/cat/' )
    os.makedirs ( './validation/dog/' )
    remove_file ( r"./train/", r"./validation/" )
```

2. 数据集导入

在训练前，先导入训练集和验证集。使用 keras.preprocessing.image.ImageDataGenerator() 做图像增强的数据预处理设置，再使用 flow_from_directory() 从文件路径中导入数据集，并设置图像大小、batch_size 和 shuffle 等参数。

```
train_datagen = keras.preprocessing.image.ImageDataGenerator (
        rescale = 1. / 255,
        rotation_range = 40,
        width_shift_range = 0.2,
        height_shift_range = 0.2,
        shear_range = 0.2,
        zoom_range = 0.2,
        horizontal_flip = True,
        fill_mode = 'nearest'  )
train_generator = train_datagen.flow_from_directory(
```

```
        train_dir,
        target_size = (width, height),
        batch_size = batch_size,
        seed = 7,
        shuffle = True,
        class_mode = 'categorical'  )
valid_datagen = keras.preprocessing.image.ImageDataGenerator(
        rescale=1. / 255  )
valid_generator = valid_datagen.flow_from_directory(
        valid_dir,
        target_size = (width, height),
        batch_size = valid_batch_size,
        seed = 7,
        shuffle = False,
        class_mode = "categorical"  )
```

3. 搭建网络

```
model = keras.models.Sequential ([
        keras.layers.Conv2D (filters = 32, kernel_size = 3,
                            padding = 'same', activation = 'relu',
                            input_shape = [width, height, channel]),
        keras.layers.Conv2D (filters = 32, kernel_size = 3,
                            padding = 'same', activation = 'relu'),
        keras.layers.MaxPool2D (pool_size = 2),
        keras.layers.Conv2D (filters = 64, kernel_size = 3,
                            padding = 'same', activation = 'relu'),
        keras.layers.Conv2D (filters = 64, kernel_size = 3,
                            padding = 'same', activation = 'relu'),
        keras.layers.MaxPool2D (pool_size = 2),
        keras.layers.Conv2D (filters = 128, kernel_size = 3,
                            padding = 'same', activation = 'relu'),
        keras.layers.Conv2D (filters = 128, kernel_size = 3,
                            padding = 'same', activation = 'relu'),
        keras.layers.MaxPool2D (pool_size = 2),
        keras.layers.Flatten (),
        keras.layers.Dense (128, activation = 'relu'),
        keras.layers.Dense (num_classes, activation = 'softmax')
    ])
```

4. 模型训练

评估模型在训练和测试过程中的准确率，优化器使用 adam，损失函数使用类别交叉熵

```
'categorical_crossentropy' , metrics 参数填入 accuracy。
model.compile ( loss = 'categorical_crossentropy', optimizer =  'adam',
```

```
                    metrics = ['accuracy'] )
model.summary ()
# 设置保存路径
logdir = './graph_def_and_weights'
if not os.path.exists (logdir):
    os.mkdir (logdir)
output_model_file = os.path.join (logdir, "catDog_weights.h5")
print ('Start training ...')
# 开始训练
mode = input('Select mode: 1.Train 2.Predict\nInput number: ')
if mode == '1':
    callbacks = [
        keras.callbacks.TensorBoard (logdir),
        keras.callbacks.ModelCheckpoint (output_model_file,
                                        save_best_only = True,
                                        save_weights_only = True),
        keras.callbacks.EarlyStopping (patience = 5, min_delta = 1e-3)
    ]
    history = trainModel (model, train_generator, valid_generator,
                    callbacks)
    plot_learning_curves (history, 'accuracy', epochs, 0, 1)
    plot_learning_curves (history, 'loss', epochs, 0, 5)
```

5. 模型预测

先读取文件夹 test 中的图像，使用 model.predict() 进行预测，再根据预测结果把图像进行分类，分别存储到"猫"和"狗"的文件夹中。

```
def predictModel (model, output_model_file):
    model.load_weights (output_model_file)
    os.makedirs ('./save', exist_ok = True)
    os.makedirs ('./save/cat', exist_ok = True)
    os.makedirs ('./save/dog', exist_ok = True)
    test_dir = './test/'   # 1-12500.jpg
    for i in range (1, 12500):
        img_name = test_dir + '{}.jpg'.format (i)
        img = cv2.imread (img_name)
        img = cv2.resize (img, (width, height))
        img_arr = img / 255.0
        img_arr = img_arr.reshape ((1, width, height, 3))
        pre = model.predict (img_arr)
        if pre[0][0] > pre[0][1]:
            cv2.imwrite ('./save/cat/' + '{}.jpg'.format(i), img)
            print (img_name, ' is classified as Cat.')
        else:
```

```
cv2.imwrite ('./save/dog/' + '{}.jpg'.format(i), img)
print (img_name, 'is classified as Dog.')
```

5.8 手写数字识别实验——CNN

实验目的

掌握基于卷积神经网络使用 TensorFlow 实现手写数字识别网络构建。

实验环境

Python 3.8、Anaconda、PyCharm、ubuntu 18.04.2、TensorFlow。

实验原理

卷积神经网络将图片的特征通过卷积核进行提取,再通过池化进行下采样进行特征的筛选,再而通过全连接层也就是将所有有用的特征连接到隐藏层的神经元,之后就与普通的神经网络进行相似处理。

实验步骤

1. 导包

```
import tensorflow as tf
import tensorflow.examples.tutorials.mnist.input_data as input_data
mnist = input_data.read_data_sets ( "MNIST_data/", one_hot = True )
```

2. 搭建网络

```
def weight (shape):
    # 返回截断类型的随机值
    return tf.Variable (tf.truncated_normal (shape, stddev = 0.1),
                       name = 'W')
def bias (shape):
    return tf.Variable (tf.constant (0.1, shape = shape), name = 'b')
def conv2d (x, W):
    return tf.nn.conv2d (x, W, strides = [1,1,1,1], padding = 'SAME')
def max_pool_2x2 (x):
    return tf.nn.max_pool (x, ksize = [1,2,2,1],
                          strides = [1,2,2,1],
                          padding = 'SAME')
# 数据输入占位符
with tf.name_scope ('Input_Layer'):
    x = tf.placeholder ("float", shape = [None, 784], name = "x")
```

```
    x_image = tf.reshape (x, [-1, 28, 28, 1])
# 卷积层1
with tf.name_scope ('C1_Conv'):
    W1 = weight ([5,5,1,16])           # 窗口大小5*5, 厚度为1, 数量为16
    b1 = bias ([16])                   # 对16个卷积窗口进行偏置赋值
    Conv1 = conv2d (x_image, W1) + b1
    C1_Conv = tf.nn.relu (Conv1 )      # 非线性化
with tf.name_scope ('C1_Pool'):
    C1_Pool = max_pool_2x2 (C1_Conv)  # 特征压缩14*14
# 卷积层2
with tf.name_scope ('C2_Conv'):
    W2 = weight ([5,5,16,36])
    b2 = bias ([36])
    Conv2 = conv2d (C1_Pool, W2) + b2
    C2_Conv = tf.nn.relu (Conv2)
with tf.name_scope ('C2_Pool'):
    C2_Pool = max_pool_2x2 (C2_Conv)
# 全连接
with tf.name_scope ('D_Flat'):
    D_Flat = tf.reshape (C2_Pool, [-1, 1764])
with tf.name_scope ('D_Hidden_Layer'):
    W3 = weight ([1764, 128])                      # 加一个全连接隐藏层
    b3 = bias ([128])
    D_Hidden = tf.nn.relu (f.matmul (D_Flat, W3) + b3)
    D_Hidden_Dropout = tf.nn.dropout (D_Hidden, keep_prob = 0.8)
# 输出层
with tf.name_scope ('Output_Layer'):
    W4 = weight ([128,10])
    b4 = bias ([10])
    y_predict = tf.nn.softmax (tf.matmul (D_Hidden_Dropout, W4) + b4)
```

3. 模型训练

```
with tf.name_scope ("optimizer"):
    y_label = tf.placeholder ("float", shape = [None, 10],
                         name = "y_label")
    loss_function = tf.reduce_mean (
               tf.nn.softmax_cross_entropy_with_logits
               (logits = y_predict , labels = y_label))
    optimizer = tf.train.AdamOptimizer (learning_rate = 0.0001) \
               .minimize (loss_function)
# 模型评估
with tf.name_scope ("evaluate_model"):
    correct_prediction = tf.equal (tf.argmax (y_predict, 1),
```

```python
                                    tf.argmax (y_label, 1))
    accuracy = tf.reduce_mean (tf.cast (correct_prediction, "float"))
# 训练
trainEpochs = 10
batchSize = 100
# 将全部数据进行训练，进行 10 遍，时间较长
# totalBatchs = int (mnist.train.num_examples / batchSize)
# 时间太长，所以只取前 500 个数据进行循环 10 次的训练
totalBatchs = int (5)
epoch_list = []; accuracy_list = []; loss_list = [];
from time import time                            # 导入时间模块进行时间统计
startTime = time()
sess = tf.Session()                              # 创建会话
sess.run (tf.global_variables_initializer())     # 初始化变量
for epoch in range (trainEpochs):
    for i in range (totalBatchs):
        batch_x, batch_y = mnist.train.next_batch (batchSize)
        sess.run (optimizer,feed_dict = {x: batch_x,
                                         y_label: batch_y})
    loss,acc = sess.run ([loss_function,accuracy],
                         feed_dict = {x: mnist.validation.images,
                                      y_label: mnist.validation.labels})
    epoch_list.append (epoch)
    loss_list.append (loss); accuracy_list.append (acc)

    print ("Train Epoch:", '%02d' % (epoch + 1), \
           "Loss = ", "{:.9f}".format (loss), "Accuracy =", acc)
duration = time() - startTime
print ("Train Finished takes:", duration)
```

准确率和损失值变化显示如图 5.20 所示。

```
Train Epoch: 01 Loss= 2.299149513  Accuracy= 0.1388
Train Epoch: 02 Loss= 2.291013956  Accuracy= 0.163
Train Epoch: 03 Loss= 2.280072689  Accuracy= 0.1852
Train Epoch: 04 Loss= 2.268583059  Accuracy= 0.1902
Train Epoch: 05 Loss= 2.261102676  Accuracy= 0.1926
Train Epoch: 06 Loss= 2.252083063  Accuracy= 0.1898
Train Epoch: 07 Loss= 2.241263390  Accuracy= 0.2202
Train Epoch: 08 Loss= 2.230296612  Accuracy= 0.2508
Train Epoch: 09 Loss= 2.218735456  Accuracy= 0.2674
Train Epoch: 10 Loss= 2.205921173  Accuracy= 0.2806
Train Finished takes: 119.36291527745108
```

图 5.20　准确率和损失值变化显示

```
# 准确率, 如图 5.21 所示
plt.plot (epoch_list, accuracy_list,label = "accuracy" )
fig = plt.gcf ()
fig.set_size_inches (4,2)
# plt.ylim (0.8, 1)
plt.ylim (0, 1)                    # 设置只查看的范围
plt.ylabel ('accuracy')
plt.xlabel ('epoch')
plt.legend ()
plt.show ()
```

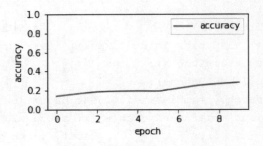

图 5.21　准确率

```
# 损失值, 如图 5.22 所示
%matplotlib inline
import matplotlib.pyplot as plt
fig = plt.gcf ()
fig.set_size_inches (4,2)
plt.plot (epoch_list, loss_list, label = 'loss')
plt.ylabel ('loss')
plt.xlabel ('epoch')
plt.legend (['loss'], loc = 'upper left')
```

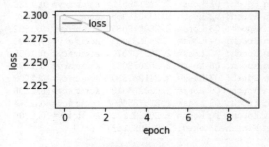

图 5.22　损失值

4. 模型预测

```
# 检测模型准确率 (加大数据量便可以提高)
```

```
print ("Accuracy:",
       sess.run (accuracy,feed_dict = {x: mnist.test.images,
                                        y_label: mnist.test.labels}))
# 查看 softmax 输出的概率预测
y_predict = sess.run (y_predict,
                      feed_dict = {x: mnist.test.images [ : 5000 ]})
# 查看前 5 个样本对于 10 种分类的概率
y_predict [ : 5 ]
# 图像化的预测结果展示
prediction_result = sess.run (tf.argmax (y_predict, 1),
                              feed_dict = {x: mnist.test.images ,
                                            y_label: mnist.test.labels})
# 建立展示函数
import numpy as np
def show_images_labels_predict (images, labels, prediction_result):
    fig = plt.gcf ()
    fig.set_size_inches (8, 10)
    for i in range (0, 10):
        ax = plt.subplot (5, 5, 1 + i)
        ax.imshow (np.reshape (images [i], (28, 28)),
                   cmap = 'binary')
        ax.set_title ("label = " + str (np.argmax (labels [i])) +
                      ", predict = " + str (prediction_result [i])
                      , fontsize = 9)
    plt.show ()
show_images_labels_predict (mnist.test.images,mnist.test.labels,
prediction_result)
# 选出识别错误的样本
for i in range (500):
    if prediction_result [i] != np.argmax (mnist.test.labels [i]):
        print ("i = " + str(i) + " label = ",  np.argmax (mnist.test.labels [i]),
               "predict = ", prediction_result [i])
# 将识别错误的样本进行展示
def show_images_labels_predict_error (images, labels, prediction_result):
    fig = plt.gcf ()
    fig.set_size_inches (8, 10)
    i = 0; j = 0
    while i < 10:
        if prediction_result [j] != np.argmax (labels [j]):
            ax = plt.subplot (5, 5, 1 + i)
            ax.imshow (np.reshape (images [j], (28, 28)),
                       cmap = 'binary')
            ax.set_title ("j = " + str (j) +
```

```
                            ", l = " + str (np.argmax (labels [j])) +
                            ", p = " + str (prediction_result [j])
                            , fontsize = 9)
            i = i + 1
        j = j + 1
    plt.show ()
# 代表样本索引，真实值，预测值
show_images_labels_predict_error
                (mnist.test.images,mnist.test.labels,prediction_result)
```

5.9 循环神经网络实验

实验目的

（1）学习循环神经网络模型基本概念。
（2）掌握使用 TensorFlow 实现循环神经网络构建。

实验环境

Python 3.8、Anaconda、PyCharm、ubuntu 18.04.2、TensorFlow。

实验原理

1. 循环神经网络基本概念

对循环神经网络的研究始于20世纪80～90年代，并在21世纪初发展为深度学习（deep learning）算法之一，其中双向循环神经网络（Bidirectional RNN, Bi-RNN）和长短期记忆网络（Long Short-Term Memory networks，LSTM）是常见的循环神经网络。

循环神经网络（Recurrent Neural Network, RNN）是一类以序列（sequence）数据为输入，在序列的演进方向进行递归（recursion）且所有结点（循环单元）按链式连接的递归神经网络（recursive neural network），如图 5.23 所示。

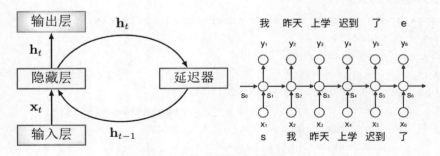

图 5.23 循环神经网络示例

人类并不是每时每刻都从一片空白的大脑开始他们的思考。在阅读某篇文章的时候，都是基于已经拥有的对先前所见词的理解来推断当前词的真实含义。人类不会将所有的东西都全部丢弃，然后用空白的大脑进行思考，人类的思想拥有持久性。

传统的神经网络并不能做到这点，看起来也像是一种巨大的弊端。例如，假设希望对电影中的每个时间点的时间类型进行分类。传统的神经网络应该很难来处理这个问题——使用电影中先前的事件推断后续的事件。

RNN 解决了这个问题。RNN 是包含循环的网络，允许信息的持久化，是一种特殊的神经网络结构，根据"人的认知是基于过往的经验和记忆"这一观点提出的。它与 DNN、CNN 不同的是：它不仅考虑前一时刻的输入，而且赋予了网络对前面的内容的一种"记忆"功能。

RNN 之所以称为循环神经网络，即一个序列当前的输出与前面的输出有关。具体的表现形式为网络会对前面的信息进行记忆并应用于当前输出的计算中，即隐藏层之间的结点不再无连接而是有连接的，并且隐藏层的输入不仅包括输入层的输出还包括上一时刻隐藏层的输出。

循环神经网络具有记忆性、参数共享并且图灵完备（Turing completeness），因此在对序列的非线性特征进行学习时具有一定优势。循环神经网络在自然语言处理（Natural Language Processing, NLP），例如语音识别、语言建模、机器翻译等领域被应用，也被用于各类时间序列预测。引入卷积神经网络（Convolutional Neural Network，CNN）构筑的循环神经网络可以处理包含序列输入的计算机视觉问题。

2. 循环神经网络基本原理

循环神经网络（Recurrent Neural Network, RNN）的结构，如图 5.24 所示，例如 A 正在读取某个输入 x_t，并输出一个值 h_t，循环可以使信息从当前步骤传递到下一步骤。RNN 可以被看作是同一神经网络的多次赋值，每个神经网络模块会把消息传递下一步。如果将这个循环展开如图 5.24 所示。

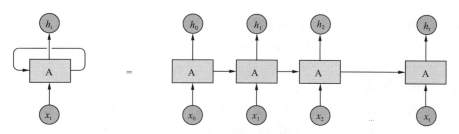

图 5.24　展开的 RNN

先计算 h_1，图中的圆圈表示向量，箭头表示对向量做变换。RNN 中，每个步骤使用的参数 U、W、b 相同，h_2 的计算方式和 h_1 类似，其计算结果如图 5.25 所示。计算 h_3、h_4 以此类推。

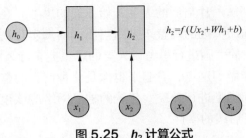

图 5.25 h_2 计算公式

计算 RNN 的输出 y_1，采用 Soft max() 作为激活函数如图 5.26 所示。使用和 y_1 相同的参数 V、c，得到 y_1，y_2，y_3，y_4 的输出，这里为了便于理解和展示，只计算 4 个输入和输出，实际中最大值为 y_n。从图 5.27 结构可看出，RNN 结构的输入和输出等长。

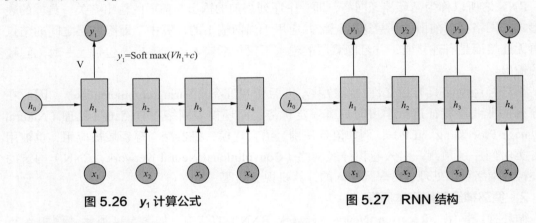

图 5.26 y_1 计算公式　　　　　　　图 5.27 RNN 结构

3. 长短期记忆网络

（1）LSTM 基本概念。

RNN 在处理长期依赖（时间序列上距离较远的结点）时会遇到困难，因为计算距离较远结点之间的联系时会涉及矩阵的多次相乘，造成梯度消失或者梯度膨胀的现象。为了解决该问题，出现一些解决办法，例如 ESN（Echo State Network），增加有漏单元（Leaky Units）等，其中应用最广泛的就是长短期记忆网络（Long Short-Term Memory networks，LSTM）。

循环神经网络虽然可以保存历史信息，但对于更复杂的实际问题来说，当前时刻有时需要更久之前的历史信息，有时则需要更临近的历史信息。简单的循环神经网络无法处理这种复杂情况，LSTM 是一种时间循环神经网络，是为了解决一般的 RNN 存在的长期依赖问题而设计的，所有 RNN 都具有一种重复神经网络模块的链式形式。在标准的 RNN 中，重复的模块只有一个非常简单的结构，例如一个 tanh 层，传统 RNN 的每一步的隐藏单元知识执行一个简单的 tanh 或 ReLU 操作，而 LSTM 中每个循环的模块内有 4 层结构：3 个 sigmoid 层和 1 个 tanh 层。标准的 RNN 只需要传递一个隐藏状态，而 LSTM 还需要传递候选内部状态，如图 5.28 所示。

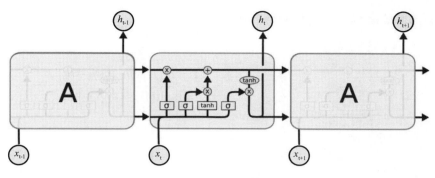

图 5.28 LSTM 结构

（2）核心思想。

LSTM 的关键就是细胞状态（cell state），水平线在图上方贯穿运行。细胞状态类似于传送带，直接在整个链上运行，只有一些少量的线性交互，信息在上面流传保持不变会很容易。

LSTM 通过设计"门"结构去除或者增加信息到细胞状态的能力。门是一种让信息选择式通过的方法，包含一个 sigmoid 神经网络层和一个 pointwise 乘法操作。

LSTM 每个循环模块内的四层结构组成了三种门单元，用于控制信息传递，来保护和控制细胞状态。这三种门单元分别是遗忘门、输入门和输出门。

第一个 sigmoid 层作为遗忘门，作用是将细胞状态中的信息选择性的遗忘，根据当前的输入以及上一时刻的隐藏输出来决定内部状态有多少被遗忘。遗忘门会读取 h_{t-1} 和 x_t，输出一个在 0 到 1 之间的数值给每个在细胞状态 C_{t-1} 中的数字。1 表示"完全保留"，0 表示"完全舍弃"，如图 5.29 所示。

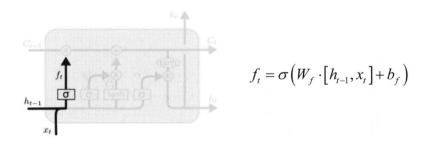

$$f_t = \sigma\left(W_f \cdot [h_{t-1}, x_t] + b_f\right)$$

图 5.29 遗忘门

第二个 sigmoid 层和 tanh 层作为输入门，根据当前的输入以及上一时刻的隐藏输出来决定候选内部状态多少被保留，从而得到新的内部状态。因此输入门的作用是将新的信息选择性的记录到细胞状态中。操作步骤如下：

步骤一，sigmoid 层决定要更新哪些值。

步骤二，tanh 层创建一个新的候选值向量 $\tilde{C}_t$ 加入状态中，如图 5.30(a) 所示。

步骤三：将 C_{t-1} 更新为 C_t，将旧状态与 f_t 相乘，丢弃确定需要丢弃的信息，然后加上

$i_t * \tilde{C}_t$ 得到新的候选值 C_t,如图 5.30(b) 所示。

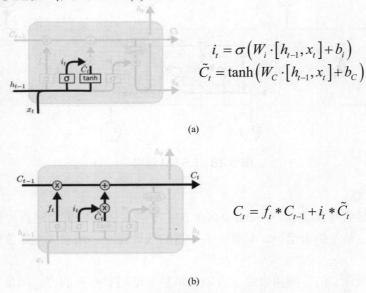

$$i_t = \sigma\left(W_i \cdot [h_{t-1}, x_t] + b_i\right)$$
$$\tilde{C}_t = \tanh\left(W_C \cdot [h_{t-1}, x_t] + b_C\right)$$

(a)

$$C_t = f_t * C_{t-1} + i_t * \tilde{C}_t$$

(b)

图 5.30 输入门

第三个 sigmoid 层作为输出门,根据当前的内部状态、输入及上一时刻的隐藏输出决定该时刻的隐藏输出。输出门的作用是确定输出什么值,其作用对象是隐藏层 h_t。操作步骤如下:

步骤一,通过 sigmoid 层确定细胞状态的哪个部分输出。

步骤二,把细胞状态通过 tanh 进行处理,并将它和 sigmoid 门的输出相乘,最终仅输出确定输出的那部分,如图 5.31 所示。

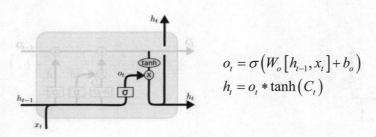

$$o_t = \sigma\left(W_o [h_{t-1}, x_t] + b_o\right)$$
$$h_t = o_t * \tanh(C_t)$$

图 5.31 输出门

(3)门控循环单元。

门控循环单元(Gated Recurrent Unit,GRU)是循环神经网络的一种,它的内部思想是希望通过模块的设定来控制信息的流动。门控循环单元将忘记门和输入门合成了一个单一的更新门,同样还混合了细胞状态和隐藏状态。由于长短记忆网络中的遗忘门和输入门是互补的关系,通过一个门即可控制信息的流动,因此,门控制单元中利用更新门实现输入门和遗忘门的主要功能,通过重置门来控制当前时刻的候选状态 h_t 和候选隐藏状态 $\tilde{h}_t$,

其结构如图 5.32 所示。

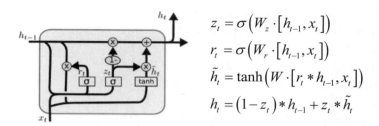

$$z_t = \sigma\left(W_z \cdot [h_{t-1}, x_t]\right)$$
$$r_t = \sigma\left(W_r \cdot [h_{t-1}, x_t]\right)$$
$$\tilde{h}_t = \tanh\left(W \cdot [r_t * h_{t-1}, x_t]\right)$$
$$h_t = (1 - z_t) * h_{t-1} + z_t * \tilde{h}_t$$

图 5.32 门控循环单元

实验步骤

1. 数据集导入

实验采用 mnist 数据集，mnist 是一个手写体数字的图片数据集，该数据集一共统计了来自 250 个不同的人手写数字图片，其中 50% 是高中生，50% 来自人口普查局的工作人员。该数据集的收集目的是希望通过算法，实现对手写数字的识别。

```
import numpy as py
import tensorflow as tf
import matplotlib.pyplot as plt
from tensorflow.contrib import rnn
from tensorflow.examples.tutorials.mnist import input_data
mnist = input_data.read_data_sets ('data/', one_hot = True )
```

2. 权重参数初始化

需要初始化的参数包括，输入参数的维度 diminput，隐层神经元数量 dimhidden，标签数 nclasses 和序列化数据的个数 nsteps。权重参数 weights 中，out 表示最终输出的结果权重，维度为 128×10。

```
初始化代码
diminput = 28
dimhidden = 128
nclasses = 10
dimoutput = nclasses
nsteps = 28
weights = { 'hidden' : tf.Variable (tf.random_normal ( [diminput,dimhidden] )),
            'out' : tf.Variable (tf.random_normal ( [dimhidden,dimoutput] )) }
biases = { 'hidden' : tf.Variable (tf.random_normal ( [dimhidden] )),
           'out' : tf.Variable (tf.random_normal ( [dimoutput] )) }
```

3. 搭建网络

首先，对数据进行重塑，适合隐层的输入经过 transpose() 和 reshape() 两个函数；再将数据同隐层的权重相乘，注意这里进行的都是整体的运算，要输入 RNN 中需要进行切片操作，通过 tf.split() 实现整体的数据再次序列化；最后进行 LSTM 网络搭建。

```
def _RNN (_X, _W, _b, _nsteps, _name):
    # 置换 [nsteps, batchsize, diminput]
    _X = tf.transpose (_X, [1,0,2] )
    # 重塑 [nstep * batchsize, diminput]
    _X = tf.reshape ( _X, [-1, diminput] )
    # 输入层 -> 隐藏层
    _H = tf.matmul ( _X, _W['hidden']) + _b['hidden']
    # 将数据拆分为 "nsteps" 块，第 i 个块表示第 i 个批次数据
    _Hsplit = tf.split ( _H, _nsteps, 0 )
    # 获取 LSTM 的最终输出和状态
    with tf.variable_scope (_name) as scope:
        # 设置变量共享
        scope.reuse_variables()
        # 传入两个参数：第一个表示维度，第二个表示忘记系数
        lstm_cell = rnn.BasicLSTMCell ( dimhidden, forget_bias = 1.0 )
        _LSTM_O, _LSTM_S = rnn.static_rnn (lstm_cell, _Hsplit, dtype = tf.float32)
    # 输出
    _O = tf.matmul ( _LSTM_O [-1], _W ['out']) + _b ['out']
    return {'X': _X, 'H': _H, 'Hsplit': _Hsplit, 'LSTM_O': _LSTM_O,
            'LSTM_S': _LSTM_S, 'O': _O }
print ('Network Ready')
```

当所有的数据训练完成后，仅需要 _LSTM_O 的第 0 列去和权重参数相乘得到最终的分类值。

4. 模型训练

基本的步骤是一样的，得到网络输出之后，采用交叉熵作为损失函数，梯度下降法进行参数的优化，最后利用 reduce_mean 进行精确值的计算。

```
learning_rate = 0.001
x = tf.placeholder ('float', [None, nsteps, diminput])
y = tf.placeholder ('float', [None, dimoutput])
myrnn = _RNN (x, weights, biases, nsteps, 'basic')
pred = myrnn ['O']
cost = tf.reduce_mean
        (tf.nn.softmax_cross_entropy_with_logits (labels = y, logits = pred))
optm = tf.train.GradientDescentOptimizer (learning_rate). minimize (cost)
accr = tf.reduce_mean
      (tf.cast (tf.equal (tf.argmax (pred,1), tf.argmax (y,1)), tf.float32))
init = tf.global_variables_initializer()
print ('Network Ready')
do_train = 1
```

```python
sess = tf.Session()
sess.run (init)
save_step = 1
saver = tf.train.Saver()
sess = tf.Session()
sess.run (init)
training_epochs = 5
batch_size = 16
display_step = 1
if do_train == 1:
    # 迭代训练
    for epoch in range (training_epochs):
        avg_cost = 0.1
        # total_batch = int (mnist.train.num_examples / batch_size)
        total_batch = 100
        for i in range (total_batch):
            batch_xs, batch_ys = mnist.train.next_batch (batch_size)
            batch_xs = batch_xs.reshape ((batch_size,nsteps,diminput))
            feeds = {x : batch_xs, y : batch_ys}
            sess.run (optm, feed_dict = feeds)
            # sess.run (optm, feed_dict = {x : batch_xs, y : batch_ys, keepratio : 0.7})
            avg_cost += sess.run (cost, feed_dict = feeds) / total_batch
        # 结果显示
        if epoch % display_step == 0:
            print ( 'Epoch : % 03d /% 03d cost: %.9f' %(epoch, training_epochs,
                avg_cost))
            feeds = {x : batch_xs, y : batch_ys}
            train_acc = sess.run (optm, feed_dict = feeds)
            # print ('Train accuracy: %.3f' %(train_acc))
            # feeds = {x : mnist.test.images, y : mnist.test.labels}
            # test_acc = sess.run (accr, feed_dict = feeds)
            # print ('test accuracy: %.3f' %(test_acc))
        # 保存参数
        if epoch % save_step == 0:
            saver.save (sess, 'save/nets/rnn_mnist_basic.ckpt-' +str(epoch))
    print ('Optimization finished')
else:
    epoch = training_epochs - 1
    saver.restore (sess,'save/nets/rnn_mnist_basic.ckpt-'+str(epoch))
    test_acc = sess.run (accr, feed_dict = {x : batch_xs, y : batch_ys})
    print ('Test accuracy: %.3f' %(test_acc))
```

采用 saver 将 RNN 模型的训练结果保存，以备下一次的加载时使用。

5. 训练结果

采用 Epoch 为 5，得到以下训练结果：

```
Epoch: 000/005 cost: 1.952059251
Epoch: 001/005 cost: 1.431288053
Epoch: 002/005 cost: 1.252201564
Epoch: 003/005 cost: 1.120601780
Epoch: 004/005 cost: 0.991486781
Optimization finished
```

第 6 章 计算机视觉

在机器学习大热的前景之下，计算机视觉与自然语言处理及语音识别并列为机器学习方向的三大热点方向。在人工智能中，语音识别模拟了人类"听"的能力，自然语言处理模拟了人类"说"的能力，而计算机视觉则是模拟了人类"看"的能力。据统计，人类获取外界信息有 80% 以上是通过"看"所获得的，由此可见计算机视觉的重要性。上一章节已有基于深度神经网络的手写数字识别实例和图像识别实例，本章主要介绍计算机视觉的几个基础实验，此外还介绍了一个语音识别实验。

6.1 图像基础知识

计算机视觉由诸如梯度方向直方图以及尺度不变特征变换等传统的手动提取特征与浅层模型的组合，逐渐转向了以卷积神经网络为代表的深度学习模型。计算机视觉本身又包括了诸多不同的研究方向，比较基础和热门的几个方向主要包括了：物体识别和检测、语义分割、运动和跟踪、三维重建、视觉问答、动作识别等。

在外部世界中存在动态、静态等多种景物，它们可以通过摄像设备为代表的图像传感器转化成计算机内的数字化图像，这是一个点阵结构，可用矩阵表示。点阵中的每个点称像素，可用数字表示，它反映图像的灰度，这种图像是一种最基本的 2D 黑白图像。如果点阵中的每个点用矢量表示，矢量中的分量分别可表示颜色，颜色是由三个分量表示，分别反映红、黄、蓝三色，其分量的值则反映了对应颜色的浓度，这就组成了 3D 彩色的 4D 点阵图像。

1. 数字图像颜色空间

数字图像中的灰度图每一个像素都是由一个数字量化的，而彩色图像的每一个像素都是由至少三个数字进行量化，因此颜色空间的用途是保证在一个固定的标准下能够对某一种颜色加以说明量化。针对不同数字成像系统和领域各自的特点，目前已经存在上百种对彩色图像色彩的量化方式，比较常用的三色颜色空间包括 RGB、HSV、Lab、

YUV 等。

RGB 色彩空间源于使用阴极射线管的彩色电视，是人们接触最多的颜色空间之一。RGB 分别代表三个基色（R- 红色、G- 绿色、B- 蓝色），具体的色彩值由三个基色叠加而成。在图像处理中，常使用向量表示色彩的值，如（0,0,0）表示黑色、（255, 255, 255）表示白色，其中，255 表示色彩空间被量化成 255 个数，最高亮度值为 255。在这个色彩空间中，有 256×256×256 种颜色，因此 RGB 色彩空间是一个包含 Red、Green、Blue 的三维空间。

HSV（Hue- 色调、Saturation- 饱和度、Value- 值）色彩空间将亮度从色彩中分解出来，由于其对光线不敏感的特性，在图像增强算法中用途很广。在图像处理中，经常将图像从 RGB 色彩空间转换到了 HSV 色彩空间，利用 HSV 分量从图像中提取 ROI 区域，以便更好地感知图像颜色。由于在图像处理过程中，HSV 模型比 RGB 模型更适合做预处理，且日常生活中的显示设备大多都是使用 RGB 颜色空间，因此常需将两个颜色空间进行互换。

2. 数字图像二值化

在数字图像处理中，图像二值化（Image Binarization）是指将图像上的灰度值按照某种方式设置为 0 或 255，得到一张黑白分明二值图像的过程。在二值化图像中，只存在二种颜色黑色（0）和白色（maxval 最大值）。图像二值化可以使边缘变得更加明显，边缘是指像素值急剧变化的地方，而 0 到 255 的跳变将使得边缘信息更加突出，二值化图像经常出现在图像处理中，如掩模、图像分割、轮廓查找等应用中。

二值化分为全局阈值二值化和自适应（局部）阈值二值化。全局阈值二值化指根据自定义阈值对图像进行二值化处理，即灰度值大于阈值时设该像素灰度值为 255，灰度值小于阈值时设该像素灰度值为 0。简单阈值二值化是指设置一个全局阈值，用该阈值对灰度图像素值进行归类。具体做法是，像素点灰度值小于等于阈值时将该点置 0（反转置 maxval），大于阈值置 maxval（反转置 0）。

自适应阈值二值化同全局阈值二值化有较大区别，全局二值化只使用一个全局阈值来对图像进行二值化处理，而自适应阈值使用每个块中的平均值或加权平均值作为阈值。从数学角度上看自适应阈值较简单阈值有更好的局部处理能力，从实际应用角度上看两种二值化算法各有优劣。简单阈值胜在处理速度和某些特定场景的二值化表现更优，而自适应阈值则在对局部过曝场景中二值化表现更优。因此在实际应用场景中需要根据场景特点选择合适的二值化处理函数，通常先使用全局阈值调参，效果不好再考虑使用自适应阈值二值化。

3. 数字化图像处理

数字化后的图像可在计算机内用数字计算完成图像处理。常用的图像处理有：

图像增强和复原：可改善图像的视觉效果和提高图像的质量。

图像数据的变换和压缩：便于图像的存储和传输，图像编码压缩技术可减少图像数据量，节省图像传输、处理时间，减少所占用的存储器容量。

图像分割：根据几何特性或图像灰度选定的特征，将图像中有意义的特征部分提取出来，包括图像中的边缘、区域等，这是进一步进行图像识别、分析和理解的基础。

图像分解与拼接：将图像中的一个部分从整体中抽取出来。图像拼接指的是将若干幅图像组合成一幅图像。

图像重建：通过物体外部测量的数据，主要是摄像设备与物体间的距离，经数字处理将 2D 平面物体转换成 3D 立体物体的技术称为图像重建。

图像管理：属于图像处理，包括图像的有组织的存储，及对图像库的操作管理。

4. 图像的分析和理解

图像的分析和理解包括图像描述、目标检测、特征提取、目标跟踪、物体识别与分类等，此外还包括高层次的信息分析，如动作分析、行为分析、场景语义分析等，通过计算机对图像进行去除噪声、增强、复原、分割、提取特征等处理的方法和技术。图像处理可以分成图像分析与图像理解两个部分。其中，涉及图像分析的有：图像特征提取、图像描述、图像分类、识别。图像处理中更高级的图像分析是图像理解，包括：图像目标动作分析、图像目标行为分析和图像场景语义分析，图像理解也是属人工智能范畴，并大量使用机器学习方法。

6.2 图像均值滤波实验

实验目的

（1）了解图像基础知识。
（2）了解图像空间滤波的基本概念。
（3）掌握图像均值滤波的基本操作方法。

实验环境

Python 3.8、Anaconda、PyCharm、TensorFlow、skimage。

实验原理

刚获得的图像有很多噪音，主要由于平时的工作和环境引起的，图像增强是减弱噪音，增强对比度。想得到比较干净清晰的图像并不是容易的事情，为这个目标而为处理图像所涉及的操作是设计一个适合、匹配的滤波器和恰当的阈值。常用的有高斯滤波、均值滤波、中值滤波、最小均方差滤波、Gabor 滤波。

1. 图像空间滤波概念

图像滤波实际上是信号处理的一个概念，图像本身可以看成一个二维信号，其中像素点灰度值的高低代表信号强弱。图像灰度值变化剧烈的点是高频信号，图像中平坦的，灰度值变化不大的点就是低频信号。根据图像的高频与低频的特征，可以设计相应的高通、低通滤波器，高通滤波器可以检测图像中尖锐、变化明显的地方（提取边缘）；低通滤波器可以让图像变得光滑，滤除图像中的噪声（平滑图像）。使用不同类型的线性滤波器模板 W 可以得到不同的滤波效果，滤波计算细节如图 6.1 所示。

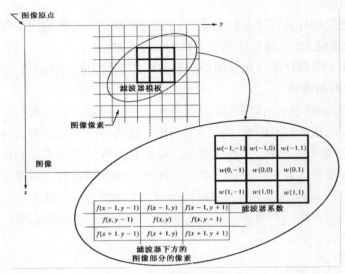

图 6.1　图像滤波

2. 均值滤波

如果滤波器是用邻域像素的加权累加值来替换像素值，则称这种滤波器为线性的。均值滤波是平滑线性滤波器中的一种，具有平滑图像过滤噪声的作用，即将矩形邻域内的全部像素累加，除以该邻域的数量（即求平均值），然后用这个平均值替换原像素的值。这相当于把邻域中每个像素乘以 1，然后进行累加。也可以把邻域中每个像素位置对应的放大系数存放在一个矩阵中，用这个矩阵表示滤波器的不同权重。矩阵中心的元素对应当前正在应用滤波器的像素。这样的矩阵也称为内核或掩码。均值滤波的思想非常好理解，即使用滤波器模板 w 所包含像素的平均值去覆盖中心锚点的值。如图 6.2 所示，经过均值滤波操作后中间锚点 83 变成了 76。

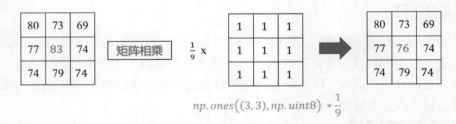

图 6.2　均值滤波原理

滤波窗口有：线状、方形、十字形及圆形等，每种形状有不同的好处和适应情况。
方形或者圆形适用于缓变的较长轮廓线物体；十字窗口适用于含有尖顶物体，窗口大小则以不超过最小物体有效尺寸为宜；如果图像中含有点、线、尖角细节较多的不宜采用中值滤波。
均值滤波都可以起到平滑图像，去除噪声的功能。但本身存在着固有的缺陷，它不能很好地保护图像细节，在图像去噪的同时也破坏了图像的细节部分，从而使图像变得模糊，不能很好地去除噪声点，特别是椒盐噪声。

均值滤波模板 w 所有包含像素的平均灰度值代替原图像的像素值，图像中的局部亮点高灰度像素均值滤波后，该点灰度值降低；图像中的局部暗点低灰度像素均值滤波后，该点灰度值提升；局部亮/暗点灰度尖锐变化的区域均值滤波后，降低图像灰度尖锐变化。总结如图 6.3 所示。

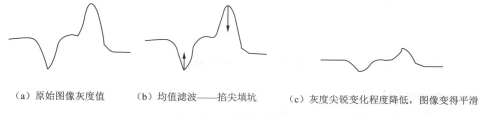

（a）原始图像灰度值　　（b）均值滤波——掐尖填坑　　（c）灰度尖锐变化程度降低，图像变得平滑

图 6.3　均值滤波

小尺寸模板均值滤波，使用 5×5 模板。图像稍显模糊→尺寸稍小的亮点→亮度明显降低，尺寸非常小的亮点→亮点消失融入背景，如图 6.4 所示。

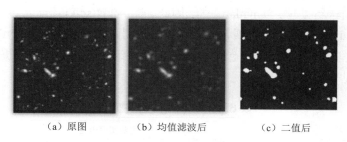

（a）原图　　（b）均值滤波后　　（c）二值后

图 6.4　5×5 均值滤波

大尺寸滤波→9×9 均值滤波器。图像十分模糊→尺寸较大的亮点→亮度明显降低，尺寸稍小的亮点→亮点消失融入背景，如图 6.5 所示。

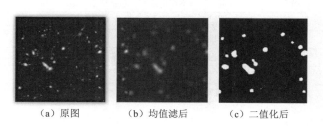

（a）原图　　（b）均值滤后　　（c）二值化后

图 6.5　9×9 均值滤波

3. 加权均值滤波

加权均值滤波是在均值滤波的基础上，改进了模板中权值的分布，均值滤波模板权重分布是均匀的，而加权均值滤波在权重分布上是不均匀的。常用的加权均值模板是中间的

权重高于周围。图 6.6 给出了加权均值滤波器完整的解释。

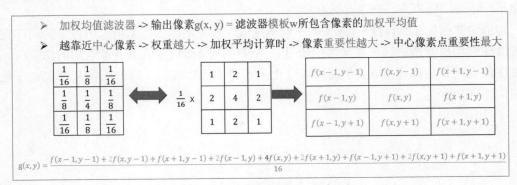

图 6.6　加权均值滤波

4. skimage 包

skimage 即是 Scikit-Image，基于 Python 脚本语言开发的数字图片处理包，比如 PIL、Pillow、opencv、scikit-image 等。

PIL 和 Pillow 只提供最基础的数字图像处理，功能有限；opencv 实际上是一个 C++ 库，提供了 Python 接口，更新速度非常慢。scikit-image 是基于 scipy 的一款图像处理包，将图片作为 numpy 数组进行处理，与 matlab 一样，因此，本节选择 scikit-image 进行数字图像处理。skimage 对 scipy.ndimage 进行了扩展，提供了更多的图片处理功能。由 Python 语言编写的，由 scipy 社区开发和维护。skimage 包由许多的子模块组成，各个子模块提供不同的功能。主要子模块列表见表 6.1。

表 6.1　skimage 包子模块

子模块名称	主要实现功能
io	读取、保存和显示图片或视频
data	提供一些测试图片和样本数据
color	颜色空间变换
filters	图像增强、边缘检测、排序滤波器、自动阈值等
draw	操作于 numpy 数组上的基本图形绘制，包括线条、矩形、圆和文本等
transform	几何变换或其他变换，如旋转、拉伸和拉东变换等
morphology	形态学操作，如开闭运算、骨架提取等
exposure	图片强度调整，如亮度调整、直方图均衡等
feature	特征检测与提取等
measure	图像属性的测量，如相似性或等高线等
segmentation	图像分割
restoration	图像恢复
util	通用函数

filter.rank 滤波器是使用局部灰度排序来计算过滤值的非线性滤波器。这组滤波器共享一个共同的基础：局部灰度直方图是在一个像素的邻域上计算的（由一个 2D 结构元素定义）。如果将滤波后的值作为直方图的中间值，就得到了经典的中值滤波器。Rank 滤波器

可以用于多种目的，例如：

（1）图像质量增强：如图像平滑、锐化。

（2）图像预处理：如降噪、对比度增强等。

（3）特征提取：如边界检测、孤立点检测。

（4）图像后处理：如小物体去除、物体分组、轮廓平滑。

实验步骤

首先导入相关模块：

```
from skimage.filters.rank import mean, median
from skimage.morphology import disk
import numpy as np
import matplotlib.pyplot as plt
from skimage.util import img_as_ubyte
```

使用均值滤波对加入噪音的图像进行滤波，生成带噪声的 camera-man 图像，噪声类型为椒盐噪声，具体实现如下：

```
noisy_image = img_as_ubyte (data.camera())
noise = np.random.random (noisy_image.shape)
noisy_image [noise > 0.99] = 255
noisy_image [noise < 0.01] = 0
loc_mean = mean (noisy_image, disk(10))
fig, ax = plt.subplots (ncols = 2, figsize = (10, 5), sharex = True, sharey = True)
ax[0].imshow (noisy_image, vmin = 0, vmax = 255, cmap = plt. cm.gray)
ax[0].set_title ('Original')
ax[1].imshow (loc_mean, vmin = 0, vmax = 255, cmap = plt.cm.gray)
ax[1].set_title ('Local mean $r = 10$')
for a in ax:
    a.axis ('off')
plt.tight_layout()
```

使用均值滤波进行滤波，得出结果不是特别好，在模糊噪音的同时也模糊了图像的细节。图 6.7 所示为原始图片和均值滤波处理后图片对比。

图 6.7　运行结果

6.3 图像中值滤波实验

实验目的

(1) 了解图像中值滤波的基本概念。
(2) 掌握图像中值滤波的基本操作方法。

实验环境

Python 3.8、Anaconda、PyCharm、TensorFlow、skimage。

实验原理

在一连串数字{1，4，6，8，9}中，数字6就是这串数字的中值。由此可以应用到图像处理中。设一个一维序列 f1，f2，…，fn，取窗口长度 m（m 为奇数），对其进行中值滤波，就是从输入序列中相继取出 m 个数，在将这 m 个数进行大小排序，取其序号为中心点的那个数作为滤波输出。

中值滤波是一种基于统计排序的非线性滤波器。中值滤波能有效抑制噪声的非线性噪声如椒盐噪声，平滑其他非脉冲噪声，减少物体边界细化或粗化的失真。椒盐噪声也称脉冲噪声，是一种随机出现的白点或者黑点；可能是亮的区域有黑色像素或是在暗的区域有白色像素（或是两者皆有）。椒盐噪声的成因可能是影像讯号受到突如其来的强烈干扰而产生。与线性滤波器均值滤波相比，均值无法消除椒盐噪声，中值滤波却可以轻松去除。中值滤波容易断开图像中的缝隙，如字符缝隙。均值滤波可以连通图像中的缝隙。

中值滤波原理如图 6.8 所示。

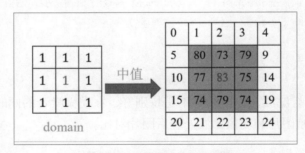

图 6.8 中值滤波原理

中值滤波计算方法为：滤波输出像素点 g(x, y) = 滤波模板 domain 定义的排列集合的中值。使用中值滤波时需要注意以下几点：

(1) 滤波模板 domain 的中心与像素点 f(s, y) 重合。
(2) 滤波器模板 domain 为 0/1 矩阵，与 domain 中元素 1 对应的像素参与排序。
(3) 对参与排序的像素点进行升序排序，g(x,y) = 排序集合的中值。

通过中值滤波去除信号当中的异常点、噪声点、干扰点；在信号采集中往往会出现于平均值相差很大的点；中值滤波法就是用一个奇数点的移动窗口，将窗口中心点的值用窗口内各点的中值代替。假设窗口内有 5 个点，200、80、90、110 和 120，那么此窗口内各点中值即为 110。平均滤波为 120。二维中值滤波的窗口形状和尺寸对滤波效果影响较大，不同的图像内容和不同的应用要求，往往采取不同窗口形状和尺寸；窗口的大小对输出值影响很大，一般是先从窗口小的，然后到窗口大的，直到达到自己想要的结果。窗口相当于模板，但是不进行卷积运算；窗口照到图像上后，然后排序。

中值滤波的常用窗口如图 6.9 所示。

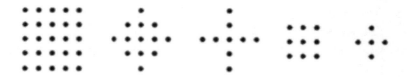

图 6.9 中值滤波窗口

均值滤波和中值滤波对比如下：

均值滤波和中值滤波都可以起到平滑图像，去除噪声的功能。

均值滤波采用线性的方法，平均整个窗口范围内的像素值，均值滤波本身存在着固有的缺陷，即它不能很好地保护图像细节，在图像去噪的同时也破坏了图像的细节部分，从而使图像变得模糊，不能很好地去除噪声点。均值滤波对高斯噪声表现较好，对椒盐噪声表现较差。

中值滤波采用非线性的方法，它在平滑脉冲噪声方面非常有效，同时它可以保护图像尖锐的边缘，选择适当的点来替代污染点的值，所以处理效果好，对椒盐噪声表现较好，对高斯噪声表现较差。中值滤波能高效滤除椒盐噪声，如椒盐白噪声、椒盐黑噪声和其他脉冲噪声，如类似老式电视雪花噪点，但同时也容易丢失图像边缘信息，造成图像缝隙，如 OCR 中断开单字符连通，当使用较大核滤波时容易误将真实边界当作噪声去除。

实验步骤

上一小节使用均值滤波对加入噪音的图像进行滤波，这一小节使用中值滤波对加入噪音的图像进行滤波。

首先导入相关模块：

```
from skimage.filters.rank import mean, median
from skimage.morphology import disk
import numpy as np
import matplotlib.pyplot as plt
from skimage.util import img_as_ubyte
# 生成带噪声的 camera-man 图像，噪声类型为椒盐噪声
noisy_image = img_as_ubyte (data.camera())
noise = np.random.random (noisy_image.shape)
```

```
noisy_image [noise > 0.99] = 255
noisy_image [noise < 0.01] = 0
# 使用不同窗口大小，对加入造影的图像进行中值滤波
fig, axes = plt.subplots(2, 2, figsize=(10, 10), sharex=True, sharey=True)
ax = axes.ravel()
ax[0].imshow(noisy_image, vmin=0, vmax=255, cmap=plt.cm.gray)
ax[0].set_title('Noisy image')
ax[1].imshow(median(noisy_image, disk(1)), vmin=0, vmax=255, cmap=plt.cm.gray)
ax[1].set_title('Median $r=1$')
ax[2].imshow(median(noisy_image, disk(5)), vmin=0, vmax=255, cmap=plt.cm.gray)
ax[2].set_title('Median $r=5$')
ax[3].imshow(median(noisy_image, disk(20)), vmin=0, vmax=255, cmap=plt.cm.gray)
ax[3].set_title('Median $r=20$')
for a in ax:
    a.axis('off')
plt.tight_layout()
```

图 6.10 为原始图片和中值滤波使用不同窗口处理后图片对比。

（a）Noisy image　　（b）Medianr =1

（c）Medianr =5　　（d）Medianr =20

图 6.10　运行结果

通过实验结果可以看到，中值滤波对椒盐噪声处理较好，尤其是 r=1 的情形，在模糊噪音的同时保持了图像的细节。

6.4 图像分割实验

实验目的

(1) 了解图像分割的概念和基本方法。
(2) 通过实验理解 K 均值聚类算法，实现在人工数据集上的聚类。
(3) 使用 K 均值聚类算法实现单幅图像的图像分割。

实验环境

Python 3.8、Anaconda、PyCharm、TensorFlow、skimage。

实验原理

1. 图像分割基本概念

图像分割是图像理解领域关注的一个热点，是图像分析的第一步，是计算机视觉的基础。所谓图像分割是指根据灰度、彩色、空间纹理、几何形状等特征把图像划分成若干个互不相交的区域，使得这些特征在同一区域内表现出一致性或相似性，而在不同区域间表现出明显的不同。简单地说就是在一副图像中，把目标从背景中分离出来。对于灰度图像来说，区域内部的像素一般具有灰度相似性，而在区域的边界上一般具有灰度不连续性。现有的图像分割方法主要分以下几类：基于阈值的分割方法、基于区域的分割方法、基于边缘的分割方法以及基于特定理论的分割方法等。

阈值法的基本思想是基于图像的灰度特征来计算一个或多个灰度阈值，并将图像中每个像素的灰度值与阈值做比较，最后将像素根据比较结果分到合适的类别中。因此，该方法最为关键的一步就是按照某个准则函数来求解最佳灰度阈值。阈值法特别适用于目标和背景占据不同灰度级范围的图。图像若只有目标和背景两大类，那么只需要选取一个阈值进行分割，此方法称为单阈值分割；但是如果图像中有多个目标需要提取，单一阈值的分割就会出现作物，在这种情况下就需要选取多个阈值将每个目标分隔开，这种分割方法相应的称为多阈值分割。阈值分割方法的优点为计算简单，效率较高；缺点为只考虑像素点灰度值本身的特征，一般不考虑空间特征，因此对噪声比较敏感，鲁棒性不高。

区域生长和分裂合并法是两种典型的区域分割方法，其分割过程后续步骤的处理要根据前面步骤的结果进行判断而确定。区域生长的基本思想是将具有相似性质的像素集合起来构成区域。具体先对每个需要分割的区域找一个种子像素作为生长的起点，然后将种子像素周围邻域中与种子像素有相同或相似性质的像素(根据某种事先确定的生长或相似准则来判定)合并到种子像素所在的区域中。将这些新像素当作新的种子像素继续进行上面的过程，直到再没有满足条件的像素可被包括进来。区域生长法的优点是计算简单，对于较均匀的连通目标有较好的分割效果。它的缺点是需要人为确定种子点，对噪声敏感，可能导致区域内有空洞。另外，它是一种串行算法，当目标较大时，分割速度较慢，因此在设计算法时，要尽量提高效率。

分裂合并差不多是区域生长的逆过程：从整个图像出发，不断分裂得到各个子区域，然后再把前景区域合并，实现目标提取。分裂合并的假设是对于一幅图像，前景区域由一些相互连通的像素组成的，因此，如果把一幅图像分裂到像素级，那么就可以判定该像素是否为前景像素。当所有像素点或者子区域完成判断以后，把前景区域或者像素合并就可得到前景目标。分裂合并法的关键是分裂合并准则的设计。这种方法对复杂图像的分割效果较好，但算法较复杂，计算量大，分裂还可能破坏区域的边界。

通过区域的边缘来实现图像的分割是图像分割中常见的一种算法。由于不同区域中通常具有结构突变或者不连续的地方，这些地方往往能够为图像分割提供有效的依据。这些不连续或者结构突变的地方称为边缘。图像中不同区域通常具有明显的边缘，利用边缘信息能够很好地实现对不同区域的分割。基于边缘的图像分割算法最重要的是边缘的检测，图像的边缘通常是图像颜色、灰度性质不连续的位置。对于图像边缘的检测，通常使用边缘检测算子计算得出，常用的图像边缘检测算子有：Laplace 算子、Sobel 算子、Canny 算子等。

随着各学科许多新理论和新方法的提出，出现了许多与一些特定理论、方法相结合的图像分割方法。特征空间聚类法进行图像分割是将图像空间中的像素用对应的特征空间点表示，根据它们在特征空间的聚集对特征空间进行分割，然后将它们映射回原图像空间，得到分割结果。其中，K 均值、模糊 C 均值聚类（FCM）算法是最常用的聚类算法。K 均值算法先选 K 个初始类均值，然后将每个像素归入均值离它最近的类并计算新的类均值。迭代执行前面的步骤直到新旧类均值之差小于某一阈值。模糊 C 均值算法是在模糊数学基础上对 K 均值算法的推广，是通过最优化一个模糊目标函数实现聚类，它不像 K 均值聚类那样认为每个点只能属于某一类，而是赋予每个点一个对各类的隶属度，用隶属度更好地描述边缘像素亦此亦彼的特点，适合处理事物内在的不确定性。利用模糊 C 均值（FCM）非监督模糊聚类标定的特点进行图像分割，可以减少人为的干预，且较适合图像中存在不确定性和模糊性的特点。

2. 基于聚类的图像分割

K-means 是一种将输入数据划分成 k 个簇的聚类算法，K-means 反复更新类中心，步骤如下：

（1）以随机或猜测的方式初始化类中心 u_i，$i=1\cdots k$；
（2）将每个数据点归并到离它距离最近的类中心所属的类 c_i；
（3）对所有属于该类的数据点求均值，将均值作为新的聚类中心；
（4）重复步骤（2）和步骤（3）直到收敛或着达到最大迭代次数。

K-means 试图使类内总方差 E 最小：

$$E = \sum_{i=1}^{k} \sum_{x_j \in c_i} (x_j - u_i)^2$$

x_j 是输入数据，并且是矢量。该算法是启发式算法，在很多情形下都适用，但是并不能保证得到最优的结果。为了避免初始化类中心时没选取好类中心初值所造成的影响，该算法通常会初始化不同的类中心进行多次运算，然后选择方差 E 最小的结果。

K-means 算法最大的缺陷是必须预先设定聚类数 k，如果选择不恰当则会导致聚类出来的结果很差。其优点是容易实现，可以并行计算，并且对于很多别的问题不需要任何调整就能够直接使用。

本节实验采用 K 均值算法实现人工数据集上的聚类和单幅图像上的分割。

实验步骤

实验分成两个部分，第一部分使用 K 均值聚类算法，实现在人工数据集上的聚类；第二部分使用 K 均值聚类算法实现单幅图像的图像分割。

1. 聚类实现

scipy.cluster 是 scipy 下一个聚类包，共包含了两类聚类方法。

（1）矢量量化（scipy.cluster.vq）：支持 vector quantization 和 k-means 聚类方法。

（2）层次聚类（scipy.cluster.hierarchy）：支持 hierarchical clustering 和 agglomerative clustering（凝聚聚类）。

```
# 导入相关模块
from scipy.cluster.vq import *
import numpy as np
# 构建数据集
class1 = 1.5 * np.random.randn (100, 2)
class2 = np.random.randn (100, 2) + np.array ([5, 5])
features = np.vstack ((class1,class2))
# 使用 K-means 对 features 进行聚类，K = 2
# 使用 vq 得到 features 的聚类簇，code = 0 为一类，code = 1 为另一类
centroids, variance = kmeans (features, 2)
code, distance = vq (features, centroids)
# 对聚类结果进行展示
import matplotlib.pyplot as plt
% matplotlib inline
plt.figure ()
ndx = np.where (code == 0) [0]
plt.plot (features [ndx, 0], features [ndx, 1], '*')
ndx = np.where (code == 1) [0]
plt.plot (features [ndx, 0], features [ndx, 1], 'r.')
plt.plot (centroids [ : , 0], centroids [ : , 1], 'go')
plt.axis ('off')
plt.show ()
# %matplotlib inline 的作用为了图像能够正常显示
```

运行结果如图 6.11 所示。

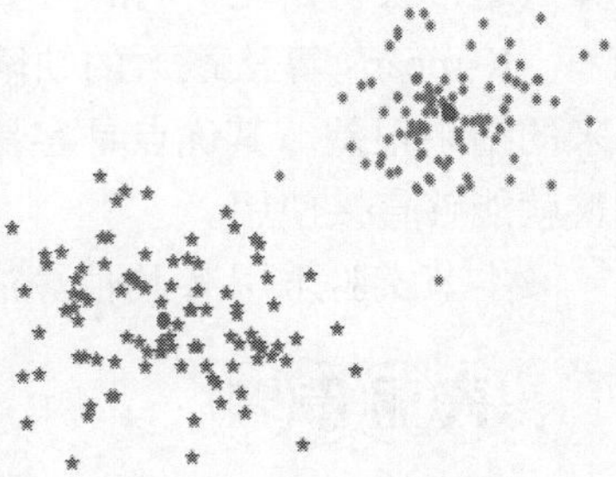

2. 基于聚类的图像分割

接下来演示 K 均值聚类算法在单幅图像上实现图像分割。

图 6.11 聚类效果

```python
# 导入相关模块
from skimage.transform import resize as imresize
from pylab import *
from PIL import Image
# 添加中文字体支持，设置 steps, 读取单幅图像 empire.jpg
from matplotlib.font_manager import FontProperties
font = FontProperties (fname = r"c: \ windows \ fonts \ SimSun.ttc", size = 14)
# 图像被划分为 steps*steps 区域
steps = 50
infile = 'empire.jpg'
im = array (Image.open (infile))
dx = int (im.shape [0] / steps)
dy = int (im.shape [1] / steps)
# 计算每个区域的颜色特征
features = []
for x in range (steps):
    for y in range (steps):
        R = mean (im [x * dx : (x + 1) * dx, y * dy : (y + 1) * dy, 0])
        G = mean (im [x * dx : (x + 1) * dx, y * dy : (y + 1) * dy, 1])
        B = mean (im [x * dx : (x + 1) * dx, y * dy : (y + 1) * dy, 2])
        features.append ([R, G, B])
features = array (features, 'f')
# K 均值聚类
centroids, variance = kmeans (features, 3)
code, distance = vq (features, centroids)
# 创建带有聚类标签的图像
codeim = code.reshape (steps, steps)
# 对分割前和分割后的图像进行显示
figure ()
ax1 = subplot (121)
title (u '原图', fontproperties = font)
axis ('off')
imshow (im)
ax2 = subplot (122)
title (u '聚类后的图像', fontproperties = font)
axis ('off')
imshow (codeim)
show ()
```

运行结果如图 6.12 所示。

图 6.12　实验效果

6.5　仿射变换实验

实验目的

（1）了解图像几何变换的基本概念。
（2）了解几种常用的图像几何变换。
（3）掌握仿射变换的实现方法。

实验环境

Python 3.8、Anaconda、PyCharm、TensorFlow、skimage。

实验原理

1. 几何变换基本概念

图像几何变换又称为图像空间变换，它将一幅图像中的坐标位置映射到另一幅图像中的新坐标位置。几何变换的关键就是要确定这种空间映射关系，以及映射过程中的变换参数。几何变换不改变图像的像素值，只是在图像平面上进行像素的重新安排。一个几何变换需要两部分运算：首先是空间变换所需的运算，如平移、旋转和镜像等，需要用它来表示输出图像与输入图像之间的像素映射关系；此外，还需要使用灰度插值算法，因为按照这种变换关系进行计算，输出图像的像素可能被映射到输入图像的非整数坐标上。

对于第一种计算，只要给出原图像上的任意像素坐标，都能通过对应的映射关系获得到该像素在变换后图像的坐标位置。将这种输入图像坐标映射到输出的过程称为"向前映射"。反过来，知道任意变换后图像上的像素坐标，计算其在原图像的像素坐标，将输出图像映射到输入的过程称为"向后映射"。但是，在使用向前映射处理几何变换时却有一些不足，通常会产生两个问题：映射不完全，映射重叠。

2. 图像平移

平移是二维上的操作，是指将一个点或一整块像素区域沿着 X、Y 方向移动指定单位，如沿点 $A(x,y)$ 移动 (t_x, t_y) 个单位得到点 $B(x+t_x, y+t_y)$，可以使用如图 6.13 矩阵构建表示。

平移示例如图 6.14 所示，使用如下代码来构建平移描述矩阵。

$$M = \begin{bmatrix} 1 & 0 & t_x \\ 0 & 1 & t_y \end{bmatrix}$$

图 6.13　平移描述矩阵

```
# X 轴移动 100 个像素单位，Y 轴移动 50 个像素单位
M = np.float32 ([[1,0,100], [0,1,50]])
```

3. 图像缩放

图像缩放是指将一副图像放大或缩小得到新图像。对一张图像进行缩放操作，可以按照比例缩放，亦可指定图像宽高进行缩放。放大图像实际上是对图像矩阵进行拓展，而缩小实际上是对图像矩阵进行压缩。放大图像会增大图像文件大小，缩小图像会减小文件体积，如图 6.15 所示。

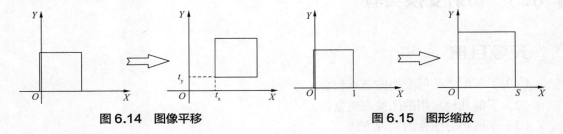

图 6.14　图像平移　　　　　　　　图 6.15　图形缩放

4. 图像旋转

旋转是二维上的操作，是指将一块区域的像素，以指定的中心点坐标，按照逆时针方向旋转指定角度得到旋转后的图像。

使用旋转时需要预先构建一个旋转描述矩阵，指定旋转中心点，需要旋转的角度（单位为度），如图 6.16 所示。

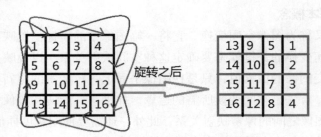

图 6.16　图像旋转示意图

5. 仿射变换

仿射变换，又称仿射映射，是指在几何中，一个向量空间进行一次线性变换并接上一个平移，变换为另一个向量空间。

仿射变换需要满足两点条件：变换前是直线，变换后还是直线，直线的比例保持不变。从以上条件可以发现，仿射变换和线性变换相比少了一个原点不变的条件，所以仿射变换

相当于线性变换加平移，如图 6.17 所示。

6. 透视变换

透视变换本质是将图像投影到一个新的视平面，仿射变换可理解为透视变换的一种特殊形式。

仿射变换 (affine transform) 与透视变换 (perspective transform) 在图像还原、图像局部变化处理方面有重要意义。仿射变换是 2D 平面变换，透视变换时 3D 空间变换。仿射变换需要事先知道原图中三个顶点坐标，而透视变换需要事先知道原图中四点坐标（任意三点不共线）。

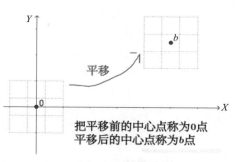

图 6.17 仿射变换示意图

实验步骤

（1）仿射变换的变换矩阵定义为以下公式，H 矩阵最后一排 $h_7 = h_8 = 0$，$h_9 = 1$，且权重 $w = 1$。c 和 f 表示 x 和 y 的平移量。

$$\begin{bmatrix} x' \\ y' \\ 1 \end{bmatrix} = \begin{bmatrix} a & b & c \\ d & e & f \\ 0 & 0 & 1 \end{bmatrix} \begin{bmatrix} x \\ y \\ 1 \end{bmatrix}$$

（2）计算仿射矩阵 H：其中 tp 是变换后的坐标，fp 是变换前的坐标，通过计算 H，使得 tp 是 fp 通过仿射变换矩阵 H 得到的，然后返回 H。

```
def Haffine_from_points(fp, tp):
    # 计算 H 仿射变换，使得 tp 是 fp 经过仿射变换 H 得到的
    if fp.shape != tp.shape:
        raise RuntimeError ('number of points do not match')
    # 对点进行归一化
    # 映射起始点
    m = mean (fp [ : 2], axis = 1)
    maxstd = max (std (fp [ : 2], axis = 1)) + 1e - 9
    C1 = diag ([1 / maxstd, 1 / maxstd, 1])
    C1[0][2] = -m[0] / maxstd
    C1[1][2] = -m[1] / maxstd
    fp_cond = dot (C1, fp)
    # 映射对应点
    m = mean (tp [ : 2], axis = 1)
    C2 = C1.copy()                          # 两个点集，必须都进行相同的缩放
    C2[0][2] = -m[0] / maxstd
    C2[1][2] = -m[1] / maxstd
    tp_cond = dot(C2, tp)
    # 因为归一化后点的均值为 0，所以平移量为 0
    A = concatenate ((fp_cond [ : 2], tp_cond [ : 2]), axis = 0)
```

```
U, S, V = linalg.svd (A.T)
# 创建矩阵 B 和 C
tmp = V [ : 2].T
B = tmp [ : 2]
C = tmp [2 : 4]
tmp2 = concatenate ((dot (C, linalg.pinv (B)), zeros((2, 1))), axis = 1)
H = vstack ((tmp2, [0, 0, 1]))
# 反归一化
H = dot (linalg.inv (C2), dot (H, C1))
return H / H [2, 2]
```

6.6 三角形仿射实验

实验目的

掌握三角形仿射变换的实现方法。

实验环境

Python 3.8、Anaconda、PyCharm、TensorFlow、skimage。

实验原理

为什么需要三角形仿射？举例说明：如果不使用三角形仿射，把中山纪念馆贴到一张公告牌上，那么会出现贴不满的情况。如果使用三角形仿射，将中山纪念馆图像从左上角到右下角分割成两个三角形，然后先将左下角的三角形先贴到公告牌上，再将右上角的三角形贴到公告牌上，这样就能够使得公告牌被贴满。

从图 6.18 可以看出图像从左上角到右下角被分割成了两块三角形，由于坐标设置不好，使两个三角形拼接后发生了位置偏差的问题。

图 6.18　分段仿射扭曲

若将一张图像分成若干个三角形，可以实现角点的精确匹配，分的三角形越多，匹配越精确。

实验步骤

（1）首先需要三角剖分的函数 triangulate_points()，获得三角形，将其加入 warp.py 文件中。

```
# 三角剖分函数
def triangulate_points (x, y):
    # 二维点的 Delaunay 三角剖分
    tri = Delaunay (np.c_ [x, y]).simplices
    return tri
```

（2）通过得到的三角形对图像进行扭曲拼接，该函数为 pw_affine()，将其放入 warp.py 文件中。

```
def pw_affine (fromim, toim, fp, tp, tri):
    """ 从一幅图像中扭曲矩形图像块
    fromim = 将要扭曲的图像
    toim = 目标图像
    fp = 齐次坐标表示下，扭曲前的点
    tp = 齐次坐标表示下，扭曲后的点
    tri = 三角剖分 """
    im = toim.copy()
    # 检查图像是灰度图像还是彩色图象
    is_color = len (fromim.shape) == 3
    # 创建扭曲后的图像（如果需要对彩色图像的每个颜色通道进行迭代操作，则有必要这样做）
    im_t = zeros (im.shape, 'u8')
    for t in tri:
        # 计算仿射变换
        H = homography.Haffine_from_points (tp[ : , t], fp[ : , t])
        if is_color:
            for col in range (fromim.shape [2]):
                im_t [ : , : , col] = ndimage.affine_transform(
    fromim [ : , : , col], H [ : 2, : 2], (H [0, 2], H [1, 2]), im.shape [ : 2])
                # im1_t = ndimage.affine_transform (im1, H [ : 2, : 2],
                # (H [0, 2], H [1, 2]), im2.shape[:2])
        else:
            im_t = ndimage.affine_transform (fromim, H [ : 2, : 2], (H [0, 2], H [1, 2]), im.shape [ : 2])
        # 三角形的 alpha
        alpha = alpha_for_triangle (tp [ : , t], im.shape [0], im.shape [1])
        # 将三角形加入到图像中
        im [alpha > 0] = im_t [alpha > 0]
    return im
```

（3）然后在拼接后的图片中绘制三角形的函数 plot_mesh，将其放入 warp.py 文件中。

```
def plot_mesh (x, y, tri):
    # 绘制三角形
    for t in tri:
```

```
            t_ext = [t[0], t[1], t[2], t[0]]
            plot (x [t_ext], y [t_ext], 'r')
```

（4）主程序调用以上函数。

```
from numpy import *
from matplotlib.pyplot import *
from PIL import Image
import warp
# 打开图像，并将其扭曲
fromim = array (Image.open ('img / jmu12.jpg').convert ('L'))
x, y = meshgrid (range (5), range (6))
x = (fromim.shape[1] / 4) * x.flatten()
y = (fromim.shape[0] / 5) * y.flatten()
# 三角剖分
tri = warp.triangulate_points (x, y)
# 打开图像和目标点
im = array (Image.open ('img / announce.jpg').convert ('L'))
tp = loadtxt ('turningtorso1_points.txt')
# 将点转换成齐次坐标
fp = vstack ((y, x, ones ((1, len(x)))))
tp = vstack ((tp [ : , 1], tp [ : , 0], ones ((1, len(tp)))))
# 扭曲三角形
im = warp.pw_affine (fromim, im, fp, tp, tri)
# 绘制图像
figure()
gray()
imshow(im)
warp.plot_mesh (tp [1], tp [0], tri)
axis('off')
show()
```

按上述框架对图片处理，运行结果如图 6.19 所示。

图 6.19　运行结果

通过上面的结果可以看到，多个三角形的拼接精确度比两个三角形的精确度要高，拼接后发生错位的地方看起来效果改善许多。

运行结果中右图的所有目标点需要通过 ginput() 函数手动选取，然后将这些点写到

turningtorso1_points.txt 文件中，至少选择 30 个点（因为 triangulate_points 函数得到的三角形的点最大下标是 29），手动选取这些点的时候，需要从左向右、从上到下的顺序进行采点，顺序不能错误，否则拼接出来的三角形就会发生很大的错位。同时选取的目标点不能随意乱点，需要按照上面的运行结果那样有规律、整齐的选取，如果随意乱取目标点，也会造成图片错位混乱。

6.7 基于 Hopfield 神经网络的图片识别

实验目的

（1）掌握离散型 Hopfield 神经网络的原理和网络结构。
（2）掌握 Hopfield 神经网络对图片处理的应用和优化。

实验环境

Python 3.8、Anaconda、PyCharm、TensorFlow。

实验原理

Hopfield 神经网络（Hopfiled Neural Network，HNN) 是一种递归神经网络，从输出到输入均有反馈连接，每一个神经元跟所有其他神经元相互连接，又称为全互联网络。Hopfield 神经网络是一种结合存储系统和二元系统的神经网络，它保证了向局部极小值收敛，但收敛到错误的局部极小值（local minimum），而非全局极小值（global minimum）的情况也可能发生。Hopfield 神经网络提供了模拟人类记忆的模型，是反馈神经网络。其输出端又会反馈到其输入端，在输入的激励下，其输出会产生不断的状态变化，这个反馈过程会一直反复进行。假如 Hopfield 神经网络是一个收敛的稳定网络，则这个反馈与迭代的计算过程所产生的变化越来越小，一旦达到了稳定的平衡状态，Hopfield 网络就会输出一个稳定的恒值。

Hopfield 神经网络分为离散型和连续型两种网络模型，分别记为 DHNN（Discrete Hopfield Neural Network）和 CHNN（Continues Hopfield Neural Network），这里主要讨论离散型网络模型，下面默认都是离散型的。因为 Hopfield 最早提出的网络是二值神经网络，各神经元的激励函数为阶跃函数或双极值函数,神经元的输入、输出只取 {0,1} 或者 {-1,1}，所以也称为离散型 Hopfield 神经网络 DHNN。离散 Hopfield 神经网络 DHNN 是一个单层网络，有 n 个神经元结点，每个神经元的输出均接到其他神经元的输入。各结点没有自反馈。每个结点都可处于一种可能的状态（1 或 -1），即当该神经元所受的刺激超过其阈值时，神经元就处于一种状态（比如 1），否则神经元就始终处于另一状态（比如 -1）。

DHNN 联想记忆功能：DHNN 的一个重要功能是可以用于联想记忆，即联想存储器，这是人类的智能特点之一。要实现联想记忆，DHNN 必须具有两个基本条件：

（1）网络能收敛到稳定的平衡状态，并以其作为样本的记忆信息。
（2）具有回忆能力，能够从某一残缺的信息回忆起所属的完整的记忆信息。

DHNN 实现联想记忆过程分为两个阶段：

（1）学习记忆阶段：设计者通过某一设计方法确定一组合适的权值，使 DHNN 记忆期望的稳定平衡点。

（2）联想回忆阶段：DHNN 的工作过程。

记忆是分布式的，而联想是动态的。对于 DHNN，由于网络状态是有限的，不可能出现混沌状态。

DHNN 的局限性：

（1）记忆容量的有限性。

（2）伪稳定点的联想与记忆。

（3）当记忆样本较接近时，网络不能始终回忆出正确的记忆等。

（4）DHNN 平衡稳定点不可以任意设置，也没有一个通用的方式来事先知道平衡稳定点。

实验步骤

通过 Hopfield 神经网络存储一张二值图片，根据某个阈值色度可将每一张图片导出为二进制图片。利用输入的训练图片，获得权重矩阵，或者耦合系数矩阵之后，将该记忆矩阵保存。对图片进行加噪，将图片矩阵化，得到二值矩阵。然后进行迭代，当测试图片迭代至稳态或者亚稳态，此时的状态即可认为网络已回忆起原始图片。

具体操作实现如下：

```python
# 导入库、包
import numpy as np
import random
from PIL import Image
import os
import re
import matplotlib.pyplot as plt
from IPython.core.interactiveshell import InteractiveShell
InteractiveShell.ast_node_interactivity = "all"
# 将 jpg 格式或者 jpeg 格式的图片转换为二值矩阵。生成 x 全零矩阵，从而将 imgArray 中的色
# 度值分类，获得最终的二值矩阵
def readImg2array (file, size, threshold = 145):
    # file 是 jpg 或 jpeg 图片，size 是 1 * 2 的向量
    pilIN = Image.open (file).convert (mode = "L")
    pilIN = pilIN.resize (size)
    # pilIN.thumbnail (size,Image.ANTIALIAS)
    imgArray = np.asarray (pilIN,dtype = np.uint8)
    x = np.zeros (imgArray.shape,dtype = np.float)
    x [imgArray > threshold] = 1
    x [x == 0] = -1
```

```python
    return x
# 逆变换
def array2img (data, outFile = None):
    # 数据是1 或 -1 矩阵
    y = np.zeros (data.shape,dtype = np.uint8)
    y [data == 1] = 255
    y [data == -1] = 0
    img = Image.fromarray (y,mode = "L")
    if outFile is not None:
        img.save (outFile)
    return img
# 利用x.shape得到矩阵x的每一维个数,从而得到m个元素的全零向量。将x按i \ j顺序赋
值给向量tmp1得到从矩阵转换的向量
def mat2vec (x):
    # x是一个矩阵
    m = x.shape [0] * x.shape [1]
    tmp1 = np.zeros (m)
    c = 0
    for i in range (x.shape [0]):
        for j in range (x.shape [1]):
            tmp1 [c] = x [i,j]
            c += 1
return tmp1
```

创建权重矩阵根据权重矩阵的对称特性,可以很好地减少计算量。

输入test picture之后对神经元随机升级,利用异步更新,获取更新后的神经元向量以及系统能量。

```python
# 随机更新
def update_asynch (weight, vector, theta = 0.5, times = 100):
    energy_ = []
    times_ = []
    energy_.append (energy (weight,vector))
    times_.append (0)
    for i in range (times):
        length = len (vector)
        update_num = random.randint (0, length - 1)
        next_time_value = np.dot (weight [update_num] [ : ], vector) - theta
        if next_time_value >= 0:
            vector [update_num] = 1
        if next_time_value < 0:
            vector [update_num] = -1
        times_.append (i)
        energy_.append (energy (weight, vector))
```

```
        return (vector, times_,energy_)
# 为了更好地看到迭代对系统的影响，按照定义计算每一次迭代后的系统能量，最后画出 E 的图像，
便可验证
def energy (weight, x, bias = 0):
# 权重为 m * m 的权重矩阵, x: 1 * m 数据向量
    energy = - x.dot (weight).dot (x.T) + sum (bias * x)
    return energy
```

调用前文定义的函数把主函数表达清楚，可以调整 size 和 threshold 获得更好的输入效果，为了增加泛化能力，正则化之后打开训练图片，并且通过该程序获取权重矩阵，然后测试图片。

利用对测试图片的矩阵（神经元状态矩阵）进行更新迭代，直到满足定义的迭代次数。最后将迭代末尾的矩阵转换为二值图片输出。

```
# plt.show()
    oshape = matrix_test.shape
    aa = update_asynch (weight = w_, vector = vector_test, theta = 0.5, times = 8000)
    vector_test_update = aa [0]
    matrix_test_update = vector_test_update.reshape (oshape)
    # matrix_test_update.shape
    # print (matrix_test_update)
    plt.subplot (222)
    plt.imshow (array2img (matrix_test_update))
    plt.title ("recall" + str (num))
    # plt.show()
    plt.subplot (212)
    plt.plot (aa [1], aa [2])
    plt.ylabel ("energy")
    plt.xlabel ("update times")
    plt.show ()
```

6.8 基于支持向量机的人脸识别

实验目的

（1）理解支持向量机的原理。
（2）掌握 scikit-learn 操作支持向量机的方法。
（3）实现基于支持向量机的人脸识别方法。

实验环境

Python 3.8、Anaconda、PyCharm、TensorFlow。

实验原理

支持向量机（Support Vector Machine, SVM）是一类按监督学习（supervised learning）方式对数据进行二元分类（binary classification）的广义线性分类器，通常用来进行模式识别、分类以及回归分析，通过寻求结构化风险最小来提高学习机泛化能力，实现经验风险和置信范围的最小化，从而达到在统计样本量较少的情况下，亦能获得良好统计规律的目的。

利用 sklearn 中的 SVM 支持向量机对 fetch_lfw_people 数据进行人脸识别，并将预测结果可视化。该任务称为面部识别，即给定面部图片，找到给定训练集（图库）的人的姓名。每张照片都以一张脸为中心。每个通道的每个像素（RGB 中的颜色）由范围为 0.0~1.0 的浮点编码。实验采用的数据集是在互联网上收集的著名人物图片的集合，图片格式为 JPEG。图片可在网站上自行搜索。

实验步骤

1. 数据准备

为了方便实验，将下载的数据文件放在"~/data"目录下，把该目录下的四个文件"pairs.txt""pairsDevTest.txt""pairsDevTrain.txt""lfw-funneled.tgz"复制到"/root/scikit_learn_data/fw_home"目录下。举例第一个数据文件：

```
cp ~/data/ pairs.txt   /root/scikit_learn_data/fw_home/pairs.txt
```

（1）导入数据。

```
import numpy as np
import matplotlib.pyplot as plt
import seaborn as sns;sns.set()
from matplotlib.font_manager import FontProperties
# 导入fetch_lfw_people
from sklearn.datasets import fetch_lfw_people
# fetch_lfw_people函数加载人脸识别数据集，返回data, images, target, target_names，
分别对应向量化的人脸数据，人脸，人脸对应的人名编号，人名。参数min_faces_per_person：提取的数
据集将只保留至少具有min_faces_per_person个不同人的图片。
faces = fetch_lfw_people (min_faces_per_person = 60)
# 输出人名
print (faces.target_names)
# 输出人脸数据结构
print (faces.images.shape)
```

（2）绘制图形。

```
# 使用subplots画图
fig,ax = plt.subplots(3,5)
# 在每一行上绘制子图
for i,axi in enumerate(ax.flat):
```

```
        axi.imshow (faces.images[i],cmap = «bone»)
        axi.set (xticks = [], yticks = [],
             xlabel = faces.target_names [faces.target[i]])
plt.show()
```

使用 subplot 函数返回两项内容：一个是 matplotlib.figure.Figure，也就是 fig；另一个是 Axes object or array of Axes objects，也就是代码中的 ax。可以把 f 理解为大图，ax 理解为包含很多小图的数组，下面实验用 ax[0][0] 表示 ax 中取出实际要画图的小图对象。

2. 数据划分

训练集和测试集划分过程如下，划分结果如图 6.20 所示。

```
from sklearn.model_selection import train_test_split
Xtrain, Xtest, ytrain, ytest = train_test_split (faces.data, faces.target, random_state = 42)
Xtrain
```

```
Out[10]: array([[ 66.       , 52.333332, 34.666668, ..., 222.33333 , 207.33333 ,
                  94.333336],
                [ 47.666668, 48.333332, 47.       , ..., 139.33333 , 160.      ,
                 176.      ],
                [ 90.333336, 93.       , 99.333336, ..., 238.33333 , 241.33333 ,
                 243.      ],
                ...,
                [ 76.666664, 97.       , 118.666664, ..., 50.       , 51.      ,
                  51.333332],
                [ 65.333336, 74.666664, 94.666664, ..., 156.      , 170.33333 ,
                 161.66667 ],
                [ 46.666668, 48.666668, 46.333332, ..., 149.33333 , 146.33333 ,
                 140.      ]], dtype=float32)
```

图 6.20　数据集划分

3. 模型构建

```
# 建模
from sklearn.svm import SVC
from sklearn.decomposition import PCA
from sklearn.pipeline import make_pipeline
# 计算人脸数据集上的 PCA (特征脸)(处理为未标记的)
pca = PCA (n_components = 150, whiten = True, random_state = 42, svd_solver = 'randomized')
svc = SVC (kernel = 'rbf', class_weight = 'balanced')
model = make_pipeline (pca,svc)
```

PCA 主要是通过奇异值分解将数据映射到低纬度的空间（正交去相关），PCA 在数据降维，数据压缩，特征提取有很大贡献。利用 PCA 提取 150 个主要特征，并将人脸数据全部映射到 150 维度，通过这 150 维人脸特征作为训练数据训练基于 rbf kernel 的 SVM，模型差不多有 0.85 的准确率。

4. 参数调整

param_grid 把参数设置成了不同的值，其中 C 表示权重；gamma 表示多少的特征点将被使用。

```
# 参数调整，如图 6.21 所示
from sklearn.model_selection import GridSearchCV
param_grid = {"svc__C": [1,5,10,50], "svc__gamma": [0.0001, 0.0005, 0.001, 0.005]}
# 把所列参数的组合都放在 SVC 进行计算
grid = GridSearchCV (model, param_grid)
% time grid.fit(Xtrain,ytrain)
print (grid.best_params_)
```

```
/usr/cx/anaconda3/lib/python3.7/site-packages/sklearn/model_selection/_split.py:2C
or'cv' instead of relying on the default value. The default value will change frc
warnings.warn(CV_WARNING,FutureWarning)
CPU times: user 11.9 s, sys: 106 ms, total: 12 s
Wall time: 6.14 s
{'svc__C':1,'svc__gamma':0.005}
```

图 6.21　参数调整

可得 svc__C 为 1、svc__gamma 为 0.005 表现度最好

5. 预测测试集

```
model = grid.best_estimator_
model
# 预测测试集，结果为预测的人名编号，如图 6.22 所示
yfit = model.predict(Xtest)
yfit
```

```
In [15]:  model = grid.best_estimator_
          model
Out[15]:  Pipeline(memory=None,
              steps=[('pca', PCA(copy=True, iterated_power='auto', n_components=150, random_state=42,
              svd_solver='randomized', tol=0.0, whiten=True)), ('svc', SVC(C=1, cache_size=200, class_weight='balanced', coef0=0.0,
              decision_function_shape='ovr', degree=3, gamma=0.005, kernel='rbf',
              max_iter=-1, probability=False, random_state=None, shrinking=True,
              tol=0.001, verbose=False))])

In [16]:  yfit = model.predict(Xtest)
          yfit
Out[16]:  array([0, 0, 0, 0, 0, 0, 0, 1, 0, 1, 0, 0, 0, 0, 1, 0, 0, 0, 0, 0, 1, 1,
                 0, 0, 0, 0, 1, 0, 0, 0, 1, 0, 1, 1, 0, 0, 0, 1, 0, 0, 0, 0, 0, 0,
                 0, 0, 0, 0, 0, 0, 0, 0, 0, 0, 0, 0, 0, 0, 0, 0, 0, 0, 0, 0, 0, 0,
                 0, 0, 0, 0, 0, 0, 0, 0, 0, 0, 0, 0, 0, 0, 0, 0, 0, 0, 0, 0, 0, 0,
                 0, 1, 0, 0, 0, 0, 0, 0, 0, 0, 0, 0, 0, 0, 0, 0, 1, 0, 0,
                 0, 0, 0, 0, 0, 0, 0, 0, 0, 0, 0, 0, 0, 0, 0, 0, 0, 0, 0, 0,
                 0, 1, 0, 0, 0, 1, 0, 0, 0, 0, 0, 1, 0, 1, 1, 0, 0, 0, 0, 0,
                 0, 1, 0, 0, 0, 0])
```

图 6.22　预测结果

6. 显示预测结果

把需要打印的图打印出来实现数据可视化，预测的结果和实际结果一致，人名字体颜色为黑色，否则为红色。具体代码如下：

```
fig,ax = plt.subplots(4,6)
for i, axi in enumerate(ax.flat):
    axi.imshow (Xtest[i].reshape(62,47), cmap = "bone")
    axi.set (xticks = [], yticks = [])
    # 设置 y 轴上的标签
    axi.set_ylabel (faces.target_names[yfit[i]].split()[-1], color = "black"
if yfit[i] == ytest[i] else "red")
    fig.suptitle ("Incorrect Labels in Red", size = 14)
    plt.show()
```

7. 分析预测结果

使用 seaborn.heatmap 绘制颜色编码矩阵：

```
seaborn.heatmap (data, vmin = None, vmax = None, cmap = None, center =
None, robust = False, annot = None, fmt ='.2g', annot_kws = None, linewidths = 0,
linecolor ='white', cbar = 是的, cbar_kws = 无, cbar_ax = 无, square = False,
xticklabels ='auto', yticklabels ='auto', mask = None, ax = None, ** kwargs )
```

重要参数说明：

data：矩形数据集。

square：布尔值，可选，如果为 True，则将 Axes 方面设置为"相等"，以使每个单元格为方形。

annot：bool 或矩形数据集，可选，如果为 True，则在每个单元格中写入数据值。如果数组具有相同的形状 data，则使用此选项来注释热图而不是原始数据。

fmt：string，可选，添加注释时要使用的字符串格式代码。

cbar：布尔值，可选，是否绘制颜色条。

xticklabels、yticklabels："auto"，bool，list-like 或 int，optional。如果为 True，则绘制数据框的列名称。如果为 False，则不绘制列名称。如果是列表，则将这些替代标签绘制为 xticklabels。如果是整数，则使用列名称，但仅绘制每个 n 标签。如果是"自动"，请尝试密集绘制不重叠的标签。

具体代码和执行结果如下：

```
from sklearn.metrics import confusion_matrix
# 混淆矩阵
mat = confusion_matrix(ytest,yfit)
# 绘制热图
sns.heatmap (mat.T,square = True, annot = True, fmt = "d", cbar = False,
xticklabels = faces.target_names, yticklabels = faces.target_names)
plt.rcParams["font.family"] = "SimHei"
plt.xlabel (" 真实值 ")
plt.ylabel (" 预测值 ")
plt.show()
```

预测结果分析如图 6.23 所示。

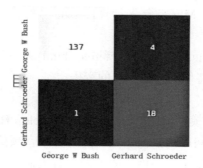

图 6.23　预测结果分析

6.9　基于隐马尔科夫的语音识别

实验目的

（1）理解语音识别的基本原理。
（2）掌握如何使用隐马尔科夫模型构建语音识别器的流程。

实验环境

Python 3.8、Anaconda、PyCharm、TensorFlow。

实验原理

1. 语音识别

语音识别是指识别和理解口语的过程。输入音频数据，语音识别器将处理这些数据，从中提取出有用的信息。语音识别有很多实际的应用，例如声音控制设备、将语音转换成单词、安全系统等。

解音频文件是实际音频信号的数字化形式，实际的音频信号是复杂的连续波形。为了将其保存成数字化形式，需要对音频信号进行采样并将其转换成数字。例如，语音通常以 44 100 Hz 的频率进行采样，这就意味着每秒钟信号被分解成 44 100 份，然后这些抽样值被保存。换句话说，每隔 1/44 100s 都会存储一次值。如果采样率很高，用媒体播放器收听音频时，会感觉到信号是连续的。

音频信号是不同频率、幅度和相位的正弦波的复杂混合，正弦波也称作正弦曲线。音频信号的频率内容中隐藏了很多信息，事实上，一个音频信号的性质由其频率内容决定。音频信号是一些正弦波的复杂混合，使用该原理可以生成自己的音频信号。可以用 NumPy 生成音频信号。

在多数的现代语音识别系统中，人们都会用到频域特征。将信号转换为频域之后，还需要将其转换成有用的形式。梅尔频率倒谱系数（Mel Frequency Cepstrum Coefficient，MFCC）可以解决这个问题。MFCC 首先计算信号的功率谱，然后用滤波器组和离散余弦变换的组合来提取特征。

在网站（http://www.phy.mtu.edu/~suits/notefreqs.html）列举了各种音阶，例如 A、G、D 等，以及它们相应的频率。本节将用它合成简单的音乐。

2. 隐马尔科夫模型

本节将用到隐马尔科夫模型（Hidden Markov Models，HMMs）来做语音识别。隐马尔科夫模型非常擅长建立时间序列数据模型，因为一个音频信号同时也是一个时间序列信号，隐马尔科夫模型同样适用于音频信号的处理。假定输出是通过隐藏状态生成的，那么目标是找到这些隐藏状态，以便对信号建模。

隐马尔科夫模型 HMM 是用于标注问题的监督学习模型，它是一种生成模型，描述一个隐藏的马尔科夫链随机生成状态序列，再由各个状态状态生成可观测序列的过程，HMM 的示意图如图 6.24 所示。

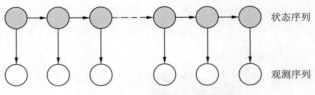

图 6.24　HMM 示意图

实验步骤

1. 查看数据

本实验的所有实验数据将保存在 /usr/testdata/13/ 目录中。

在合成音乐实验中，将使用到 tone_freq_map.json 文件。如下所示，tone_freq_map.json 文件中保存了部分音阶以及对应的频率。

```
{       "A": 440,
        "Asharp": 466,
        "B": 494,
        "C": 523,
        "Csharp": 554,
        "D": 587,
        "Dsharp": 622,
        "E": 659,
        "F": 698,
        "Fsharp": 740,
        "G": 784,
        "Gsharp": 831          }
```

音频测试集：实验中需要一个语音文件数据库来创建语音识别器，用到的数据库文件保存在 /usr/testsdata/13/audio/ 目录中。其中包含 7 个不同的单词，并且每个单词都有 15 个音频文件与之相关。实验中需要为每一类构建一个隐马尔科夫模型。如果想识别新的输入文件中的单词，需要对该文件运行所有的模型，并找出最佳分数的结果。

/usr/testsdata/13/audio/ 目录中的文件如图 6.25 所示，其中文件夹名称对应的就是音频文件中的内容，每个文件夹中都有 15 个音频文件。

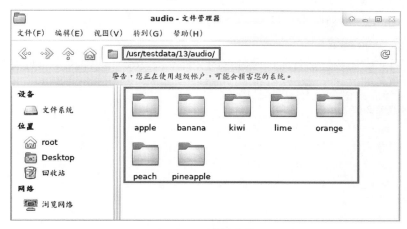

图 6.25 音频文件

/usr/testsdata/13/audio/apple/ 目录中的文件如图 6.26 所示，共有 15 个文件。

图 6.26 音频文件

2. 合成音乐

（1）导入模块。

```
import json
import numpy as np
from scipy.io.wavfile import write
import matplotlib.pyplot as plt
```

（2）合成音调。

定义合成音调的函数 synthesizer。

```
def synthesizer (freq, duration, amp = 1.0, sampling_freq = 44100):
    # 创建时间轴
    t = np.linspace(0, duration, duration * sampling_freq)
    # 使用参数幅度和频率构建音频信号
    audio = amp * np.sin(2 * np.pi * freq * t)
    return audio.astype(np.int16)
```

（3）定义 main 函数。

在 main 函数中加载包括音阶以及频率的文件 tone_freq_map.json，合成音乐。

```
if __name__ == '__main__':
    # 加载的文件
    tone_map_file = '/usr/testdata/13/tone_freq_map.json'
    # 加载该文件，读取频率映射文件
    with open(tone_map_file, 'r') as f:
        tone_freq_map = json.loads(f.read())
    # 生成 2 秒的 G 调
    input_tone = 'G'
    duration = 2                    # 以秒为单位
    amplitude = 10000
    sampling_freq = 44100           # Hz, 单位 Hz
    # 调用方法 synthesizer 合成音乐
    synthesized_tone = synthesizer(tone_freq_map[input_tone], duration, amplitude, sampling_freq)
    # 将生成信号写入输出文件
    write('/usr/testdata/13/output_tone.wav', sampling_freq, synthesized_tone)
    # 定义一个音阶及其持续时间（秒）的序列
    tone_seq = [('D', 0.3), ('G', 0.6), ('C', 0.5), ('A', 0.3), ('Asharp', 0.7)]
    # 迭代该序列并为它们调用合成器函数，构建基于和弦序列的音频信号
    output = np.array([])
    for item in tone_seq:
        input_tone = item[0]
        duration = item[1]
        synthesized_tone = synthesizer(tone_freq_map[input_tone], duration, amplitude, sampling_freq)
        output = np.append(output, synthesized_tone, axis = 0)
    # 将生成信号写入输出文件
    write('/usr/testdata/13/output_tone_seq.wav', sampling_freq, output)
```

成功运行该文件后，会生成警告信息，可忽略。

运行程序后，在 /usr/testdata/13/ 目录中生成文件 output_tone.wav 和 output_tone_seq.

wav，如图 6.27 所示。双击 wav 音频文件即可使用音乐播放器播放合成的音乐。

图 6.27　生成文件

3. 创建语音识别器

（1）定义一个类来创建隐马尔科夫模型。

初始化该类，用到高斯隐马尔科夫模型（Gaussian HMMs）来对数据建模。参数 n_components 定义了隐藏状态的个数，参数 cov_type 定义了转移矩阵的协方差类型，参数 n_iter 定义了训练的迭代次数。

```
import os
import argparse
import numpy as np
from scipy.io import wavfile
from hmmlearn import hmm
from python_speech_features import mfcc
class HMMTrainer(object):
    def __init__ (self, model_name = 'GaussianHMM', n_components = 4,
cov_type = 'diag', n_iter = 1000):
        # 初始化变量
        self.model_name = model_name
        self.n_components = n_components
        self.cov_type = cov_type
        self.n_iter = n_iter
        self.models = []
        # 用以下参数定义模型
        if self.model_name == 'GaussianHMM':
            self.model = hmm.GaussianHMM(n_components = self.n_components,
                covariance_type = self.cov_type, n_iter = self.n_iter)
        else:
            raise TypeError('Invalid model type')
    # 输入数据是一个 NumPy 数组，数组的每个元素都是一个特征向量，每个特征向量都包含 k 个维度，
X 是二维数组，其中每一行是 13 维
```

```
        def train(self, X):
            np.seterr(all = 'ignore')
            self.models.append(self.model.fit(X))
        # 基于该模型定义一个提取分数的方法，对输入数据运行模型
        def get_score(self, input_data):
            return self.model.score(input_data)
```

（2）在 main 函数中构建一个语音识别器。

```
# 读取音频文件，并提取特征
if __name__ == '__main__':
    input_folder = '/usr/testdata/13/audio/'
    # 初始化隐马尔科夫模型的变量
    hmm_models = []
    # 解析包含所有数据库音频文件的输入路径
    for dirname in os.listdir(input_folder):
        # 提取子文件夹的名称
        subfolder = os.path.join(input_folder, dirname)
        if not os.path.isdir(subfolder):
            continue
        # 子文件夹的名称即为该类的标记。用以下方式将其提取出来
        label = subfolder[subfolder.rfind('/') + 1:]
        # 初始化用于训练的变量
        X = np.array([])
        y_words = []
        # 迭代每一个子文件夹中的音频文件（分别保留一个进行测试）
      for filename in [x for x in os.listdir(subfolder) if x.endswith('.wav')][ : -1]:
            # 读取每个音频文件
            filepath = os.path.join(subfolder, filename)
            sampling_freq, audio = wavfile.read(filepath)

            # 提取 MFCC 特征
            mfcc_features = mfcc(audio, sampling_freq)
            # 将 MFCC 特征添加到 X 变量
            if len(X) == 0:
                X = mfcc_features
            else:
                X = np.append(X, mfcc_features, axis = 0)
            # 添加标记信息
            y_words.append(label)
        print('X.shape =', X.shape)
```

一旦提取完当前类所有文件的特征，就可以训练并保存隐马尔科夫模型了。因为隐马尔科夫模型是一个无监督学习的生成模型，所以并不需要利用标记针对每一类构建隐马尔

科夫模型。假定每个类都将构建一个隐马尔科夫模型。

```
# 训练并保存 HMM 模型
hmm_trainer = HMMTrainer()
hmm_trainer.train(X)
hmm_models.append((hmm_trainer, label))
hmm_trainer = None
```

使用 HMM 模型为未被用于训练的测试文件进行分类。

```
# 获取一个未被用于训练的测试文件列表
input_files = ['/usr/testdata/13/audio/pineapple/pineapple15.wav',
        '/usr/testdata/13/audio/orange/orange15.wav',
        '/usr/testdata/13/audio/apple/apple15.wav',
        '/usr/testdata/13/audio/kiwi/kiwi15.wav'            ]
# 为输入数据分类
for input_file in input_files:
    # 读取每个音频文件
    sampling_freq, audio = wavfile.read(input_file)
    # 提取 MFCC 特征
    mfcc_features = mfcc(audio, sampling_freq)
    # 定义两个变量，分别用于存放最大分数值和输出标记
    max_score = None
    output_label = None
    # 迭代所有模型，并通过每个模型运行输入文件
    # 迭代 HMM 模型并选取得分最高的模型
    for item in hmm_models:
        hmm_model, label = item
        # 提取分数，并保存最大分数值
        score = hmm_model.get_score(mfcc_features)
        if max_score is None:
            max_score = score
            output_label = label
        elif score > max_score:
            max_score = score
            output_label = label
    # 打印真实的、预测的标记
    print ( "\nTrue:", input_file[input_file.find('/') + 23: input_file.rfind('/')])
    print("Predicted:", output_label)
```

运行结果如下。

```
X.shape = (558, 13)
X.shape = (704, 13)
X.shape = (549, 13)
X.shape = (602, 13)
```

```
X.shape = (1075, 13)
X.shape = (910, 13)
X.shape = (797, 13)
```

如下结果是真实值与预测值的对比。

```
True: pineapple
Predicted: pineapple
True: orange
Predicted: orange
True: apple
Predicted: apple
True: kiwi
Predicted: kiwi
```

第 7 章
自然语言处理

自然语言处理是神经网络的经典应用领域之一，所谓自然语言处理，就是让机器理解人类的语言，英文为 Natural Language Processing，简称 NLP，是人工智能的一个重要方向。简单来说，自然语言处理 (NLP) 就是开发能够理解人类语言的应用程序或服务。

自然语言处理通过机器学习进行工作，机器学习系统像其他任何形式的数据一样存储单词及其组合方式。短语、句子、有时甚至整本书的内容都被输入机器学习引擎，并在其中使用语法规则或人们的现实语言习惯，或两者兼而有之进行处理。最后，计算机使用这些数据来查找模式并推断出接下来的结果。

7.1 NLP 概述

NLP 的一般处理流程如下：语料获取→文本预处理→特征工程→特征选择→模型训练→模型评估→投产上线。

1. 语料获取

即需要处理的数据及用于模型训练的语料。数据源可能来自网上爬取、资料积累、语料转换、OCR 转换等，格式可能比较混乱。需要将 url、时间、符号等无意义内容去除，留下质量相对较高的非结构化数据。

2. 文本预处理

将含杂质、无序、不标准的自然语言文本转化为规则、易处理、标准的结构化文本。

（1）处理标点符号：可通过正则判定、现有工具（zhon 包）等方式筛选清理标点符号。

（2）分词：将连续的自然语言文本，切分成具有语义合理性和完整性的词汇序列的过程。常见的分词算法有：基于字符串匹配的分词方法、基于理解的分词方法、基于统计的分词方法和基于规则的分词方法，每种方法下面对应许多具体的算法。目前所存在的分词工具有，HanLp：开源，支持 Java、Python；结巴分词：开源，支持 Java、Python、C++，但只能分词，无法进行词性标注等；复旦 NLP：开源，只支持 Java，具有分词、词性标注、命名实体识别功能；LTP：开源，支持 Java、Python、C++；哈工大 LTP：开源，支持 python、C++；百度 NLP：收费，具有分词、词性标注、命名实体识别功能；阿里 NLP：收费，具有分词、词性标注、命名实体识别功能；斯坦福分词器 CoreNLP：开源，斯坦福的工具基本都有相关文献支持深入学习，算法较新。

（3）词性标注：为自然语言文本中的每个词汇赋予一个词性的过程，如名词、动词、副词等。可以把每个单词（和它周围的一些额外的单词用于上下文）输入预先训练的词性分类模型。常用隐马尔科夫模型、N 元模型、决策树。

（4）停用词：英文中含大量 a、the、and，中文含大量 的、是、了、啊，这些语气词、助词没有明显的实际意义，反而容易造成识别偏差，可适当进行过滤。

（5）词形还原：单数／复数，主动／被动，现在进行时／过去时／将来时等，还原为原型。

（6）统计词频：因为一些频率过高／过低的词是无效的，对模型帮助很小，还会被当作噪声，做个词频统计用于停用词表。

（7）给单词赋予 id：给每一个单词一个 id，用于构建词典，并将原来的句子替换成 id 的表现形式。

（8）依存句法分析：通过分析句子中词与词之间的依存关系，从而捕捉到词语的句法结构信息(如主谓、动宾、定中等结构关系)，并使用树状结构来表示句子的句法结构信息(如主谓宾、定状补等)。

3. 特征工程

做完语料预处理之后，接下来需要考虑如何把分词之后的字和词语表示成计算机能够计算的类型。有两种常用的表示模型分别是词向量和词袋模型。词向量是将字、词语转换成向量矩阵的计算模型。目前为止最常用的词表示方法是 One-hot，这种方法把每个词表示为一个很长的向量，以及 word2vec 算法等；词袋模型不考虑词语原本在句子中的顺序，直接将每一个词语或者符号统一放置在一个集合，然后按照计数的方式对出现的次数进行统计。统计词频这只是最基本的方式，TF-IDF 是词袋模型的一个经典用法。

4. 特征选择

在一个实际问题中，构造好的特征向量，是要选择合适的、表达能力强的特征，目前有很多现成的算法来进行特征的选择，常见方法主要有 DF、MI、IG、CHI、WLLR、WFO 六种。

5. 模型训练

当选择好模型后，则进行模型训练，包括模型微调等。

6. 模型评估

完成建模之后，需要对模型的效果做评价。模型的评价指标主要有：错误率、精准度、准确率、召回率、F1 值、ROC 曲线、AUC 曲线等。

7. 投产上线

模型的投产上线方式主要有两种：一种是线下训练模型，然后将模型进行线上部署提供服务；另一种是在线训练模型，在线训练完成后将模型 pickle 持久化，提供对外服务。

NLP 的应用有多种类型，常见的应用包括以下几种：

（1）分词，将一段文本分隔成具有语义的最小单位，即单词，不同的语言有不同的基本词汇，不同的语法，所以分词是一项挑战性的任务。

（2）词义消歧，在自然语言中，不同的语境中同一个单词会有不同的含义，词义消歧就是在同一个单词的多个含义中选出符合语境的正确的含义。

（3）命名实体识别，从给定的文本中提取实体，所谓实体就是诸如人物，地点，公司，组织等名词。

（4）词性标记，就是将一个单词划分为名词，动词，形容词，副词等不同词性中的一类。

（5）句子分类，理解一段话表达的意思是正面还是反面的，比如电影评论，要区分是好评还是差评，可以看作一个分类任务。

（6）语言生成，基于一个文本库，可以生成新的文本，比如通过金庸的武侠小说作为训练，让计算机自动生成金庸风格的武侠小说。

（7）问答系统，典型应用就是苹果的 siri 语音助手，可以直接回答和解决用户的问题。

（8）机器翻译，从一种语言翻译成另一种语言，就要求计算机先理解其含义，在用另一种语言进行表示。

7.2 词性标注

实验目的

（1）了解词性的意义并熟悉词性。
（2）掌握词性标注方法。

实验环境

Python 3.8、Anaconda、PyCharm、TensorFlow。

实验原理

1. 词性标注概念

词性标注即在给定的句子中判定每个词最合适的词性标记，词性标注的正确与否将会直接影响到后续的句法分析、语义分析，是中文信息处理的基础性课题之一。词性标注是很多 NLP 任务的预处理步骤，如句法分析，经过词性标注后的文本会带来很大的便利性，但也不是不可或缺的步骤。词性标注主要分为基于规则和基于统计的方法，本章介绍自然语言处理 (NLP) 使用 Python 的 NLTK 库。NLTK 是 Python 自然语言处理工具包，在 NLP 领域中，是最常使用的一个 Python 库。

2. 词性的意义

形态学线索：一个词的内部结构可能为这个词分类提供有用的线索。例如：- ness 是一个后缀，与形容词结合产生一个名词，如 happy → happiness，ill → illness。若遇到的一

个以 -ness 结尾的词，判断大概率是一个名词。同样的，-ment 是与一些动词结合产生名词的后缀，如 govern → government 和 establish → establishment。

句法线索：一个词可能出现的典型的上下文语境，例如：假设已经确定了名词类，英语形容词的句法标准是出现在一个名词前，或紧跟在词 be 或 very 后。

语义线索：一个词的意思对其词汇范畴有价值的线索，例如：名词的定义，一个人、地方或事物的名称。

简化的词性标记集如图 7.1 所示。

标记	含义	例子
ADJ	形容词	new, good, high, special, big, local
ADV	动词	really, already, still, early, now
CNJ	连词	and, or, but, if, while, although
DET	限定词	the, a, some, most, every, no
EX	存在量词	there, there's
FW	外来词	dolce, ersatz, esprit, quo, maitre

图 7.1 词性标记

实验步骤

1. 词性标注

（1）一个词的标记依赖于这个词和它在句子中的上下文，最简单的标注器是为每个标识符分配同样的标记。假设句子是使用句子级别分词器分好的句子：

```
first_sentence = sentences[0]
```

使用词级别分词器进行分词：

```
first_sentence_tokenized = word_tokenize (first_sentence)
```

进行词性标注：

```
pos_result = pos_tag (first_sentence_tokenized)
pos_result
```

词性标注举例如下：

```
# 导入库
import nltk
from nltk import word_tokenize
from nltk import pos_tag
# 分词
text = nltk.word_tokenize ("And now for something completely different")
# 词性标注器
nltk.pos_tag (text)
```

输出为:

```
[('And', 'CC'),
 ('now', 'RB'),
 ('for', 'IN'),
 ('something', 'NN'),
 ('completely', 'RB'),
 ('different', 'JJ')]
```

其中 'CC' 表示并列连词,'RB' 表示副词,'IN' 表示介词,'NN' 表示名词,'JJ' 表示形容词。

```
# 词性还原
from nltk import WordNetLemmatizer
wnl = WordNetLemmatizer()
print (wnl.lemmatize ('brightening'))
print (wnl.lemmatize ('boxes'))
print (wnl.lemmatize ('brightening', pos = 'v'))
```

(2)按照 NLTK 的约定,一个已标注的标识符使用由标识符和标记组成的元组来表示,可以使用函数 str2tuple() 从已标注的标识符的标准字符串创建这样的特殊元组:

```
tagged_token = nltk.tag.str2tuple ('fly/NN')
tagged_token
```

此外,还可以直接从一个字符串构造已标注的标识符的链表。首先是做字符串分词操作,以便能访问单独的词来标记字符串,然后将其转换成一个元组:

```
sent = '''
...The/AT grand/JJ jury/NN commented/VBD on/IN a/AT number/NN of/IN
... other/AP topics/NNS ,/, AMONG/IN them/PPO the/AT Atlanta/NP and/CC
... Fulton/NP-tl County/NN-tl purchasing/VBG departments/NNS which/WDT it/PP
... said/VBD ``/`` ARE/BER well/QL operated/VBN and/CC follow/VB generally/R
... accepted/VBN practices/NNS which/WDT inure/VB to/IN the/AT best/JJT
... interest/NN of/IN both/ABX governments/NNS ''/'' ./.
...'''
[nltk.tag.str2tuple(t) for t in sent.split()]
```

NLTK 中包括的若干语料库已标注了词性,可直接调用,例如:

```
nltk.corpus.brown.tagged_words() [ : 10]
```

2. 标注方法

(1)n-gram 是一种基于统计语言模型的算法。在自然语言处理中,经常需要用到 n 元语法模型。n-gram 第 n 个词的出现只与前面 n-1 个词相关,而与其他任何词都不相关,整句的概率就是各个词出现概率的乘积。这些概率可以通过直接从语料中统计 n 个词同时出现的次数得到。n-gram 标注器是 unigram 标注器的一般化,它的上下文是当前词和它前面 n-1 个标识符的词性标记。当 n = 1 称即为一元标注器(unigram tagger),n = 2 时称为二元标注器（bigram taggers），$n = 3$ 时称为三元标注器（trigram taggers）。NgramTagger 类使用一个已标注的训练语料库来确定对每个上下文哪个词性标记最有可能。

unigram 一元分词，把句子分成单独的汉字，每个词之间没有关联关系，一元标注器基于简单的统计算法：对每个标识符分配这个独特的标识符最有可能的标记。

bigram 二元分词，把句子从头到尾每两个字组成一个词语，当前词只和上一个词有关系。

trigram 三元分词，把句子从头到尾每三个字组成一个词语，当前词只和前两个词有关系。

（2）组合标注器，解决精度和覆盖范围之间的权衡的一个办法是尽可能的使用更精确的算法，但却在很多时候落后于具有更广覆盖范围的算法。例如：可以按如下方式组合 bigram 标注器、unigram 标注器和一个默认标注器。

① 尝试使用 bigram 标注器标注标识符。

② 如果 bigram 标注器无法找到一个标记，尝试 unigram 标注器。

③ 如果 unigram 标注器也无法找到一个标记，使用默认标注器。

```
t0 = nltk.DefaultTagger ('NN')
t1 = nltk.UnigramTagger (train_sents, backoff = t0)
t2 = nltk.BigramTagger (train_sents, backoff = t1)
t2.evaluate(test_sents)
```

（3）跨句子边界标注，当使用 N-gram 标注器，如果遇到句子的第一个词时，trigram 标注器将使用前面两个标识符的词性标记，这通常会是前面句子的最后一个词和句子结尾的标点符号。然而，前一句结尾的词的类别与下一句的开头通常没有关系。

为了应对这种情况，可以使用已标注句子的链表来训练、运行和评估标注器。

```
brown_tagged_sents = brown.tagged_sents (categories = 'news')
brown_sents = brown.sents (categories = 'news')
size = int (len (brown_tagged_sents) * 0.9)
train_sents = brown_tagged_sents [ : size]
test_sents = brown_tagged_sents [size : ]
t0 = nltk.DefaultTagger ('NN')
t1 = nltk.UnigramTagger (train_sents, backoff = t0)
t2 = nltk.BigramTagger (train_sents, backoff = t1)
t2.evaluate (test_sents)
```

3. 正则表达式标注器

有时可能会猜测任一以 'ed' 结尾的词都是动词过去分词，任一以 's' 结尾的词都是名词所有格。例如：

```
patterns = [
... (r'.*ing$', 'VBG'),           # gerunds
... (r'.*ed$', 'VBD'),            # simple past
... (r'.*es$', 'VBZ'),            # 3rd singular present
... (r'.*ould$', 'MD'),           # modals
... (r'.*\'s$', 'NN$'),           # possessive nouns
```

```
...  (r'.*s$', 'NNS'),                          # plural nouns
...  (r'^-?[0-9]+(.[0-9]+)?$', 'CD'),           # cardinal numbers
...  (r'.*', 'NN')                              # nouns (default)
...  ]
regexp_tagger = nltk.RegexpTagger (patterns)
regexp_tagger.tag (brown_sents [3])
```

查询标注器：找出 100 个最频繁的词，存储它们最有可能的标记。可以使用这个信息作为"查找标注器"的模型：

```
fd = nltk.FreqDist (brown.words(categories = 'news'))
cfd = nltk.ConditionalFreqDist (brown.tagged_words (categories = 'news'))
most_freq_words = fd.keys () [ : 100]
likely_tags = dict((word, cfd [word].max ()) for word in most_freq_words)
baseline_tagger = nltk.UnigramTagger (model = likely_tags)
baseline_tagger.evaluate (brown_tagged_sents)
```

但是该模型在未标注的输入文本上，很多不在这 100 个最频繁的词中的词会被分配为 "None" 标注，在这些情况下，考虑到在所有情况中名词 "NN" 是最多的，所以直接默认分配为 NN。只需对上述 baseline_tagger 添加一个 backoff 参数指向默认标注器即可。

```
baseline_tagger = nltk.UnigramTagger (model = likely_tags, ... backoff = nltk.DefaultTagger ('NN'))
```

7.3 中文分词——逆向最大匹配

实验目的

掌握并实现基于最大匹配原则的分词设计与实现。

实验环境

Python 3.8、Anaconda、PyCharm、TensorFlow。

实验原理

中文分词 (Chinese Word Segmentation) 指将一个汉字序列切分成一个一个单独的词。分词就是将连续的字序列按照一定的规范重新组合成词序列的过程。现有的分词方法可分为三大类：基于字符串匹配的分词方法、基于理解的分词方法和基于统计的分词方法。

基于字符串匹配的分词方法又称机械分词方法，它是按照一定的策略将待分析的汉字串与一个"充分大的"机器词典中的词条进行匹配，若在词典中找到某个字符串，则匹配成功（识别出一个词）。按照扫描方向的不同，字符串匹配分词方法可以分为正向匹配和逆向匹配；按照不同长度优先匹配的情况，可以分为最大（最长）匹配和最小（最短）匹配；

按照是否与词性标注过程相结合，可以分为单纯分词方法和分词与词性标注相结合的一体化方法。这类算法的优点是速度快，时间复杂度可以保持在 O（n），实现简单，效果尚可；但对歧义和未登录词处理效果不佳。

基于理解的分词方法是通过让计算机模拟人对句子的理解，达到识别词的效果。其基本思想就是在分词的同时进行句法、语义分析，利用句法信息和语义信息来处理歧义现象。它通常包括三个部分：分词子系统、句法语义子系统、总控部分。在总控部分的协调下，分词子系统可以获得有关词、句子等的句法和语义信息来对分词歧义进行判断，即它模拟了人对句子的理解过程。这种分词方法需要使用大量的语言知识和信息。

基于统计的分词方法是在给定大量已经分词的文本的前提下，利用统计机器学习模型学习词语切分的规律（称为训练），从而实现对未知文本的切分。例如，最大概率分词方法和最大熵分词方法等。随着大规模语料库的建立，统计机器学习方法的研究和发展，基于统计的中文分词方法渐渐成为了主流方法。主要的统计模型有：N 元文法模型，隐马尔可夫模型，最大熵模型，条件随机场模型等。在实际的应用中，基于统计的分词系统都需要使用分词词典来进行字符串匹配分词，同时使用统计方法识别一些新词，即将字符串频率统计和字符串匹配结合起来，既发挥匹配分词切分速度快、效率高的特点，又利用了无词典分词结合上下文识别生词、自动消除歧义的优点。

实验步骤

按行读取已存在的 .utf-8 文件中的字符串存入数组，.utf8 相当于一个库，实验最后输入一句简单的文本，逆向进行数据字典比对实现最大匹配。

基于最大匹配原则的分词设计实现框架如下：

```python
# 逆向最大匹配
class IMM (object):
    def __init__ (self, dic_path):
        self.dictionary = set()
        self.maximum = 0
        # 读取词典
        with open (dic_path, 'r', encoding = 'utf8') as f:
            for line in f:
                line = line.strip()
                if not line:
                    continue
                self.dictionary.add (line)
                if len (line) > self.maximum:
                    self.maximum = len (line)
    def cut (self, text):
        result = []
        index = len (text)
        while index > 0:
```

```
            word = None
            for size in range (self.maximum, 0, -1):
                if index - size < 0:
                    continue
                piece = text [(index - size) : index]
                if piece in self.dictionary:
                    word = piece
                    result.append (word)
                    index -= size
                    break
            if word is None:
                index -= 1
        return result [ : : -1]
    def main():
        text = "..."
        tokenizer = IMM ('./data/imm_dic.utf8')
        print (tokenizer.cut (text))
main()
```

对比已存在并处理的 .utf8 文件，输入文本"text"实现逆向最大匹配。

7.4 中文分词——基于隐马尔科夫模型

实验目的

掌握基于隐马尔科夫模型的分词设计与实现。

实验环境

Python 3.8、Anaconda、PyCharm、TensorFlow。

实验原理

隐马尔科夫模型中包括两个序列，其中一个是观测序列，另一个是隐藏序列。模型要解决的问题是，给定观测序列，求其对应的隐藏序列。比如对于语音识别，这里的观测序列是语音的每一个序列，隐藏序列是这一串语音对应的文字。对于机器翻译，观测序列是待翻译的语言，而隐藏序列则是目标语言。在解决这类问题时，已知条件是，第一，隐藏序列中某一个元素到观测序列中某一个元素之间的映射关系；第二是隐藏序列中每个元素转变到另一个元素之间的关系。并且会有两个假设，第一是每个隐藏元素中的元素，只依赖于它前面一个元素；第二是每一个隐藏元素能够直接确定另一个观测元素。其中以上两个已知条件可以分别表示为两个矩阵，这个矩阵可以通过分词语料库根据统计的方法求得。从数学上理解，给定观测序列求解隐藏序列。一个观测序列可能对应无数个隐藏序列，而我们的目标隐藏序列就是概率最大的那一个隐藏序列,也就是说最有可能的那个序列,即求给定隐藏序列这个条件下观测序列概率最大的那个序列的条件概率问题。

虽然隐马尔科夫模型中做了比较强的假设,但是它的应用范围却是比较广泛,能够非常简单有效的解决复杂的问题。这也是统计学方法的一个特点,基于大量的数据,使用简单的方法便可以解决复杂的问题。如果有足够多的数据,那么模型可以做简化。而如果只有少量的数据,则必须用非常精确的模型,才可以得到想要的结果。数据模型以及数据量也是一种此消彼长的关系。

中文分词要解决的问题是,给定一段中文文字,将其划分为一个个单独的词或者单字。中文分词是所有后续自然语言处理的基础。如果将连续的中文文字看作是观测序列,将每个文字所对应的分词状态看作是隐藏序列,每个字的分子状态可能有两个值,一个表示这个字是某一个词的词尾,用字母 E 表示;另一个表示这个字不是某一个词的词尾,用字母 B 表示。则中文分词问题可以看作是一个标准的隐马尔科夫模型。实际中将每个字的分子状态表示为四个可选的值:词的开始、词的中间、词的结尾、单字成词。

实验步骤

基于隐马尔科夫模型的分词设计实现框架如下:

```python
class HMM (object):
    def __init__ (self):
        import os
        # 用于存取算法中间结果,不用每次都训练模型
        self.model_file = './data/hmm_model.pkl'
        # 状态值集合
        self.state_list = ['B', 'M', 'E', 'S']
        # 参数加载,用于判断是否需要重新加载 model_file
        self.load_para = False
    # 用于加载已计算的中间结果,当需要重新训练时,需初始化清空结果
    def try_load_model (self, trained):
        if trained:
            import pickle
            with open (self.model_file, 'rb') as f:
                self.A_dic = pickle.load (f)
                self.B_dic = pickle.load (f)
                self.Pi_dic = pickle.load (f)
                self.load_para = True
        else:
            # 状态转移概率(状态 → 状态的条件概率)
            self.A_dic = {}
            # 发射概率(状态 → 词语的条件概率)
            self.B_dic = {}
            # 状态的初始概率
```

```python
            self.Pi_dic = {}
            self.load_para = False
    # 计算转移概率、发射概率以及初始概率
    def train (self, path):
        # 重置几个概率矩阵
        self.try_load_model (False)
        # 统计状态出现次数,求p(o)
        Count_dic = {}
        # 初始化参数
        def init_parameters():
            for state in self.state_list:
                self.A_dic [state] = {s: 0.0 for s in self.state_list}
                self.Pi_dic [state] = 0.0
                self.B_dic [state] = {}
                Count_dic [state] = 0
        def makeLabel (text):
            out_text = []
            if len (text) == 1:
                out_text.append ('S')
            else:
                out_text += ['B'] + ['M'] * (len (text) - 2) + ['E']
            return out_text
        init_parameters()
        line_num = -1
        # 观察者集合,主要是字以及标点等
        words = set()
        with open (path, encoding = 'utf8') as f:
            for line in f:
                line_num += 1
                line = line.strip()
                if not line:
                    continue
                word_list = [i for i in line if i != ' ']
                words = set (word_list)    # 更新字的集合
                linelist = line.split()
                line_state = []
                for w in linelist:
                    line_state.extend (makeLabel (w))
                assert len (word_list) == len (line_state)
                for k, v in enumerate (line_state):
                    Count_dic [v] += 1
                    if k == 0:
                        # 每个句子的第一个字的状态,用于计算初始状态概率
```

```python
                    self.Pi_dic [v] += 1
                else:
                    # 计算转移概率
                    self.A_dic [line_state [k - 1]][v] += 1
                # 计算发射概率
                self.B_dic [line_state [k]][word_list [k]] = 
    self.B_dic [line_state [k]].get (word_list [k], 0) + 1.0
        self.Pi_dic = {k : v * 1.0 / line_num for k, v in self.Pi_dic.items()}
        self.A_dic = {k : {k1 : v1 / Count_dic [k] for k1, v1 in v.items()}
                for k, v in self.A_dic.items()}
    # 加1平滑
    self.B_dic = {k : {k1 : (v1 + 1) / Count_dic [k] for k1, v1 in v.items()}
            for k, v in self.B_dic.items()}
    # 序列化
    import pickle
    with open (self.model_file, 'wb') as f:
        pickle.dump (self.A_dic, f)
        pickle.dump (self.B_dic, f)
        pickle.dump (self.Pi_dic, f)
    return self
def viterbi (self, text, states, start_p, trans_p, emit_p):
    V = [{}]
    path = {}
    # 初始和后续状态
    for y in states:
        V[0][y] = start_p[y] * emit_p[y].get (text[0], 0)
        path[y] = [y]
    for t in range (1, len (text)):
        V.append ({})
        newpath = {}
        # 检验训练的发射概率矩阵中是否有该字
        neverSeen = text[t] not in emit_p['S'].keys() and \
            text[t] not in emit_p['M'].keys() and \
            text[t] not in emit_p['E'].keys() and \
            text[t] not in emit_p['B'].keys()
        for y in states:
            # 设置未知字单独成词
            emitP = emit_p[y].get (text[t], 0) if not neverSeen else 1.0
            (prob, state) = max ([(V[t - 1][y0] * trans_p[y0].get (y, 0) * emitP, y0) for y0 in states if V[t - 1][y0] > 0])
            V[t][y] = prob
            newpath[y] = path[state] + [y]
        path = newpath
```

```
                if emit_p['M'].get (text[-1], 0) > emit_p['S'].get (text[-1], 0):
                    (prob, state) = max ([(V [len (text) - 1][y], y) for y in ('E', 'M')])
                else:
                    (prob, state) = max ([(V [len (text) - 1][y], y) for y in states])
            return (prob, path[state])
        def cut (self, text):
            import os
            if not self.load_para:
                self.try_load_model (os.path.exists (self.model_file))
            prob, pos_list = self.viterbi (text, self.state_list, self.Pi_dic, self.A_dic, self.B_dic)
            begin, next = 0, 0
            for i, char in enumerate (text):
                pos = pos_list[i]
                if pos == 'B':
                    begin = i
                elif pos == 'E':
                    yield text [begin : i+1]
                    next = i + 1
                elif pos == 'S':
                    yield char
                    next = i + 1
            if next < len (text):
                yield text[next : ]
hmm = HMM ()
hmm.train ('....txt_utf8')
text = '...'
res = hmm.cut (text)
print (text)
print (str (list (res)))
```

对比已存在并处理的 .utf8 文件，输入文本"text"实现分词处理。

7.5 文本分类实验

实验目的

掌握文本情感分析的方法与实现。

实验环境

Python 3.8、Anaconda、PyCharm、TensorFlow。

实验原理

文本分类（text classification）是指将一个文档归类到一个或多个类别中的自然语言处理任务。文本分类的应用场景也非常广泛，包括自动标签、垃圾邮件分类、评论分类等任何需要做文档归类的应用场景。需要注意的是，文档级别的情感分析也可以作为文本分类任务。此时的情感分析场景是判断一段文字是属于"正面"或者"负面"等情感。文本的类别称为标签（label），所有类别组成一个标注集，文本分类结果必然在该标注集以内。

文本生成（text generation）是自然语言处理中一个重要的研究领域，文本生成是比较学术的说法，通常在媒体上见到的"机器人写作""人工智能写作""自动对话生成""机器人写古诗"等，都属于文本生成的范畴。国内外已经有诸如 Automated Insights、Narrative Science 等文本生成系统投入使用，这些系统根据格式化数据或自然语言文本生成新闻、财报或其他解释性文本。

分析句子情感实验的原理：

情感分析是 NLP 最受欢迎的应用之一。情感分析是指确定一段给定的文本是积极还是消极的过程。有一些场景中，会将"中性"作为第三个选项。情感分析常用于发现人们对于一个特定主题的看法。情感分析用于分析很多场景中用户的情绪，如营销活动、社交媒体、电子商务客户等。

该实验将用 NLTK 的朴素贝叶斯分类器进行分类。在特征提取函数中，基本上提取了所有的唯一单词，然而，NLTK 分类器需要的数据是用字典的格式存放的，因此这里用到了字典格式，便于 NLTK 分类器对象读取该数据。将数据分成训练数据集和测试数据集后，可以训练该分类器，以便将句子分为积极和消极两类。如果查看最有信息量的那些单词，可以看到例如单词"outstanding"表示积极评论，而"insulting"表示消极评论，单词可以用来表示情绪。

实验步骤

1. 数据读取

分析句子情感实验使用的是 NLTK 提供的电影评论数据，直接在代码中使用 API 下载文件即可。电影评论数据默认存放在 /root/nltk_data/corpora/moviereviews_ 目录的 pos 和 neg 文件夹中。

（1）pos 目录中的文件部分内容如下所示。

```
(base) [root@uicc bin]# ls /root/nltk_data/corpora/movie_reviews/pos/
cv000_29590.txt    cv250_25616.txt    cv500_10251.txt    cv750_10180.txt
cv001_18431.txt    cv251_22636.txt    cv501_11657.txt    cv751_15719.txt
cv002_15918.txt    cv252_23779.txt    cv502_10406.txt    cv752_24155.txt
cv003_11664.txt    cv253_10077.txt    cv503_10558.txt    cv753_10875.txt
cv004_11636.txt    cv254_6027.txt     cv504_29243.txt    cv754_7216.txt
... ... ... ...
```

（2）pos 目录中的 cv000_29590.txt 文件部分内容如下所示。

```
(base) [root@uicc bin]# head -n 3 /root/nltk_data/corpora/movie_reviews/pos/
cv000_29590.txt
films adapted from comic books have had plenty of success , whether they're
about superheroes ( batman , superman , spawn ) , or geared toward kids (casper)
or the arthouse crowd ( ghost world ) , but there's never really been a comic
book like from hell before .
for starters , it was created by alan moore ( and eddie campbell ) , who
brought the medium to a whole new level in the mid '80s with a 12-part series
called the watchmen .
to say moore and campbell thoroughly researched the subject of jack the
ripper would be like saying michael jackson is starting to look a little odd .
(base) [root@uicc bin]#
```

（3）neg 目录中的文件如下所示。

```
(base) [root@uicc bin]# ls /root/nltk_data/corpora/movie_reviews/neg/
cv000_29416.txt    cv250_26462.txt    cv500_10722.txt    cv750_10606.txt
cv001_19502.txt    cv251_23901.txt    cv501_12675.txt    cv751_17208.txt
cv002_17424.txt    cv252_24974.txt    cv502_10970.txt    cv752_25330.txt
cv003_12683.txt    cv253_10190.txt    cv503_11196.txt    cv753_11812.txt
cv004_12641.txt    cv254_5870.txt     cv504_29120.txt    cv754_7709.txt
cv005_29357.txt    cv255_15267.txt    cv505_12926.txt    cv755_24881.txt
cv006_17022.txt    cv256_16529.txt    cv506_17521.txt    cv756_23676.txt
... ... ... ...
```

（4）neg 目录中的 cv000_29416.txt 的部分内容如下所示。

```
(base) [root@uicc bin]# head -n 3 /root/nltk_data/corpora/movie_reviews/neg/
cv000_29416.txt
plot : two teen couples go to a church party , drink and then drive .
they get into an accident .
one of the guys dies , but his girlfriend continues to see him in her life ,
and has nightmares .
(base) [root@uicc bin]#
```

2. 分析句子情感

（1）定义一个用于提取特征的函数。

```
def extract_features (word_list):
    return dict ([(word, True) for word in word_list])
```

（2）下载 NLTK 提供的电影评论数据作为训练数据。

```
nltk.download ('movie_reviews')
```

(3)加载积极与消极评论。

```
positive_fileids = movie_reviews.fileids ('pos')
negative_fileids = movie_reviews.fileids ('neg')
```

(4)将这些评论数据分成积极评论和消极评论。

```
features_positive = [(extract_features (movie_reviews.words (fileids = [f])), 'Positive') for f in positive_fileids]
features_negative = [(extract_features (movie_reviews.words (fileids = [f])), 'Negative') for f in negative_fileids]
```

(5)将数据分成训练数据集(80%)和测试数据集(20%)。

```
threshold_factor = 0.8
threshold_positive = int(threshold_factor * len (features_positive))
threshold_negative = int(threshold_factor * len (features_negative))
```

(6)提取特征。

```
features_train = features_positive [ : threshold_positive] + features_negative [ : threshold_negative]
features_test = features_positive [threshold_positive : ] + features_negative [threshold_negative : ]
```

(7)训练朴素贝叶斯分类器。

```
classifier = NaiveBayesClassifier.train (features_train)
```

该分类器对象包含分析过程中获得的最有信息量的单词。通过这些单词可以判定哪些可以被归类为积极评论,哪些可以被归类为消极评论。

```
print ("\nTop 10 most informative words:")
for item in classifier.most_informative_features()[ : 10]:
    print (item[0])
```

(8)输入一些简单的评论作为测试数据。

```
input_reviews = [
    "It is an amazing movie",
    "This is a dull movie. I would never recommend it to anyone.",
    "The cinematography is pretty great in this movie",
    "The direction was terrible and the story was all over the place"
]
```

(9)在测试数据上运行分类器,获得预测结果。

```
for review in input_reviews:
    print ("\nReview:", review)
    probdist = classifier.prob_classify (extract_features (review.split()))
    pred_sentiment = probdist.max()
```

```
        print ("Predicted sentiment:", pred_sentiment)
        print ("Probability:", round (probdist.prob (pred_sentiment), 2))
```

（10）完整代码。

```
import nltk
import nltk.classify.util
from nltk.classify import NaiveBayesClassifier
from nltk.corpus import movie_reviews
def extract_features (word_list):
    return dict ([(word, True) for word in word_list])
if _ _name_ _ == '_ _main_ _':
    # 加载正面和负面评论
    nltk.download ('movie_reviews')
    positive_fileids = movie_reviews.fileids ('pos')
    negative_fileids = movie_reviews.fileids ('neg')
    features_positive = [(extract_features (movie_reviews.words (fileids = [f])), 'Positive') for f in positive_fileids]
    features_negative = [(extract_features (movie_reviews.words (fileids = [f])), 'Negative') for f in negative_fileids]
    # 拆分数据
    threshold_factor = 0.8
    threshold_positive = int (threshold_factor * len (features_positive))
    threshold_negative = int (threshold_factor * len (features_negative))
    features_train = features_positive [ : threshold_positive] + features_negative [ : threshold_negative]
    features_test = features_positive [threshold_positive:] + features_negative [threshold_negative : ]
    print ("\nNumber of training datapoints:", len (features_train))
    print ("Number of test datapoints:", len (features_test))
    # 训练一个朴素贝叶斯分类器
    classifier = NaiveBayesClassifier.train (features_train)
    print ("\nAccuracy of the classifier:", nltk.classify.util.accuracy (classifier, features_test))
    print ("\nTop 10 most informative words:")
    for item in classifier.most_informative_features ()[ : 10]:
        print (item[0])
    # 输入评论
    input_reviews = [
        "It is an amazing movie",
        "This is a dull movie. I would never recommend it to anyone.",
        "The cinematography is pretty great in this movie",
        "The direction was terrible and the story was all over the place"
    ]
```

```
        print ("\nPredictions:")
        for review in input_reviews:
            print ("\nReview:", review)
            probdist = classifier.prob_classify (extract_features (review.split()))
            pred_sentiment = probdist.max()
            print ("Predicted sentiment:", pred_sentiment)
            print ("Probability:", round (probdist.prob (pred_sentiment), 2))
```

成功运行程序后,打印的内容如下所示。

第一部分是下载数据的提示信息。

```
[nltk_data] Downloading package movie_reviews to /root/nltk_data...
[nltk_data] Unzipping corpora/movie_reviews.zip.
```

第二部分显示准确度。

```
Number of training datapoints: 1600
Number of test datapoints: 400
Accuracy of the classifier: 0.735
```

第三部分输出最有信息量的单词。

```
Top 10 most informative words:
outstanding
insulting
vulnerable
ludicrous
uninvolving
avoids
astounding
fascination
darker
symbol
```

第四部分是对输入句子的预测列表。

```
Predictions:
Review: It is an amazing movie
Predicted sentiment: Positive
Probability: 0.61
----------
Review: This is a dull movie. I would never recommend it to anyone.
Predicted sentiment: Negative
Probability: 0.77
----------
Review: The cinematography is pretty great in this movie
Predicted sentiment: Positive
```

```
Probability: 0.67
----------
Review: The direction was terrible and the story was all over the place
Predicted sentiment: Negative
Probability: 0.63
```

7.6 文本模式识别实验

实验目的

掌握使用主体建模识别文本模式的流程。

实验环境

Python 3.8、Anaconda、PyCharm、TensorFlow。

实验原理

识别文本模式实验的原理：主题建模通过识别文档中最有意义、最能表征主题的词来实现主题分类，这些单词往往可以确定主题的内容，之所以使用正则表达式（regular expression）标记器，是因为只需要那些没有标点或其他标记的单词。停用词去除是另一个非常重要的步骤，因为停用词去除可以减小一些常用词（例如"is"和"the"）的噪声干扰，之后需要对单词做词干提取，以获得其原形。以上所有步骤均被打包在一个文本分析工具的预处理模块中。

本实验用到了隐含狄利克雷分布技术来构建主题模型，它将文档表示成不同主题的混合，这些主题可以"吐出"单词，这些"吐出"的单词是有一定的概率的，隐含狄利克雷分布的目标是找到这些主题。隐含狄利克雷分布是一个生成主题的模型，该模型试图找到所有主题，而所有主题又负责生成给定主题的文档。通过输出结果可得单词对应主题，诸如单词"talent"和"train"表示运动主题，而单词"encrypt"表示密码主题。实验中仅试验了非常小的文本文件，在这样小的文本文件中，有一些单词可能看起来不那么相关，显然，如果用更大的数据集来运行该程序，精确度会更高。

实验步骤

1. 数据获取

数据获取和上一节相同，data_topic_modeling.txt 文件是使用主题建模识别文本模式实验中的测试文件。该文件的内容如下所示：

```
He spent a lot of time studying cryptography.
```

```
You need to have a very good understanding of modern encryption systems
in order to work there.
If their team doesn't win this match, they will be out of the competition.
Those codes are generated by a specialized machine.
The club needs to develop a policy of training and promoting younger talent.
His movement off the ball is really great.
In order to evade the defenders, he needs to move swiftly.
We need to make sure only the authorized parties can read the message.
```

在实验中使用的停用词存放在 /root/nltk_data/corpora/stopwords 目录中,该目录有多种语言的停用词。

```
(base) [root@uicc bin]# ls /root/nltk_data/corpora/stopwords
arabic      english    greek      kazakh     README     spanish
azerbaijani finnish    hungarian  nepali     romanian   swedish
danish      french     indonesian norwegian  russian    tajik
dutch       german     italian    portuguese slovene    turkish
(base) [root@uicc bin]#
```

2. 文本模式识别

主题建模是指识别文本数据隐藏模式的过程,其目的是发现一组文档的隐藏主题结构。主题建模可以更好地组织文档,以便对这些文档进行分析。

(1)定义一个函数来加载输入数据。

```
def load_data (input_file):
    data = []
    with open (input_file, 'r') as f:
        for line in f.readlines():
            data.append (line [ : -1])
    return data
```

(2)定义一个预处理文本的类。

这个预处理器处理相应的对象,并从输入文本中提取相关的特征。

```
# 类预处理文本
class Preprocessor (object):
    # 对各种操作进行初始化
    def __init__ (self):
        # 创建正则表达式解析器
        self.tokenizer = RegexpTokenizer (r'\w+')
        # 获取停用词列表,在分析过程中可以将这些停用词排除,这些停用词都是常用词,例
如"in""the""is"等
        self.stop_words_english = stopwords.words ('english')
        # 定义一个Snowball词干提取器
        self.stemmer = SnowballStemmer ('english')
```

```
    # 定义一个处理函数,负责标记解析、停用词去除和词干还原
    def process (self, input_text):
        # 标记解析
        tokens = self.tokenizer.tokenize (input_text.lower())
        # 从文本中去除停用词
        tokens_stopwords = [x for x in tokens if not x in self.stop_words_english]
        # 对标记做词干提取
        tokens_stemmed = [self.stemmer.stem (x) for x in tokens_stopwords]
        # 返回处理后的标记
      return data
```

(3)定义一个 main 函数。

```
从文本文件中加载输入数据 data_topic_modeling.txt。
input_file = '/usr/testdata/12/data_topic_modeling.txt'
# 加载数据
data = load_data (input_file)
# 下载停用词列表
nltk.download ('stopwords')
# 创建预处理对象
preprocessor = Preprocessor()
# 处理文件中的文本,并提取处理好的标记
# 创建一组经过预处理的文档
processed_tokens = [preprocessor.process (x) for x in data]
# 创建一个基于标记文档的词典,用于主题建模
dict_tokens = corpora.Dictionary (processed_tokens)
# 用处理后的标记创建一个文档 - 词矩阵
corpus = [dict_tokens.doc2bow(text) for text in processed_tokens]
```

假定文本可以分成两个主题,将用隐含狄利克雷分布(Latent Dirichlet Allocation, LDA)做主题建模。定义相关参数并初始化 LDA 模型对象:

```
num_topics = 2
num_words = 4
ldamodel = models.ldamodel.LdaModel (corpus, num_topics = num_topics, id2word = dict_tokens, passes = 25)
```

识别出两个主题后,可以看到它是如何将两个主题分开来看的:

```
print ("\n Most contributing words to the topics:")
for item in ldamodel.print_topics (num_topics = num_topics, um_words = num_words):
    print ("\n Topic", item[0], "==>", item[1])
```

(4)完整代码。

```
import nltk
from nltk.tokenize import RegexpTokenizer
```

```python
from nltk.stem.snowball import SnowballStemmer
from gensim import models, corpora
from nltk.corpus import stopwords
# 输入数据
def load_data(input_file):
    data = []
    with open(input_file, 'r') as f:
        for line in f.readlines():
            data.append(line[:-1])
    return data
# 预处理类
class Preprocessor (object):
    # 操作初始化
    def __init__(self):
        self.tokenizer = RegexpTokenizer (r'\w+')
        self.stop_words_english = stopwords.words ('english')
        self.stemmer = SnowballStemmer ('english')
    # 标记解析、移除停用词、词干提取
    def process (self, input_text):
        tokens = self.tokenizer.tokenize (input_text.lower())
        tokens_stopwords = [x for x in tokens if not x in self.stop_words_english]
        tokens_stemmed = [self.stemmer.stem (x) for x in tokens_stopwords]
        return tokens_stemmed
if __name__ == '__main__':
    input_file = '/usr/testdata/12/data_topic_modeling.txt'
    data = load_data (input_file)
    nltk.download('stopwords')
    preprocessor = Preprocessor()
    processed_tokens = [preprocessor.process (x) for x in data]
    dict_tokens = corpora.Dictionary (processed_tokens)
    corpus = [dict_tokens.doc2bow (text) for text in processed_tokens]
    num_topics = 2
    num_words = 4
    ldamodel = models.ldamodel.LdaModel (corpus, num_topics = num_topics, id2word = dict_tokens, passes = 25)
    print ("\n Most contributing words to the topics:")
    for item in ldamodel.print_topics (num_topics = num_topics, num_words = num_words):
        print("\n Topic", item[0], "==>", item[1])
```

成功运行程序后，打印出的内容如下所示。

第一部分是下载停用词等提示信息。

```
[nltk_data] Downloading package stopwords to /root/nltk_data...
[nltk_data] Unzipping corpora/stopwords.zip.
```

第二部分是两个主题的分类标准。

```
Most contributing words to the topics:
Topic 0 ==> 0.034 * "lot" + 0.034 * "spent" + 0.034 * "time" + 0.034 * "cryptographi"
Topic 1 ==> 0.083 * "need" + 0.035 * "order" + 0.034 * "polici" + 0.034 * "talent"
```

7.7 GloVe 词向量模型

实验目的

使用 TensorFlow 实现词向量模型 GloVe。

实验环境

Python 3.8、Anaconda、PyCharm、TensorFlow。

实验原理

词向量技术将自然语言中的词转化为稠密的向量，相似的词会有相似的向量表示，这样的转化方便挖掘文字中词语和句子之间的特征。词向量的表示可以分成两个大类：基于统计方法，例如共现矩阵、奇异值分解 SVD；基于语言模型，例如，神经网络语言模型（NNLM）、word2vector（CBOW、skip-gram）、GloVe、ELMo。

word2vector 中的 skip-gram 模型是以中心词的 one-hot 表示作为输入来预测这个中心词环境中某一个词的 one-hot 表示，即先将中心词 one-hot 表示编码，然后解码成环境中某个词的 one-hot 表示 (多分类模型损失函数利用交叉熵)。CBOW 是反过来的，分别用环境中的每一个词去预测中心词。尽管 word2vector 在学习词与词间的关系上有了大进步，但是它有很明显的缺点：只能利用局部信息，无法利用整个语料库的全局信息。鉴于此，斯坦福的 GloVe 诞生了，它的全称是 global vector，明显改进了 word2vector，成功利用了语料库的全局信息。

glove 模型算法思想如下：从共现矩阵中随机采集一批非零词对作为一个 mini-batch 的训练数据；随机初始化这些训练数据的词向量以及随机初始化两个偏置；进行内积和平移操作并计算损失值，计算梯度值；反向传播更新词向量和两个偏置；循环以上过程直到结束条件。

实验步骤

1. 数据集下载

数据集下载地址：url = 'http://www.evanjones.ca/software/'

```
def maybe_download (filename, expected_bytes):
    if not os.path.exists (filename):
        filename, _ = urlretrieve (url + filename, filename)
    statinfo = os.stat (filename)
    if statinfo.st_size == expected_bytes:
        print ('Found and verified %s' % filename)
    else:
        print (statinfo.st_size)
        raise Exception (
            'Failed to verify ' + filename + '. Can you get to it with a browser?')
    return filename
filename = maybe_download ('wikipedia2text-extracted.txt.bz2', 18377035)
```

或者使用下载地址:http://www.evanjones.ca/software/wikipedia2text-extracted.txt.bz2

2. 数据集读取

该步骤主要包含:将数据读取出来成为 string,转换为小写,对数据进行分词操作。每次读取 1M 数据。

```
def read_data (filename):
    """
```

将包含在 zip 文件中的第一个文件提取为单词列表,并使用 nltk python 库对其进行预处理。

```
    """
    with bz2.BZ2File (filename) as f:
        data = []
        file_size = os.stat (filename).st_size
        chunk_size = 1024 * 1024
        print ('Reading data...')
        for i in range (ceil (file_size//chunk_size) + 1):
            bytes_to_read = min (chunk_size, file_size - (i * chunk_size))
            file_string = f.read (bytes_to_read).decode ('utf-8')
            file_string = file_string.lower ()                     # 将数据转换为小写
            file_string = nltk.word_tokenize (file_string)         # 分词
            data.extend (file_string)
    return data
words = read_data (filename)
print ('Data size %d' % len(words))
token_count = len (words)
print ('Example words (start): ', words [ : 10])
print ('Example words (end): ', words [ -10 : ])
```

运行结果如下:

```
Reading data...
Data size 3361192
Example words (start): ['propaganda', 'is', 'a', 'concerted', 'set', 'of',
'messages', 'aimed', 'at', 'influencing']
Example words (end): ['favorable', 'long-term', 'outcomes', 'for', 'around',
'half', 'of', 'those', 'diagnosed', 'with']
```

3. 创建词典

根据以下的规则进行词典的创建，例如句子 "I like to go to school"：

dictionary: 词语与ID之间的映射关系 (e.g. {'I': 0, 'like': 1, 'to': 2, 'go': 3, 'school': 4})

reverse_dictionary: ID与词语之间的映射关系 (e.g. {0: 'I', 1: 'like', 2: 'to', 3: 'go', 4: 'school'})

count: 列表中每个元素是个元组，每个元组中的元素为单词以及频率 (word, frequency) (e.g. [('I', 1), ('like', 1), ('to', 2), ('go', 1), ('school', 1)])

data : 文本中的词语，这些词语以ID来代替 (e.g. [0, 1, 2, 3, 2, 4])

标记 UNK 来表示稀有词语。

```python
# 词典中只统计50 000个常见词
vocabulary_size = 50 000
def build_dataset (words):
    count = [['UNK', -1]]
    # 只获取words_size最常用的词作为词表，所有其他单词将替换为 UNK
    count.extend (collections.Counter (words).most_common (vocabulary_size - 1))
    dictionary = dict()
    # 通过给出字典的当前长度为每个单词创建一个 ID,并将该项添加到字典中
    for word, _ in count:
        Dictionary [word] = len (dictionary)
    data = list()
    unk_count = 0
    # 遍历所有文本并生成一个列表
    for word in words:
        # 如果单词在字典中，则使用单词 ID,否则使用特殊标记 "UNK" 的 ID
        if word in dictionary:
            index = dictionary [word]
        else:
            index = 0
            unk_count = unk_count + 1
        data.append (index)
    # 用 UNK 出现的次数更新 count 变量
    count[0][1] = unk_count
    reverse_dictionary = dict (zip (dictionary.values(), dictionary.keys()))
    # 确保字典的大小与词汇量相同
    assert len (dictionary) == vocabulary_size
```

```
        return data, count, dictionary, reverse_dictionary
data, count, dictionary, reverse_dictionary = build_dataset(words)
print ('Most common words ( + UNK)', count [ : 5])
print ('Sample data', data [ : 10])
del words
```

运行结果如下:

```
Most common words ( + UNK) [['UNK', 68751], ('the', 226893), (',', 184013), ('.', 120919), ('of', 116323)]
Sample data [1721, 9, 8, 16479, 223, 4, 5168, 4459, 26, 11597]
```

4. 生成 GloVe 的 batch 数据

batch 是中心词，labels 是中心词上下文窗口中的词语。对于中心词的上下文，每次读取 2×window_size + 1 个词语，称为 span。每个 span 中，中心词为 1，上下文大小为 2×window_size。该函数以这种方式继续直到创建 batch_size 数据点，每次到达单词序列的末尾时都会从头开始。

```
data_index = 0
def generate_batch (batch_size, window_size):
    # 读取一个数据点，data_index 更新 1
    global data_index
    batch = np.ndarray (shape = (batch_size), dtype = np.int32)
    labels = np.ndarray (shape = (batch_size, 1), dtype = np.int32)
    weights = np.ndarray (shape = (batch_size), dtype = np.float32)
    # span 定义总窗口大小
    span = 2 * window_size + 1
    # 缓冲区保存 span 中包含的数据
    buffer = collections.deque (maxlen = span)
    # 填充缓冲区并更新 data_index
    for _ in range (span):
        buffer.append (data [data_index])
        data_index = (data_index + 1) % len (data)
    # 上下文词的数量
    num_samples = 2 * window_size
    for i in range (batch_size // num_samples):
        k=0
        for j in list (range (window_size)) + list (range (window_size + 1, 2 * window_size + 1)):
            batch [i * num_samples + k] = buffer [window_size]
            labels [i * num_samples + k, 0] = buffer [j]
            Weights [i * num_samples + k] = abs (1.0 / (j - window_size))
            k += 1
        # 每次读取 num_samples 个数据点，创建尽可能多的数据点，创建新的跨度
        buffer.append (data [data_index])
```

```
            data_index = (data_index + 1) % len (data)
        return batch, labels, weights
print ('data:', [reverse_dictionary [di] for di in data [ : 9]])
for window_size in [2, 4]:
    data_index = 0
    batch, labels, weights = generate_batch (batch_size = 8, window_size = window_size)
    print ('\nwith window_size = %d:' %window_size)
    print (' batch:', [reverse_dictionary[bi] for bi in batch])
    print (' labels:', [reverse_dictionary [li] for li in labels.reshape (8)])
    print (' weights:', [w for w in weights])
```

运行结果如下：

```
data: ['propaganda', 'is', 'a', 'concerted', 'set', 'of', 'messages', 'aimed', 'at']
with window_size = 2:
    batch: ['a', 'a', 'a', 'a', 'concerted', 'concerted', 'concerted', 'concerted']
    labels: ['propaganda', 'is', 'concerted', 'set', 'is', 'a', 'set', 'of']
    weights: [0.5, 1.0, 1.0, 0.5, 0.5, 1.0, 1.0, 0.5]
with window_size = 4:
    batch: ['set', 'set', 'set', 'set', 'set', 'set', 'set', 'set']
    labels: ['propaganda', 'is', 'a', 'concerted', 'of', 'messages', 'aimed', 'at']
    weights: [0.25, 0.33333334, 0.5, 1.0, 1.0, 0.5, 0.33333334, 0.25]
```

5. 生成共现概率矩阵

```
# 将共现矩阵创建为压缩的稀疏列矩阵
cooc_data_index = 0
dataset_size = len (data)
skip_window = 4
# 存储单词共现的稀疏矩阵
cooc_mat = lil_matrix ((vocabulary_size, vocabulary_size), dtype = np.float32)
print (cooc_mat.shape)
def generate_cooc (batch_size, skip_window):
    # 通过处理批量数据生成共现矩阵
    data_index = 0
    print ('Running %d iterations to compute the co-occurance matrix' % (dataset_size // batch_size))
    for i in range (dataset_size // batch_size):
        if i > 0 and i % 100000 == 0:
            print ('\tFinished % d iterations' % i)
        # 生成单批数据
        batch, labels, weights = generate_batch (batch_size, skip_window)
        labels = labels.reshape (-1)
        # inp: 中心词 i 的 id, lbl: 上下文词语 j 的 id, w: i 与 j 共现的频率
```

```
            for inp, lbl, w in zip (batch, labels, weights):
                cooc_mat [inp, lbl] += (1.0 * w)
# 生成矩阵
generate_cooc (8, skip_window)
print ('Sample chunks of co-occurance matrix')
# 计算最高共现度
for i in range (10):
    idx_target = i
    # 获取稀疏矩阵的第 i 行并使其稠密
    ith_row = cooc_mat.getrow (idx_target)
    # 获得频率, 如果 ith_row 没有这个元素, 则为 0
    ith_row_dense = ith_row.toarray ('C').reshape (-1)
    # 选择目标单词
    while np.sum (ith_row_dense) < 10 or np.sum (ith_row_dense) > 50000:
        idx_target = np.random.randint (0,vocabulary_size)
        # 获取稀疏矩阵的第 i 行并使其稠密
        ith_row = cooc_mat.getrow (idx_target)
        ith_row_dense = ith_row.toarray ('C').reshape (-1)
    print ('\nTarget Word: "%s"' % reverse_dictionary [idx_target])
    # 词频从小到大排序, 结果为索引
    sort_indices = np.argsort (ith_row_dense).reshape (-1)
    # 反转数组, 词频从大到小排序
    sort_indices = np.flip (sort_indices, axis = 0)
    print ('Context word:',end = '')
    for j in range (10):
        idx_context = sort_indices [j]
        print ('"%s" (id : %d, count : %.2f),' %(reverse_dictionary
[idx_context], idx_context, ith_row_dense [idx_context]), end = '')
    print ()
```

因为共现概率矩阵是稀疏矩阵, 采用 scipy.sparse 中的 lil_matrix 只存储非零元素的行列以及元素, 其余位置全为 0。

运行结果如下:

```
(50000, 50000)
Running 420 149 iterations to compute the co-occurance matrix
    Finished 100000 iterations
    Finished 200000 iterations
    Finished 300000 iterations
    Finished 400000 iterations
Sample chunks of co-occurance matrix
...
Target Word: "to"
```

```
Context word:"the"(id:1,count:2481.16), ","(id:2,count:989.33), "."(id:3,count:
689.00), "a"(id:8,count:579.83), "and"(id:5,count:573.08), "be"(id:30,count:553.83), "of"
(id:4,count:470.50), "UNK"(id:0,count:470.00), "in"(id:6,count:412.25), "is"(id:9,count:
283.42),
```

一共需要抓取 420 149 次，每一次抓 8 个数据计算（batch_size），得到一个中心词及其 8 个上下文（window_size = 4），以及在这个窗口中中心词与上下文共现的频率，接着更新共现概率矩阵。

6. GloVe 算法

（1）定义超参数。

```
batch_size = 128                          # 每个 batch 中的样本数
embedding_size = 128                      # 嵌入层向量的大小
window_size = 4                           # 上下文窗口大小
valid_size = 16                           # 选择随机验证集设置为最近邻样本
valid_window = 50                         # 从大窗口随机抽样有效的数据点
valid_examples = np.array (random.sample (range (valid_window), valid_size))
valid_examples = np.append (valid_examples, random.sample (range(1000,
1000 + valid_window), valid_size), axis = 0)
num_sampled = 32
epsilon = 1                               # 用于损失函数稳定性
```

（2）定义输入与输出。

```
tf.reset_default_graph()
# 训练输入数据
train_dataset = tf.placeholder (tf.int32, shape = [batch_size])
train_labels = tf.placeholder (tf.int32, shape = [batch_size])
# 验证数据，valid_dataset 对应第一部分的 valid_examples
valid_dataset = tf.constant (valid_examples, dtype = tf.int32)
```

（3）定义模型参数及其他变量。

```
in_embeddings = tf.Variable (tf.random_uniform ( [vocabulary_size,
embedding_size], -1.0, 1.0), name = 'embeddings')
in_bias_embeddings = tf.Variable ( tf.random_uniform ( [vocabulary_size],
0.0, 0.01, dtype = tf.float32), name = 'embeddings_bias')
out_embeddings = tf.Variable ( tf.random_uniform ( [vocabulary_size,
embedding_size], -1.0, 1.0), name = 'embeddings')
out_bias_embeddings = tf.Variable ( tf.random_uniform ( [vocabulary_
size], 0.0, 0.01, dtype = tf.float32), name = 'embeddings_bias')
```

（4）定义模型计算。

定义 4 个查找方法：embed_in, embed_out, embed_bias_in, embed_bias_out。

```
# 两个单独的嵌入矢量空间，用于输入和输出
embed_in = tf.nn.embedding_lookup (in_embeddings, train_dataset)
embed_out = tf.nn.embedding_lookup (out_embeddings, train_labels)
embed_bias_in = tf.nn.embedding_lookup (in_bias_embeddings, train_dataset)
embed_bias_out = tf.nn.embedding_lookup (out_bias_embeddings, train_labels)
weights_x = tf.placeholder (tf.float32,shape = [batch_size], name = 'weights_x')
# i, j 共现频率
x_ij = tf.placeholder (tf.float32, shape = [batch_size], name = 'x_ij')
# 一次计算批量损失
loss = tf.reduce_mean ( weights_x * (tf.reduce_sum (embed_in * embed_out,
axis = 1) + embed_bias_in + embed_bias_out - tf.log (epsilon + x_ij)) ** 2)
```

（5）相似度计算。

这一部分主要采用余弦相似度计算词语的相似度。

```
embeddings = (in_embeddings + out_embeddings) / 2.0
# 矩阵中每行元素的模
norm = tf.sqrt (tf.reduce_sum (tf.square (embeddings), 1, keepdims = True))
# L2 正则化
normalized_embeddings = embeddings / norm
# 提取验证集中的数据
valid_embeddings = tf.nn.embedding_lookup(normalized_embeddings, valid_dataset)
# 余弦相似度
similarity = tf.matmul (valid_embeddings, tf.transpose (normalized_embeddings))
```

（6）定义模型参数优化器。

```
# 采用 Adagrad 优化器
optimizer = tf.train.AdagradOptimizer (1.0).minimize (loss)
```

（7）运行 GloVe 模型。

训练数据，训练 num_steps 次。并且在每次迭代中，在一个固定的验证集中评估算法，并且打印出距离给定词语最近的词语。从结果来看，随着训练的进行，最接近验证集中词语的词语是一直在发生改变的。

```
num_steps = 100001
glove_loss = []
average_loss = 0
with tf.Session (config = tf.ConfigProto (allow_soft_placement = True)) as session:
    tf.global_variables_initializer().run()
    print ('Initialized')
    for step in range (num_steps):
        # 生成单个批处理（数据，标签，共现权重）
        batch_data, batch_labels, batch_weights = generate_batch(
```

```
                batch_size, skip_window)
            # 计算损失函数的权重
            batch_weights = []
            batch_xij = []
            # 计算批处理中每个数据点的权重
            for inp,lbl in zip (batch_data, batch_labels.reshape (-1)):
                point_weight = (cooc_mat[inp,lbl] / 100.0) ** 0.75 if cooc_mat
[inp,lbl] < 100.0 else 1.0
                batch_weights.append (point_weight)
                batch_xij.append (cooc_mat [inp,lbl])
            batch_weights = np.clip (batch_weights, -100,1)
            batch_xij = np.asarray (batch_xij)
            # 填充Feed_dict并运行优化程序
            feed_dict = {train_dataset : batch_data.reshape(-1), train_labels :
batch_labels.reshape(-1), weights_x : batch_weights, x_ij : batch_xij}
            _, l = session.run ([optimizer, loss], feed_dict = feed_dict)
            # 更新平均损失变量
            average_loss += l
            if step % 2 000 == 0:
                if step > 0:
                    average_loss = average_loss / 2000
                print('Average loss at step %d: %f' % (step, average_loss))
                glove_loss.append(average_loss)
                average_loss = 0
            # 根据余弦距离计算测试单词最近邻单词
            if step % 10 000 == 0:
                sim = similarity.eval()
                for i in range (valid_size):
                    valid_word = reverse_dictionary [valid_examples [i]]
                    top_k = 8                                     # 最近邻单词数量
                    nearest = (-sim[i, :]).argsort() [1 : top_k+1]
                    log = 'Nearest to %s:' % valid_word
                    for k in range (top_k):
                        close_word = reverse_dictionary [nearest [k]]
                        log = '%s %s,' % (log, close_word)
                    print (log)
        final_embeddings = normalized_embeddings.eval()
```

运行结果（选用初始情况，以及第100 000次训练的结果）如下：

```
Average loss at step 0: 8.672687
Nearest to ,: pitcher, discharges, pigs, tolerant, fuzzy, medium-, on-campus,
eduskunta,
```

Nearest to this: mediastinal, destined, implementing, honolulu, non-mormon, juniors, tycho, powered,
Nearest to most: translating, absolute, 111, bechet, adam, aleksey, penetrators, rake,
Nearest to but: motown, ridged, beginnings, shareholder, resurfacing, english, intelligence, o'dea,
Nearest to is: higher-quality, kitchener, kelley, confronted, m15, stanislaus, depictions, buf,
Nearest to): encyclopedic, commute, symbiotic, forecasts, 1993., 243-year, cenwealh, inclosure,
Nearest to not: toulon, discount, dunblane, vividly, recorded, olive, afrikaansche, german-speaking,
Nearest to with: tofu, expansive, penned, grids, 102, drought, merced, cunningham,
Nearest to ;: all-electric, internationally-recognised, czars, 12-16, kana, immaculate, innings, wnba,
Nearest to a: non-residents, presumption, cephas, tau, stepfather, beside, aorist, vom,
Nearest to for: bitterroots, sx-64, weekday, edificio, sousley, self-proclaimed, whoever, liquid,
Nearest to have: dissenting, barret, psilocybin, massamba-débat, kopfstein, 5.5, fillmore, innovator,
Nearest to was: ., is, most, wheelchair, 1575, warm-blooded, dynamically, 1913.,
Nearest to 's: eoka, melancholia, downs, gallipoli, reichswehr, easter, chest, construed,
Nearest to were: 1138, djuna, 3, beni, high-grade, slander, agency, séamus,
Nearest to be: knelt, horrors, assistant, hospitalised, 1802, fierce, cinemas, magnified,
...
Average loss at step 100000: 0.019544
Nearest to ,: ., the, in, a, of, and, ,, is,
Nearest to this:), (, ``, UNK, or, ., in, ,,
Nearest to most: ., the, of, ,, and, for, a, to,
Nearest to but:), UNK, '', or, and, ,, in, .,
Nearest to is: 's, the, of, at, world, ., in, on,
Nearest to): were, in, ., and, ,, the, by, is,
Nearest to not: (, ``, UNK,), '', of, 's, the,
Nearest to with: been, had, to, has, be, that, a, may,
Nearest to ;: a, such, an, ,, for, and, with, is,
Nearest to a: the, was, ., in, and, ,, to, of,
Nearest to for: are, by, and, ,, in, to, the, was,
Nearest to have: is, was, that, also, this, not, has, a,
Nearest to was: ., of, in, and, ,, 's, for, to,

```
Nearest to 's: it, is, has, there, this, are, was, not,
Nearest to were: a, as, is, with, and, ,, to, for,
Nearest to be: was, it, when, had, that, his, in, ,,
```

每一轮迭代生成一个中心词 batch_data 及其窗口中的上下文 batch_labels，由此可见，随着训练的进行，最接近于中心词的词语是在发生改变的，且越来越相似。

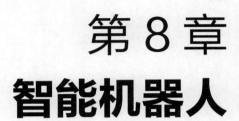

第 8 章
智能机器人

  智能机器人应用当代发展最快的计算机技术、传感器技术和人工智能技术及其他的高新技术成果，进一步扩展了传统机器人的功能，是一种更接近人类的智能化机械，也是集机械学、计算机科学、控制工程、人工智能、微电子技术、光学、传感技术、材料科学和仿生学于一体的高科技产品。智能机器人的特点是能自主判断和决策，排除人为的不可控制的因素，做人事先没有在程序中设定的工作。一般来说智能机器人至少具备以下四种功能：运动功能、感知功能、思维功能和人－机交互功能。这些功能都是人类最基本的功能，这些功能的作用，构成了人类"智能"特点。

  本章介绍机器人采用 Nano 作为控制器，Ubuntu 作为开发主机，对机器人操作需要具有基本的 Linux 操作技能。ROS 机器人使用步骤概述如下：

  （1）搭建 Ubuntu18.04 开发主机。如果没有独立的 Linux Ubuntu18.04 主机可以直接使用虚拟机和系统镜像，包含 ROS 系统、功能包和配置文件。如果用户具有 Ubuntu18.04 主机，也可自行安装 ROS 系统。

  （2）机器人网络配置。ROS 机器人操作需要 WIFI 网络，机器人支持 WIFI 热点模式和 WIFI 路由器模式。热点模式，可直接连接机器人的 WIFI 热点，无需路由器。路由器模式，机器人的 WIFI 网络配置可通过机器人配备的键盘控制器来配置机器人网络。

  （3）机器人 IP 地址获取，机器人网络 IP 地址可通过小车上显示屏查看。

  （4）开发主机 SSH 连接机器人 Jetson Nano，ROS 机器人的操作主要通过 SSH 实现。

  （5）畅玩 ROS 机器人。开发主机连接到 ROS 机器人后，可以通过 ROS 来对机器人控制，产品具有丰富例程。

  ROS 是一个开放源代码的机器人元操作系统，它提供了对操作系统期望的服务，包括硬件抽象、低级设备控制、常用功能的实现、进程之间的消息传递以及功能包管理。提供了用于在多台计算机之间获取、构建、编写和运行代码的工具和库。ROS 包括一个类似于操作系统的硬件抽象，但它不是一个传统的操作系统，它具有可用于异构硬件的特性。此外，它是一个机器人软件平台，提供了专门为机器人开发应用程序的各种开发环境，是一个用于编写机器人软件的灵活框架，可以极大简化繁杂多样的机器人平台下的复杂任务创建与稳定行为控制。

8.1 机器人硬件

ROS 机器人硬件采用 Nano 和 STM32 运动控制器框架，硬件组成框图参考下图，搭载电机数量根据型号不同有差异。硬件框架图如图 8.1 所示。

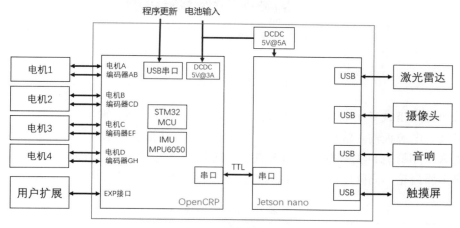

图 8.1 硬件框架图

ROS 控制器采用 JetsonNano，运行 Ubuntu 18.04 with JetPack4.3 系统，安装有 ROS 机器人操作系统，ROS 版本为 Melodic 版本，作为机器人端 ROS 结点控制器。

运动控制器采用塔克创新自主研发的 OpenCRP 机器人运动控制器，采用 STM32F103 作为主控制，板载 IMU 加速度陀螺仪传感器，支持 4 路直流电机闭环控制。具有 BOOT 按键，支持 ISP 串口更新软件。可直接安插在 Nano 上，通过插针接口可实现 Nano 串口通信。

硬件控制器如图 8.2（a）和（b）所示。

（a）外形

图 8.2 硬件控制器

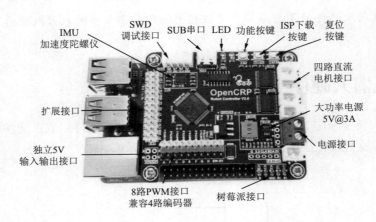

（b）具体部件

图 8.2　硬件控制器（续）

部分机器人搭载专用电源板，可以进行 12V 电源扩展和 5V 输出，方便用户进行机器人功能扩展。电源板输入输出介绍见下图，正负引脚已在板子上通过丝印标注。

机器人采用塔克自主研发的大扭矩直流减速编码器电机，电机为纯铜线圈，具有优质碳刷、全金属齿轮、高强度磁瓦，具有较好性能和耐用性。电机参数见表 8.1。

表 8.1　电机参数

内容	MEX 麦轮	4WD 四差速
供电电压	12V	12V
额定功率	5W	5W
电机减速比	1:30	1:56
编码器分辨率	1440 脉冲每圈	2688 脉冲每圈

部分 ROS 机器人搭载思岚 A1 高速版激光雷达，具体性能参数见表 8.2。可实现 12M 测距范围，8 000 次 / 秒测量频率，扫描频率 5.5-16HZ 可自行调节合适的频率，针对用户的反馈对思岚 A1 雷达做了优化升级，解决了雷达不能关闭的用户的痛点，提升了雷达的扫描频率到 16HZ，频率提升后建图效果导航效果有明显改善，非常适合机器人建图导航研究，可以达到思岚 A2 的性能。

表 8.2　思岚雷达 A1

雷达名称	思岚 A1 版
测量半径	0.15~12M
测量频率	8000 次 / 秒
扫描频率	5.5~15HZ
角度分辨率	≤1
持续工作寿命	暂无
供电通信方案	光磁融合
适用场地	大厅，大型场地

深度相机即有 1080P RGB 普通相机功能，又有深度相机功能，并且具有双立体声麦克风。配备高端 ISP 芯片，可自动根据环境光调节快门优化图像，非常适合机器人视觉图像处理。

8.2 开发环境

开发环境搭建主要包括三部分：

第一部分开发主机 ROS 环境搭建。分两种情况，一种用户没有 Linux Ubuntu18.04 主机，可以使用虚拟机在 Windows 上搭建 Ubuntu18.04 开发主机，该主机已默认安装了 ROS 及相关功能包，无须用户安装。另外一种情况用户有自己的 Ubuntu18.04 主机，那用户可自行安装 ROS 系统及相关功能包。

第二部分 Nano 相关环境配置。包括 ROS 机器人 WIFI 网络配置，查看主机 IP 地址等操作。

第三部分开发主机与 Nano 连接。可通过 SSH 连接到 Nano。

8.2.1 虚拟机开发环境

使用虚拟机环境开发，则已经安装好 ROS 和相关软件环境，操作相对简单。VMware Workstation 软件可以在 VMware 官网下载，当弹出图 8.3 的界面时，VMware 虚拟机软件大致安装完成。

图 8.3　虚拟机软件 VMware

因为使用的是安装有 ROS 及相关工具的 Ubuntu18.04 系统，用户可直接加载使用。打开虚拟机安装软件 VMware，点击"打开虚拟机"选项。选择之前解压的路径，并选择"Ubuntu 64 位 .vmx"，加载完成后，如图 8.4 所示，此时为关机状态。

图 8.4 加载 Ubuntu

启动虚拟机前，请先进行网络配置。点击"编辑"菜单栏下的"虚拟网络编辑器"，如图 8.5 所示，虚拟机有三种网络连接模式，这里选择桥接模式。注意选择计算机实际使用的网卡设备，否则不能联网。一般台式机为普通有线网卡，笔记本为无线网卡，根据实际使用联网情况选择。

图 8.5 网络连接模式

完成上述网络配置操作，即可开启此虚拟机。可以通过打开终端输入 ifconfig 命令查询 IP 地址，并验证网络连接，验证 IP 可以通过 ping www.baidu.com 的命令，看是否能够建立连接，详细参照图 8.6 所示。

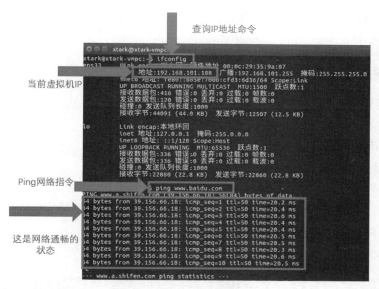

图 8.6 验证网络连接

8.2.2 网络配置

使用机器人上的 ROS 系统,需要将机器人 Wi-Fi 连接到开发主机相同的局域网中,对于网络环境的不同,提供两种网络连接方式,Wi-Fi 热点模式和路由器模式。

当机器人处在无网络环境中或网络环境配置不便时,可使用机器人的 Wi-Fi 热点模式。

用户可随时连接机器人 AP 热点进行机器人的控制。机器人开启 AP 功能后,因为占用部分网卡资源,对网络带宽有一定影响,因此如果已经配置好了 Nano 路由器模式或暂不需要 AP 连接时,用户可以暂时关闭 AP 热点,从而提升网络性能。

其中路由器模式下 Nano 可连接局域网 Wi-Fi,用户可以通过显示屏以及键盘操作联网,与普通 PC 系统联网方式无异。连接到 Wi-Fi 后,通过【Ctrl+Alt+t】组合键或右键->Open Terminal 打开终端,即可看到机器人 IP,如图 8.7 所示。

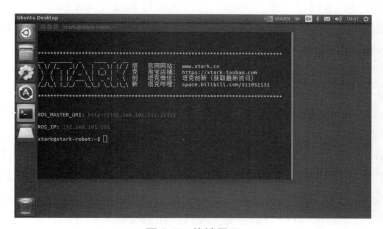

图 8.7 终端显示

通过路由器模式 SSH 连接到机器人，重启机器人运行如下命令：

xtark@xtark-nano:~$ sudo systemctl disable create_ap.service

8.2.3　开发主机 SSH 登录 Nano

Nano 连接到 WIFI 后获取 IP 地址，开发主机可通过 SSH 方式连接到 Nano。命令如下，IP 地址更换为实际 IP 地址：

xtark@xtark-vmpc:~$ ssh xtark@192.168.101.86

提示输入密码（密码不显示），输入完密码按回车即可。

在机器人的实践和开发过程中，若频繁 SSH 登录机器人，则使用快捷方式可以提高 SSH 登录效率。可以把 SSH 登录 Nano 命令映射为"sshrobot"特定字符，用户只需输入该字符，即可 SSH 登录 Nano，如图 8.8 所示。

xtark@xtark-vmpc:~$ sshrobot

图 8.8　快捷输入

ROS 机器人连接显示器，若不具备这样的条件，也可以使用 VNC 进行远程桌面连接。软件工具文件夹下有 VNC 软件，推荐使用 VNC Viewer。

8.2.4　编程开发环境

在 ROS 开发中，可以使用多种编辑器对代码进行修改，如 Ubuntu 系统自带的 gedit、vi 等。为了方便项目开发，很多开发者也会使用 IDE 进行开发，如 Eclipse、Vim、Qt Creator、Pycharm、RoboWare 等。

Eclipse 是一款万能的集成开发环境，适合各种编程语言的项目开发，而且通过丰富的插件可以无限扩展 IDE 的功能。

RoboWare 是一款直观、简单，并且易于操作的 ROS 集成开发环境，可进行 ROS 工作空间及包的管理、代码编辑、构建及调试。RoboWare Studio 是基于 VSCode 的 IDE，是专为 ROS（indigo / jade / kinetic）设计的。RoboWare Studio 可以自动检测并加载 ROS 环境，而无需其他配置。"开箱即用"功能可帮助开发人员选择并迅速解决，它提供了直观的图形界面，用于创建 ROS 工作区 / 程序包，添加源文件，创建消息 / 服务 / 操作，列出生成的程序包 / 结点等。同时，可以自动更新 CMakeLists.txt 文件，支持发布版本和调试版本。

人们可以直接从编辑器调试 C++ 和 Python 代码，包括断点，调用堆栈和交互式控制台，并且它在界面中显示 ROS 包和结点。

鉴于 Eclipse 的臃肿和 Roboware 的停止更新，还可以选择基于 VS Code 的开发方式，可以在微软官网下载 ubuntu 对应的 vscode 的 deb 版本。

8.3 ROS 基本操作

实验目的

（1）掌握机器人底盘驱动方法。
（2）掌握机器人几种结点操作方法及实现功能。

实验环境

Ubuntu18.04、VMware、Nano。

实验原理

通过启动 launch 文件实现机器人的底盘驱动操作，从而接入 ROS 系统。通过机器人底盘结点操作、激光雷达结点操作、摄像头结点操作实现一系列交互和控制功能。

实验步骤

1. 机器人底盘驱动

机器人主要功能都是通过 launch 文件实现的，launch 启动如图 8.9 所示。

图 8.9 启动 launch

修改参数文件最常用的方式是使用 vim 编辑器，还可以使用一种类似 windows 记事本的图像化的操作方法适用 gedit 图像化编辑器，操作较方便，可直接双击或使用 gedit 命令打开。大部分文件可以通过双击打开，部分隐藏文件可以通过命令方式打开，例如：

xtark@xtark-vmpc:~$ gedit .bashrc

ROS 机器人通过 xtark_driver 驱动包接入 ROS 系统，xtark_driver 驱动包提供了底层传感器参数获取接口以及上层速度指令执行接口。xtark_driver 驱动功能包文件结构及主要 launch 文件路径和名称如图 8.10 所示。

```
xtark@xtark-robot:~/ros_ws/src/xtark_driver$ ls
CMakeLists.txt  config    launch         scripts      src
cfg             include   package.xml    setup.py     urdf

xtark@xtark-robot:~/ros_ws/src/xtark_driver/launch$ ls
xtark_bringup.launch              xtark_camera.launch    xtark_selfcheck.launch
xtark_calibrate_angular.launch    xtark_driver.launch
xtark_calibrate_linear.launch     xtark_lidar.launch
```

图 8.10 驱动功能包文件结构

xtark_driver 驱动包通过 xtark_driver/config/xtark_params.yaml 配置文件来设置驱动包相关运行参数，如图 8.11 所示。

```
xtark@xtark-robot:~/ros_ws/src/xtark_driver/config$ ls
cfg  imu_calib.yaml  usb_cam.yaml  xtark_laserfilter.yaml  xtark_params.yaml
xtark@xtark-robot:~/ros_ws/src/xtark_driver/config$
```

图 8.11 设置参数

2. 结点操作

（1）机器人底盘结点，提供了机器人底盘的底层交互和控制功能，IMU 数据发布、电池电压数据等信息。输入如下命令，运行 xtark_driver 驱动包：

xtark@xtark-robot:~$ roslaunch xtark_driver xtark_driver.launch

机器人驱动结点启动后会发布话题消息，可以通过 ROS 命令查看话题消息，新建一个终端，在虚拟机端运行查看话题清单命令，可以看到话题清单，如图 8.12 所示。用户可以输出话题内容，查看具体的话题数据。查看其他内容操作相同。

```
xtark@xtark-vmpc:~$ rostopic list
/cmd_vel
/imu
/odom
/rosout
/rosout_agg
/tf
/voltage
/xtark/aset
/xtark/avel
/xtark/bset
/xtark/bvel
/xtark/cset
/xtark/cvel
/xtark/dset
/xtark/dvel
/xtark_ros_wrapper/parameter_descriptions
/xtark_ros_wrapper/parameter_updates
xtark@xtark-vmpc:~$
```

图 8.12 话题清单

有些话题通过文本方式可能不方便观察数据变化，可以通过 ROS 提供的 qt_plot 工具图形化显示数据。例如，在虚拟机端运行如下命令，打开图形化工具：

xtark@xtark-vmpc:~$ rosrun rqt_plot rqt_plot

用户可自行添加需要显示的数据。在"Topic"文本框输入"/"即可出现所有话题列表，选择需要显示的话题，点击"+"添加按钮可加入波形中，可添加多个话题。如图 8.13 所示。

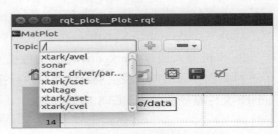

图 8.13 图形化工具

（2）激光雷达结点可以为机器人建图导航提供所需要的 2 维平面扫描数据，通过命令运行激光雷达传感器结点。

xtark@xtark-robot:~$ roslaunch xtark_driver xtark_lidar.launch

雷达结点启动后，新建一个终端，在虚拟机端运行如下命令，打开 RVIZ 图形化工具。

xtark@xtark-vmpc:~$ rosrun rviz rviz

按照图 8.14 所示操作方式，加载激光雷达数据。

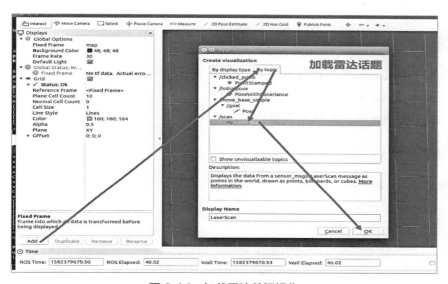

图 8.14　加载雷达数据操作

（3）摄像头结点可以为机器人捕获图像数据，可用于图像显示或图像处理。通过命令运行摄像头结点：

xtark@xtark-robot:~$ roslaunch xtark_driver xtark_camera.launch

启动成功后，使用以下命令查看当前系统中的图像话题信息，得到图 8.15 所示信息。

xtark@xtark-robot:~$ rostopic info /usb_cam/image_raw

图 8.15　打印信息

可以看出图像话题的消息类型是 sensor_msgs/Image，这是 ROS 定义的一种摄像头原始图像的消息类型，还可以通过命令查看该图像消息的详细定义。

通过命令在虚拟机端运行摄像头显示工具：

xtark@xtark-vmpc:~$ rosrun rqt_image_view rqt_image_view

选择 /usb_cam/image_raw，即可看到摄像头未压缩的原始数据画面，可以明显观察到原始数据图像卡顿，帧率较低。选择 /image_raw/compressed 压缩后的图像后，图像显示流畅。

机器人搭载的摄像头支持多种分辨率格式，可以启动时设置参数来控制摄像头的分辨率。启动方法如下：

xtark@xtark-robot:~$roslaunch xtark_driver xtark_camera.launch resolution:=480p

8.4 OpenCV 机器人视觉开发

实验目的

（1）基于 OpenCV 实现机器人人脸识别。

（2）基于 OpenCV 实现机器人二维码检测。

（3）基于 OpenCV 实现机器人物体跟踪。

实验环境

Ubuntu18.04、VMware、Nano。

实验原理

OpenCV 库（Open Source Computer Vision Library）是一个基于 BSD 许可发行的跨平台开源计算机视觉库，可以运行在 Linux、Windows 和 mac OS 等操作系统上，ROS 中的 cv_bridge 功能包为其提供了接口，赋予 ROS 应用强大的图像处理能力，可以轻松实现人脸识别、物体跟踪等功能。基于 OpenCV 库，可以快速开发机器视觉方面的应用，而且 ROS 中已经集成了 OpenCV 库和相关的接口功能包 cv_bridge。开发者可以通过该功能包将 ROS 中的图像数据转换成 OpenCV 格式的图像，并且调用 OpenCV 库进行各种图像处理；或者将 OpenCV 处理过后的数据转换成 ROS 图像，通过话题进行发布，实现各结点之间的图像传输。

机器人可使用 OpenCV 进行图像处理，如图 8.16 中示例，用户可以运行对应的 launch 文件进行探索。

```
xtark@xtark-robot:~/ros_ws/src/xtark_cv/xtark_opencv/launch $ ls
xtark_camshift.launch                        xtark_hough_lines.launch
xtark_convex_hull.launch                     xtark_hsv_color_filter.launch
xtark_discrete_fourier_transform.launch      xtark_lk_flow.launch
xtark_edge_detection.launch                  xtark_people_detect.launch
xtark_face_detection.launch                  xtark_phase_corr.launch
xtark_fback_flow.launch                      xtark_pyramids.launch
xtark_find_contours.launch                   xtark_rgb_color_filter.launch
xtark_general_contours.launch                xtark_segment_objects.launch
xtark_goodfeature_track.launch               xtark_simple_flow.launch
xtark_hls_color_filter.launch                xtark_smoothing.launch
xtark_hough_circles.launch                   xtark_threshold.launch
```

图 8.16 launch 文件

实验步骤

实验一：人脸检测

人脸识别例程 launch 文件为"xtark_face_detection.launch"，新建一个终端，SSH 连接到机器人，运行 USB 摄像头结点：

xtark@xtark-robot:~$ roslaunch xtark_driver xtark_camera.launch

SSH 连接到机器人，运行人脸识别例程：

xtark@xtark-robot:~$ roslaunch　　　xtark_opencv xtark_face_detection.launch

在虚拟机端运行摄像头显示结点：

xtark@xtark-vmpc:~$ rosrun rqt_image_view rqt_image_view

选中 /face_detection/image，即可看到摄像头画面，画面中的人脸会用粉红色的圆圈圈出，如图 8.17 所示。

实验二：二维码检测

（1）二维码生成。

ROS 中提供了多种二维码识别的功能包，其中二维码识别的功能包 ar_track_alvar 的主要功能是生成大小，分辨率和数据 / ID 编码不同的 AR 标签，识别并跟踪各个 AR 标签的姿态。识别和跟踪由多个标签组成的"捆绑包"的状态可以实现更稳定的姿态估计，对遮挡的

图 8.17　人脸检测运行结果

鲁棒性以及对多边物体的跟踪。使用相机图像自动计算捆绑包中标签之间的空间关系，从而用户不必手动测量和输入 XML 文件中的标签位置即可使用捆绑包功能。功能包具有自适应阈值处理能力，可处理各种照明条件，基于光流的跟踪以实现更稳定的姿态估计，以及一种改进的标签识别方法，该方法不会随着标签数量的增加而降低速度。

ar_track_alvar 功能包提供了二维码 AR 标签的生成功能，创建标号为 0 的二维码标签，保存在当前目录下。参数 5 是标签的尺寸参数，0 是标签的标号，可以是 0~65 535 之间的任意数字，创建命令如下：

xtark@xtark-robot:~$ rosrun ar_track_alval createMarker -s 5 0

创建结果如图 8.18 所示。

```
xtark@xtark-robot:~ $ rosrun ar_track_alvar createMarker -s 5 0
ADDING MARKER 0
Saving: MarkerData_0.png
```

图 8.18　创建二维码

createMarker 工具还有很多参数可以进行配置，通过以下命令查看使用帮助，如图 8.19 所示。不仅可以使用数字标号生成二维码标签，也可以使用字符串、文件名、网址等，还可以使用 -s 参数设置生成二维码的尺寸。

xtark@xtark-robot:~$ rosrun ar_track_alval createMarker

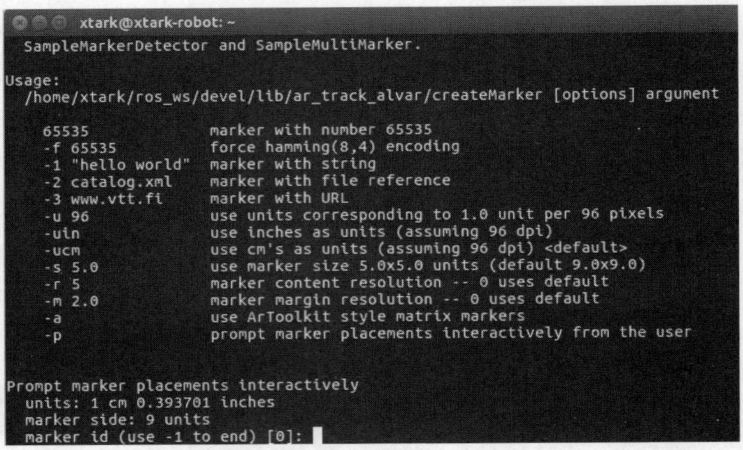

```
xtark@xtark-robot: ~
  SampleMarkerDetector and SampleMultiMarker.

Usage:
  /home/xtark/ros_ws/devel/lib/ar_track_alvar/createMarker [options] argument

    65535             marker with number 65535
    -f 65535          force hamming(8,4) encoding
    -1 "hello world"  marker with string
    -2 catalog.xml    marker with file reference
    -3 www.vtt.fi     marker with URL
    -u 96             use units corresponding to 1.0 unit per 96 pixels
    -uin              use inches as units (assuming 96 dpi)
    -ucm              use cm's as units (assuming 96 dpi) <default>
    -s 5.0            use marker size 5.0x5.0 units (default 9.0x9.0)
    -r 5              marker content resolution -- 0 uses default
    -m 2.0            marker margin resolution -- 0 uses default
    -a                use ArToolkit style matrix markers
    -p                prompt marker placements interactively from the user


Prompt marker placements interactively
  units: 1 cm 0.393701 inches
  marker side: 9 units
  marker id (use -1 to end) [0]:
```

图 8.19　查看参数

（2）二维码识别。

新建一个终端，SSH 连接到机器人，运行二维码识别程序：

xtark@xtark-robot:~$ roslaunch xtark_ar_track xtark_ar_track.launch

等待启动完成，如图 8.20 所示界面。

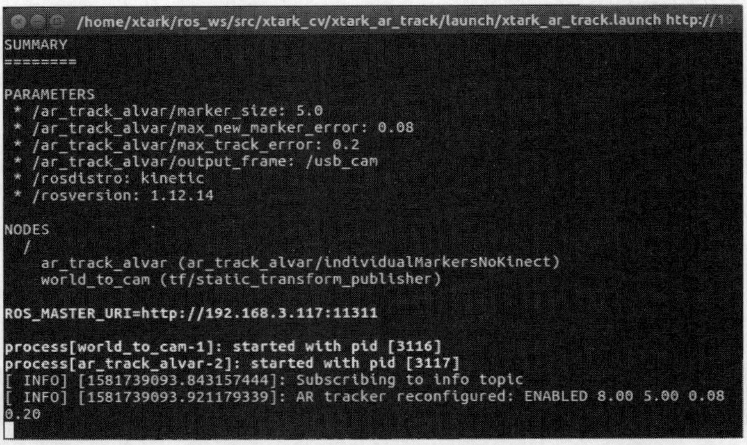

```
/home/xtark/ros_ws/src/xtark_cv/xtark_ar_track/launch/xtark_ar_track.launch http://19
SUMMARY
========

PARAMETERS
 * /ar_track_alvar/marker_size: 5.0
 * /ar_track_alvar/max_new_marker_error: 0.08
 * /ar_track_alvar/max_track_error: 0.2
 * /ar_track_alvar/output_frame: /usb_cam
 * /rosdistro: kinetic
 * /rosversion: 1.12.14

NODES
  /
    ar_track_alvar (ar_track_alvar/individualMarkersNoKinect)
    world_to_cam (tf/static_transform_publisher)

ROS_MASTER_URI=http://192.168.3.117:11311

process[world_to_cam-1]: started with pid [3116]
process[ar_track_alvar-2]: started with pid [3117]
[ INFO] [1581739093.843157444]: Subscribing to info topic
[ INFO] [1581739093.921179339]: AR tracker reconfigured: ENABLED 8.00 5.00 0.08
0.20
```

图 8.20　启动二维码识别程序

新建一个终端，在虚拟机端运行 RVIZ 可视化工具，命令如下：

xtark@xtark-vmpc:~$ rosrun rviz rviz

加载二维码识别的配置文件“xtark_ar_track.rviz”，运行成功后可以在打开的 rviz 界面中看到摄像头图像，将二维码标签放置到摄像头的视野范围内，如图 8.21 显示的识别结果。

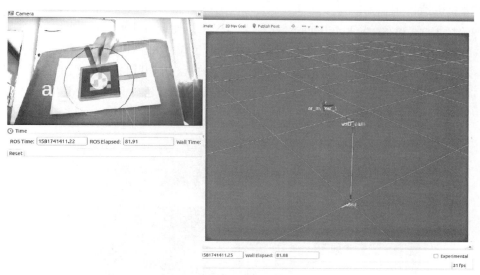

图 8.21　识别结果

图像中的二维码上会出现坐标轴，代表识别到的二维码姿态。ar_track_alvar 功能包不仅可以识别图像中的二维码，而且可以确定二维码的空间位姿。在使用摄像头的情况下，因为二维码尺寸已知，所以根据图像变化可以计算二维码的姿态，还可以计算二维码相对摄像头的空间位置。二维码标签在机器人应用中使用较多，获取这些数据后就可以实现进一步的应用了，例如可以实现导航中的二维码定位、引导机器人跟随运动等功能。

实验三：物体跟踪

目标跟踪大致可分为单目标跟踪与多目标跟踪。目标跟踪解决的问题是：第一帧给出目标矩形框，然后从后续帧开始目标跟踪算法能够跟踪该目标矩形框。

对于目标跟踪方法的分类，大致可分为生成模型方法和判别模型方法，目前比较流行的是判别类方法。生成类方法为在当前帧对目标区域建模，下一帧寻找与模型最相似的区域就是预测位置，例如：卡尔曼滤波，粒子滤波，mean-shift 等。判别类算法的经典套路为图像特征 + 机器学习，当前帧以目标区域为正样本，背景区域为负样本，机器学习训练分类器，下一帧用训练好的分类器找最优区域，例如：Struck，TLD 等。与生成类方法最大的区别，是分类器训练过程中用到了背景信息，这样分类器专注区分前景和背景，判别类方法普遍都比生成类好。判别类方法的最新发展就是相关滤波类方法和深度学习类方法。相关滤波方法例如：DCF，KCF，ECO 等。深度学习方法例如：MDNet，TCNN，SiamFC 等。

KCF（Kernel Correlation Filter）核相关滤波算法不论是在跟踪效果还是跟踪速度上都效果较好，是一种判别式跟踪方法，这类方法一般都是在跟踪的过程中训练一个目标检测器，使用目标检测器去检测下一帧预测位置是否是目标，然后再使用新检测结果去更新训练集进而更新目标检测器。而在训练目标检测器时一般选取目标区域为正样本，目标周围区域为负样本。

在塔克机器人中,搭载了基于 KCF 的物体追踪功能 Demo,程序包源码位于机器人端 ~/ros_ws/src/xtark_cv/xtark_kcf_tracker/ 路径下。程序包使用方法如下:因为 KCF 算法会打开显示窗口用于跟踪目标框的拖选,所以,需要通过 VNC 远程桌面连接机器人运行 KCF 算法;如通过 SSH 方法连接启动 KCF 算法,会出现无法打开可视化窗口的错误。所以,首先,通过 VNC 远程桌面连接机器人,并打开终端,如图 8.22 所示。

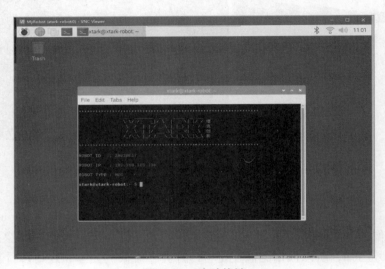

图 8.22 启动终端

输入以下命令,启动 KCF 跟踪算法:
xtark@xtark-robot:~$ xtark_kcf_tracker.launch roslaunch xtark_kcf_tracker
启动成功后,会出现一摄像头画面,如图 8.23 所示。

图 8.23 启动跟踪算法

在上图中，可以用鼠标框选想要跟踪的物体，KCF 算法可以跟踪任意物体，特征越明显，物体表面越平整，跟踪效果越好。

选中要跟踪的目标之后，机器人将会利用深度相机来获取物体离机器人的距离，并利用 KCF 算法使物体保持在画面正中心，机器人将会跟物体保持 1.5m 左右距离跟踪物体运动。KCF 跟踪可以跟随物体前进与转弯，无法后退，无深度相机的机器人套装，机器人不会跟随物体运动。

8.5 语音合成开发

实验目的

基于讯飞开放平台实现机器人语音合成功能。

实验环境

Ubuntu18.04、VMware、Nano、讯飞开放平台。

实验原理

语音合成，又称文本转语音（Text to Speech）技术，通过机械的、电子的方法产生人造语音，它能将任意文字信息实时转化为标准流畅的语音朗读出来，通俗地讲，语音合成技术就是赋予计算机像人一样可以自如说话的能力。它可以在任何时候将任意文本转换成具有高自然度的语音，从而真正实现让机器"像人一样开口说话"。

实验步骤

1. 创建平台

塔克机器人语音合成 TTS 功能（Text To Speech）基于讯飞开放平台语音技术，实现了将文字信息转化为声音信息，利用科大讯飞语音 api，赋予塔克机器人语音播报的功能。功能包源码位于机器人端 ~/ros_ws/src/xtark_voice/xtark_audio/ 路径下。

打开讯飞开放平台官网（https://www.xfyun.cn），注册讯飞开放平台账号。注册完成后，进入控制台，创建语音应用，输入自定义应用信息，完成应用创建。如图 8.24 所示。

创建完成后，进入所创建的应用，点击语音合成界面，记录下所创建应用的 APPID、APISecret 以及 APIKey 三个信息，这三个信息即为功能包所需的授权信息。如图 8.25 所示界面，即完成了语音应用的创建。

图 8.24　创建应用

图 8.25　记录授权信息

2. 配置 xtark_audio 功能包

第一步配置调用语音合成 API 所需要的 APPID，APIKey 与 APISecret。通过 SSH 登录到机器人，切换到 xtark_audio/config/ 路径下，命令如下：

xtark@xtark-robot:~$ cd ros_ws/src/xtark_voice/xtark_audio/config

再利用 VIM 编辑器打开此路径下的 xtark_audio.yaml 文件，如图 8.26 所示。

图 8.26　打开文件

将 APPID，APIKey 与 APISecret 参数引号中的值替换为用户所创建的语音合成应用的 APPID，APIKey 与 APISecret 值。配置完成后，即可运行 xtark_audio 功能包。

3. 运行 xtark_audio 功能包

通过 SSH 连接到机器人，启动语音合成 launch 启动文件。

xtark@xtark-robot:~$ roslaunch xtark_audio xtark_tts.launch

当显示如图 8.27 所示信息时，表示语音合成结点启动成功。

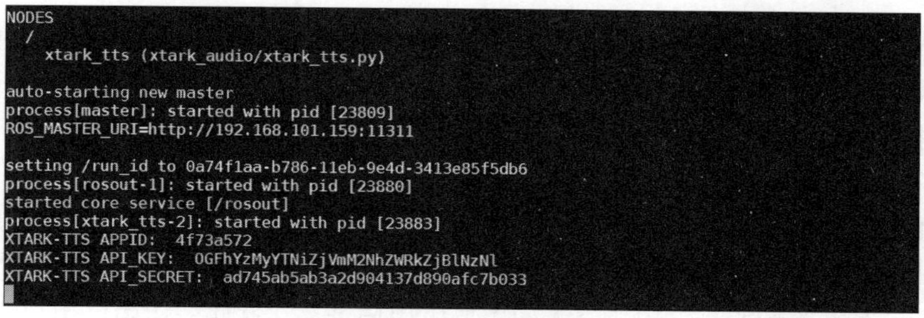

图 8.27 启动结点

新建一个终端，查看当前话题列表与话题消息类型，如图 8.28 所示。

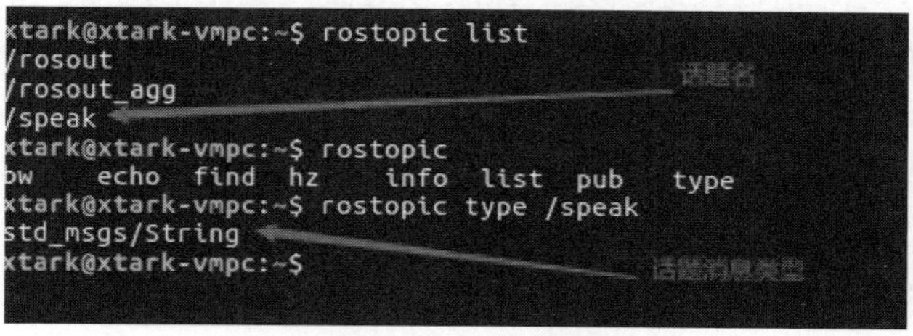

图 8.28 查看话题信息

从图 8.28 可以看出，/speak 话题即为语音合成话题，话题消息类型为 std_msgs/String 类型，此时，向 /speak 话题上发布字符串类型数据，机器人即可合成相应语音并播放。

例如直接用命令行发布 'Hello, world' 字符串，如图 8.29 所示，机器人即可播放。语音合成支持中文与英文，可以直接发布中文语句，机器人即可朗读中文语句。

图 8.29 发布字符

8.6 SLAM 激光雷达建图

实验目的

实现机器人的 SALM 建图和导航技术。

实验环境

Ubuntu18.04、VMware、Nano。

实验原理

机器人技术的迅猛发展，促使机器人逐渐走进了人们的生活，服务型室内移动机器人更是获得了广泛的关注。室内机器人的定位与导航是其中的关键问题之一，在这类问题的研究中，需要把握三个重点：一是地图精确建模；二是机器人准确定位；三是路径实时规划。

SLAM 可以描述为：机器人在未知的环境中从一个未知位置开始移动，移动过程中根据位置估计和地图进行自身定位，同时建造增量式地图，实现机器人的自主定位和导航。家庭、商场、车站等场所是室内机器人的主要应用场景，在这些应用中，用户需要机器人通过移动完成某些任务，这就需要机器人具备自主移动、自主定位的功能，把这类应用统称为自主导航。自主导航往往与 SLAM 密不可分，因为 SLAM 生成的地图是机器人自主移动的主要蓝图。这类问题可以总结为：在服务机器人工作空间中，根据机器人自身的定位导航系统找到一条从起始状态到目标状态、可以避开障碍物的最优路径。要完成机器人的 SLAM 和自主导航，机器人首先要有感知周围环境的能力，尤其要有感知周围环境深度信息的能力，这需要使用激光雷达传感器。

使用 ROS 实现机器人的 SLAM（Simultaneous Localization and Mapping，即时定位与地图构建）和自主导航等功能是非常方便的，因为有较多现成的功能包可供开发者使用，如 gmapping、hector_slam、cartographer、rgbdslam、ORB_SLAM、move_base、amcl 等。

实验步骤

ROS 机器人 SLAM 建图导航相关功能包为 xtark_nav，具体路径和功能包文件结构及驱动包主要 launch 文件路径和名称如图 8.30 所示。

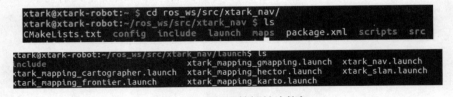

图 8.30　建图导航相关功能包

ROS 机器人支持 gmapping、hector、karto、cartographer、自动探索等建图算法。

1. GMapping 建图算法启动文件

在塔克机器人中，GMapping 建图算法的启动文件位于机器人端 ~/ros_ws/src/xtark_nav/launch/xtark_mapping_gmapping.launch。内容如图 8.31 所示。

第 4 行：启动了 xtark_bringup.launch 文件，该文件为塔克机器人底层 ROS 驱动包，提供了 GMapping 算法所需要的里程计（odom）消息。

第 12 行：启动了 gmapping_base.launch，该 launch 文件启动了核心的 GMapping 算法包及对 GMapping 算法的参数进行初始化。

```
xtark@xtark-robot: ~/ros_ws/src/xtark_nav/launch
1  <launch>
2      <arg name="resolution" default="480p"/>
3      <!-- 启动底盘及激光雷达、手柄驱动包 -->
4      <include file="$(find xtark_driver)/launch/xtark_bringup.launch" />
5
6      <!-- 启动USB摄像头驱动包 -->
7      <include file="$(find xtark_driver)/launch/xtark_camera.launch">
8          <arg name="resolution" value="$(arg resolution)"/>
9      </include>
10
11     <!-- 启动GMapping建图算法包 -->
12     <include file="$(find xtark_nav)/launch/include/gmapping_base.launch" />
13
14     <!-- 启动APP相关接口服务 -->
15     <include file="$(find rosbridge_server)/launch/rosbridge_websocket.launch"/>
16     <node name="robot_pose_publisher" pkg="robot_pose_publisher" type="robot_pose_publisher"/>
17     <arg name="debug" default="false"/>
18     <node pkg="world_canvas_server" type="world_canvas_server" name="world_canvas_server" args="$(a
rg debug)">
19         <param name="start_map_manager" value="true"/>
20         <param name="auto_save_map" value="false"/>
21     </node>
22
23     <node pkg="world_canvas_server" type="map_manager.py" name="map_manager" />
24 </launch>
```

图 8.31　建图算法启动文件

2. 建图实践操作

接下来使用 gmapping 算法实现机器人的 SLAM 功能。通过 SSH 命令连接到机器人，运行 xtark_nav 导航驱动包的 xtark_slam 建图结点：

xtark@xtark-robot:~$ roslaunch xtark_nav xtark_slam.launch

xtark_slam 建图结点默认为 gmapping 建图算法，也可以通过 slam_methods 参数配置不同的建图算法，目前可配置 "gmapping" "hector" "karto" "cartographer" "frontier" 五种建图算法。当终端输出启动信息，启动完成。

新建一个终端，在虚拟机端运行 RVIZ 可视化工具。

xtark@xtark-vmpc:~$ rosrun rviz rviz

打开已经设置好的建图配置文件 "xtark_mapping.rviz"，加载配置文件后，可以看到雷达扫描的地图信息，如图 8.32 所示。

图 8.32　雷达扫描地图

机器人建图需要控制机器人移动，可通过键盘或手柄控制机器人移动建图，地图建完后，可以保存地图到机器人或开发主机，以备机器人导航时使用。这里保存地图到开发主机，新建终端，在虚拟机端运行保存命令，可自定义地图文件名称。

xtark@xtark-vmpc:~$ rosrun map_server map_saver -f

虚拟机保存后的文件在主文件夹 home 中即可查看，地图可双击查看，地图中白色为可通行区域，黑色为障碍物区域，灰色为未知区域，如图 8.33 所示。

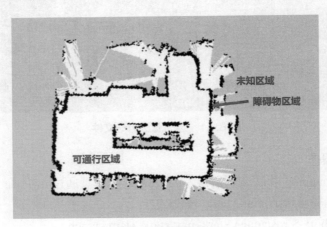

图 8.33　地图显示

3. 自主导航与避障操作

ROS 机器人支持自主导航避障，其中全向移动平台支持全向移动导航模式与差速移动导航模式，标定机器人当前位置和朝向，点击"2D Pose Estimate"按钮，将机器人的大体位置和朝向在地图中标出，箭头的尾部为 ROS 机器人的位置，箭头的方向为 ROS 机器人的朝向。利用"2D Nav Goal"按钮发布一个目标位置，ROS 机器人即可自动导航与避障到达目标位置，如图 8.34 所示。

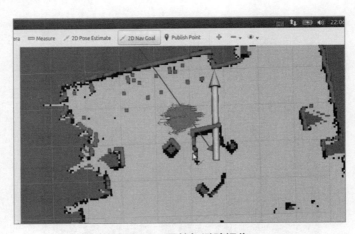

图 8.34　导航与避障操作

第 9 章
应用开发实训案例——智能家居

案例功能

智能家居平台生态建设的目的是将人工智能、物联网、云计算、大数据等新一代信息技术能力下沉,通过顶层设计,赋能智能家居产品,提升用户的体验感,解决各智能终端之间跨品牌、跨品类互联互通、云端一体化、AI 交互赋能、数据交互等问题。

案例背景

随着以人工智能为代表的新一代信息技术的不断进步,新技术融入加速智能家居产业生态发展,推动智能家居进入发展新阶段。智能家居系统的产生将推动空间智能化的逻辑预判力提升,给予更加精准、舒适、安全与人性化的反馈和升级,实现家居生活的数字化、智能化、便捷化。

智能家居场景的构建围绕环境安全、娱乐、办公等应用场景展开,智能家居安全需求首当其冲,智能门锁、智能摄像机、智能传感器等将成为智能家居的关键支撑点,尤其是疫情期间,门禁管理、远程监控等成为智能家居系统的热点技术应用场景。智能家居场景中的数据通常涉及大量的用户隐私信息,基于云端的智能家居系统往往有泄露隐私以及稳定性不高的问题。因此考虑使用嵌入式 AI 端侧推理平台实现人工智能技术本地部署,使得家居生活更加智能、安全、便利。

本章实验智能家居系统建设主要利用深度学习神经网络算法实现人脸检测及人脸表情识别,然后根据识别结果控制氛围灯、语音交互、LCD 显示。具体过程是:首先通过摄像头采集人脸图像数据,利用深度学习神经网络算法实现人脸检测及人脸表情识别,再根据人脸表情识别结果控制家居设备,最后将人脸表情数据和家居设备数据上传至 web 端,结合其他家居场景数据实现智能家居场景数据可视化分析及显示。系统开发流程如图 9.1 所示。

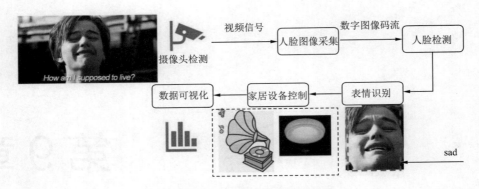

图 9.1　智能家居开发详细流程

系统任务拆解如下，实验一：人脸表情识别模型部署，主要实现人脸表情识别模型训练及模型部署；实验二：氛围灯控制系统构建，实现了 RGB 氛围灯控制；实验三：智能家居系统开发，实现了整个项目的设计和开发。

9.1　基于深度卷积神经网络的表情识别

将人脸表情识别应用于智能家居场景中，可实现通过人脸表情控制氛围灯或者音乐播放等其他家居娱乐场景。基于深度卷积神经网络的表情识别算法获取表情信息，并将识别到的信息通过氛围灯的方式实时反映，增强用户沉浸感。

人脸表情识别常用方法包括通过人为设计特征和深度学习方法实现。各种人为设计的特征已经被用于 FER 提取图像的外观特征，包括 Gabor、LBP、LGBP、HOG 和 SIFT，这些人为设计的方法在特定的小样本集中往往更有效，但难以用于识别新的人脸图像。这给 FER 在不受控制的环境中带来了挑战，但其存在的问题也十分明显，首先，人为设计的特征太受制于设计的算法，设计太耗费人力；其次，特征提取与分类是两个分开的过程，不能将其融合到一个 end-to-end 的模型中。卷积神经网络可以有效的降低反馈神经网络（传统神经网络）的复杂性，常见的 CNN 结构有 LeNet-5、AlexNet、ZFNet、VGGNet、GoogleNet、ResNet 等等，从这些结构来讲 CNN 发展的一个方向就是层次的增加，通过这种方式可以利用增加的非线性得出目标函数的近似结构，同时得出更好的特征表达，但是这种方式导致了网络整体复杂性的增加，使网络更加难以优化，很容易过拟合。

本案例首先利用 OpenCV 人脸检测级联分类器实现人脸检测；然后调用表情识别模型实现人脸表情识别。本次案例能识别："愤怒""厌恶""恐惧""高兴""悲哀""惊讶""正常"共七种人脸表情。开发流程如图 9.2 所示。

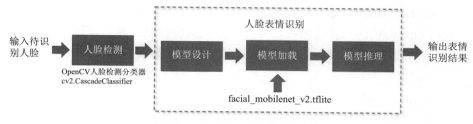

图 9.2 人脸表情识别开发流程

1. 模型设计

采用深度卷积神经网络将人脸表情特征提取与表情分类融合到一个 end-to-end 的网络中，采用了两个卷积层模块加三层全连接层的结构来完成表情的识别与分类。卷积层模块的每一个小块由一个卷积层，一个 Relu 层和一个最大池化层来构成，每个模块输出端还加入了 LRN 局部响应归一化函数，防止过拟合，增加了模型鲁棒性。损失函数使用了交叉熵损失函数，模型在全连接层之后，得到了每一类的输出概率，但此时概率是没有经过归一化的，通过一个 softmax 层，将概率归一化到 1，更加易于数据处理。

```
cross_entropy = tf.reduce_mean (tf.nn, softmax_cross_entropy_with_logits (labels = y_, logits = y_conv))
```

2. 模型加载

提前训练好的模型文件储存在项目路径 ./resource/model_zoo 下，然后加载该模型实现人脸表情识别，本次使用 .tflite 模型文件。

```python
# 加载 tflite 模型，model_name: 模型名称, model_path: 模型路径
class TfliteRun:
    def __init__(self, model_name = "facial_model", model_path = POSENET_MODEL):
        self.interpreter = tflite.Interpreter(model_path = model_path)  # 读取模型
        self.interpreter.allocate_tensors()          # 分配张量
        self.model_name = model_name
        # 获取输入层和输出层维度
        self.input_details = self.interpreter.get_input_details()
        self.output_details = self.interpreter.get_output_details()
    # 模型推理
    def inference (self, img):
        input_data = img
        self.interpreter.set_tensor (self.input_details[0]['index'], input_data)
        self.interpreter.invoke()
        output_data1 = self.interpreter.get_tensor (self.output_details[0]['index'])  # 获取输出层数据
        return output_data1
```

3. 模型推理

在模型训练与加载完成后，只需将待预测数据输入实现模型推理。这里输入的数据为待

识别图像中的人脸面部区域,转换大小为 48×48 的图像并转换为形状为 [1, 2304] 的张量数据。

首先使用 OpenCV 的人脸检测级联分类器实现人脸检测,然后调用 .tflite 人脸表情识别模型实现人脸表情识别,最后返回人脸位置信息及表情类别。

```python
class FacialExpression (object):
    def __init__ (self, fruit_model_path = FACIAL_DETECT_PATH, \ face_detect_path =  FACE_DETECT_PATH):
        # OpenCV 人脸检测级联分类器
        self.classifier = cv2.CascadeClassifier (face_detect_path)
        # 人脸表情识别模型
        self.tflite_run = TfliteRun (model_path = fruit_model_path)
        self.predictions = []
    # 输入数据预处理
    def imgPreprocessing (self, img):
        input_data = cv2.resize (img, (48, 48))
        input_data = np.float32 (input_data.copy())
        input_data = cv2.cvtColor (input_data, cv2.COLOR_BGR2GRAY)
        input_data = input_data [np.newaxis, ..., np.newaxis]
        return input_data
    # 模型推理
    def inference (self, img):
        predictions = None
        gray = cv2.cvtColor (img, cv2.COLOR_BGR2GRAY)      # 图像灰度化
        # 调用人脸检测级联分类器检测人脸
        faceRects = self.classifier.detectMultiScale (gray, scaleFactor = 1.2, \minNeighbors = 3, minSize = (32, 32))
        if len (faceRects) > 0:
            x, y, w, h = faceRects[0]
            face_roi = img [y : y + w, x : x + h]          # 人脸 ROI 提取
            input_data = self.imgPreprocessing (face_roi)  # 获取测试图像
            prediction = self.tflite_run.inference (input_data)  # 模型推理,识别人脸表情
            predictions = [(x, y, w, h), prediction]
    # 返回人脸表情识别结果,包括人脸位置和人脸表情类别
    return predictions
```

输入待识别的人脸数据到表情识别模型中,即可得到所有表情类别的置信度,也即是不同表情的概率,概率最大的表情类别即为当前输入人脸图像的识别结果。

最后利用人脸检测模型返回的人脸位置及人脸表情类别绘制出矩形框及人脸表情类型。

```python
# 检测结果绘制
def recImgDis (img, predictions):
label = ""
# 定义绘制颜色
color = (0, 255, 0)
```

```
if not predictions is None:
x, y, w, h = predictions[0]
# 绘制矩形框
cv2.rectangle (img, (x, y), (x + h, y + w), color, 2)
label = ai_cfg.LABELS_LIST [np.argmax (predictions[1])]
# 绘制表情识别结果
img = putText (img, label, org = (50, 50))
return img, label
```

9.2 氛围灯控制

本次氛围灯控制系统主要使用智能结点核心控制板，LCD 显示屏，全彩 RGB 灯，语音交互模块等硬件。核心控制板接收到人脸表情识别结果指令，再通过串口控制其他结点做出响应。氛围灯控制系统硬件模块主要包括：核心控制模块、智能语音交互模块、全彩 RGB 灯、LCD 显示屏。

（1）智能结点核心控制板采用 STM32F407ZET6 芯片，核心控制板主要与软件部分进行通信，控制全彩 RGB 灯和智能语音交互模块。

（2）智能语言交互模块集成了语音识别、语音合成等功能。智能语音交互模块主要是根据识别的表情自动播放相应的音乐。

（3）RGB 三原色 LED 彩灯，由红色、绿色和蓝色三个独立的灯珠构成，调整三原色的阈值可以显示不同的颜色灯光。全彩 RGB 灯主要根据人脸表情识别结果的变换不同颜色的灯光。

（4）TFT-LCD 即薄膜晶体管液晶显示器，LCD 显示屏主要显示人脸表情识别结果。

氛围灯控制系统主要实现嵌入式硬件部分开发，根据软件部分下发的指令实现硬件设备控制。软件部分调用摄像头检测人脸，将检测到的人脸进行表情识别，例如识别到的是开心的表情，软件部分则会通过 Wi-Fi 协议下发快乐的指令给智能结点核心控制板，智能结点核心控制板通过串口控制全彩 RGB 灯显示绿色的灯光，并通过串口控制智能语音交互模块播放快乐的音乐，在 LCD 显示屏上显示一个笑脸的表情。开发流程如图 9.3 所示。

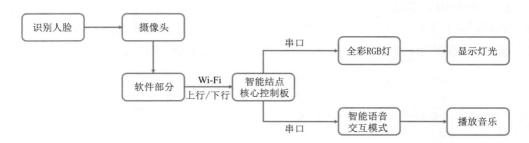

图 9.3 氛围灯控制系统开发详细流程

9.3 人脸表情识别模型推理功能插件构建

智能家居系统开发需要分别实现图像获取插件、模型推理插件、可视化交互界面插件、嵌入式系统数据交互插件。

如图 9.4 所示,其中图像获取插件主要实现摄像头获取人脸视频,人脸图像消息队列传递等功能;模型推理插件主要实现人脸图像数据预处理,人脸表情识别模型推理,解析表情识别结果控制氛围灯,以及传递人脸表情识别结果并开启氛围灯控制执行线程;可视化交互界面插件主要实现人脸表情识别结果可视化,LED 灯、语音交互模块等硬件装置状态可视化,以及其他数据可视化分析功能;嵌入式系统数据交互插件主要根据人脸表情识别结果下发控制指令至嵌入式设备端,并且从嵌入式设备端获取设备状态信息并上传至 web 端。

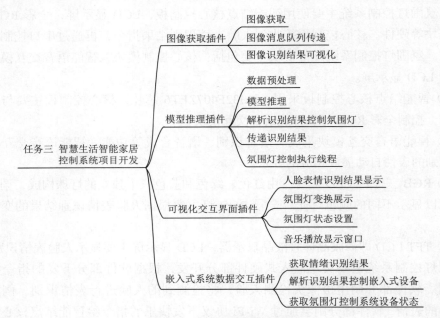

图 9.4 系统开发功能插件

本节实现人脸表情识别模型推理功能插件,包括人脸图像获取功能插件、人脸表情识别模型推理插件、可视化交互界面插件。

1. 人脸图像获取插件实现

调用摄像头获取人脸图像数据,获取人脸表情识别结果消息队列,并调用结果绘制函数实现人脸表情结果绘制到原图像中,最后将绘制结果传递给 web 端。

```
class VideoThread():
    def __init__(self, camera ='/dev/video10',q_flask : Queue = None, q_img : Queue = None, q_rec : Queue = None, full_dict = None):
        log.info (camera)
        self.cap = setCamera (camera)    # 网络摄像头
```

```python
        self.q_flask = q_flask    # 消息队列传递绘制识别结果后的图像到 web 显示插件
        self.q_img = q_img        # 消息队列传递原始图像到识别插件
        self.q_rec = q_rec        # 消息队列传递 AI 模型的推理结果
        self.full_dict = full_dict
    def run (self):
        pricet = None
        while True:
            if self.cap != "":
                ret, frame = self.cap.read() # 获取摄像头图像
                frame = cv2.resize (frame, (ai_cfg.CAM_WIDTH, ai_cfg.CAM_HEIGHT))
                # 原始图像传递
                if not self.q_img.full() and not frame is None:
                    self.q_img.put (bytearray (frame))
                if not self.q_rec.empty():
                    pricet = self.q_rec.get() # 获取人脸表情识别结果
                # 绘图识别结果
                frame, label = recImgDis (frame, pricet)
                # 将表情识别结果写入全局共享数据中
                self.full_dict [config.FACIAL_STATIC] = label
                # 传递绘制后的图像到 web 显示界面中
                if not self.q_flask.full() and not frame is None:
                    self.q_flask.put (bytearray(frame))
```

2. 人脸表情识别模型推理插件实现

前面小节已实现了人脸表情识别模型部署，下面直接创建人脸表情识别模型推理插件，调用表情识别方法实现人脸表情识别，并将识别结果进行传递。

```python
class ModelRecThread():
    def __init__ (self, q_img : Queue = None, q_rec : Queue = None):
        self.q_img = q_img        # 消息队列传递原始图像到识别插件
        self.q_rec = q_rec        # 消息队列传递 AI 模型的推理结果
        # 实例化表情识别对象
        self.facial_expression_rec = FacialExpression (fruit_model_path = ai_cfg.FACIAL_DETECT_PATH, face_detect_path = ai_cfg.FACE_DETECT_PATH,)
    def run (self):
        while True:
            if self.q_img.empty():
                continue
            else:
                image = self.q_img.get() # 待检测人脸图像获取
                if image:
                    image = np.array (image).reshape (ai_cfg.CAM_HEIGHT, ai_cfg.CAM_WIDTH, 3)
                else:
                    break
```

```python
    # 模型推理
    facial_expression_pricet = self.facial_expression_rec.inference(image)
    if self.q_rec.full():
        continue
    else:
        self.q_rec.put (facial_expression_pricet)     # 识别结果传递
```

3. 可视化交互界面插件实现

成功实现人脸表情识别后将识别结果，包括结果绘制视频流和表情识别类别传递到 web 端，进行数据可视化分析。

```python
class FlaskTask():
    def __init__(self):
        global app
    def onExit(self):
        pass
    def worker(self, host = "127.0.0.1", port = 8082, q_flask = None, full_dict = None):
        """
        flask 可视化交互界面启动插件
        :param host: 本机的 IP 地址（同一个局域网均可访问）
        :param port: 端口号（可随意设置）
        :param q_flask: 摄像头图像帧
        :return:
        """
        setStatus (full_dict)
        @app.route ('/', methods = ['GET', 'POST'])
        def base_layout():
            return render_template ('index.html')
        def camera():
            while True:
                if q_flask.empty():
                    continue
                else:
                    img = q_flask.get()  # 获取人脸表情识别结果图像
                    if img != False:
                        img = np.array (img).reshape (ai_cfg.CAM_HEIGHT, ai_cfg.CAM_WIDTH, 3)
                        ret, buf = cv2.imencode (".jpeg", img)
                        yield (b"--frame\r\nContent-Type: image/jpeg\r\n\r\n" + buf.tobytes() + b"\r\n\r\n")
        # 将表情识别结果图像上传至 web 端
        @app.route ("/videostreamIpc/", methods = ["GET"])
        def videostreamIpc():
            return Response (camera(), mimetype = "multipart/x-mixed-replace; boundary = frame")
```

GUI 界面通信协议如下：

```
return_msg = { "expression_index" : 表情状态(int), "gesture_index" : 表情识
别对应的执行指令(int) }
```

9.4 氛围灯控制系统功能插件构建

氛围灯控制系统主要根据人脸表情识别结果控制 RGB 灯。首先根据识别结果判断是否需要打开 RGB 灯，若需要打开则根据不同的表情开启不同的颜色灯光，否则不打开 RGB 灯。

将人脸表情识别结果发送至嵌入式端控制 RGB 灯参考代码如下：

```python
def embeddedDataThreadRun (client, q_send = None, full_data = None):
    """
    嵌入式系统数据发送与接收线程启动
    :param client: wifi/usart 的对象
    :param q_send: 发送数据的消息队列
    :param full_data: 全局共享数据 dict
    :return:
    """
    try:
        read_thread = DataReadThread (client, full_data)
        send_thread = DataSendThread (client, q_send)
        # read_thread.start()
        send_thread.start()
        log.info ( "嵌入式系统数据接收和发送线程启动成功！！")
    except:
        log.error ( "嵌入式系统数据接收和发送线程启动失败！！" )
class DataSendThread (threading.Thread):
    def __init__ (self, client, q_send : mp.Queue):
        """
        嵌入式系统控制指令发送线程
        :param client: wifi/usart 的对象 用于获取 send 函数
        """
        threading.Thread.__init__(self)
        self.q_send = q_send
        self.client = client
        self.flag = True
    def setFlag (self, flag : bool):
        self.flag = flag
    def run (self):
        # 获取消息队列并发送
        while self.flag:
            if self.q_send.empty():
                continue
```

```
        else:
          dat = self.q_send.get()
          log.info (dat)
          self.client.send (dat)
```

根据不同的人脸表情识别结果向嵌入式控制端发送氛围灯控制指令。嵌入式系统控制指令包括：数据包头、表情识别标志位、音乐控制标志位、包尾。表情识别标志位类型包括：01：红色灯光（生气）、02：绿色灯光（惊讶）、05：橙色灯光（害怕）、03：蓝色灯光（开心）、04：黑色灯光（自然）、06：黄色灯光（伤心）、07：靛青灯光（厌烦）。

```
class EmbdDrive (object):
  def __init__ (self, q_send : mp.Queue, with_flag = True):
    """
    嵌入式系统控制指令
    :param q_send: 用于传达发送控制数据（此消息队列通过线程的方式自动发送）
    :param with_flag: 是否开启
    """
    self.with_flag = with_flag
    self.q_send = q_send
  def datSend (self, comm0, comm1):
    send_dat = np.zeros ((5,), np.uint8)
    send_dat[0] = 0x55
    send_dat[1] = 0xDD
    send_dat[2] = comm0
    send_dat[3] = comm1
    send_dat[3] = 0xBB
    if not self.q_send.full():
      self.q_send.put (send_dat)
  """
  嵌入式系统控制指令
  """
  def lightCtl (self, ligt = 1, m_open = 1):
    """
    0x55 0xDD（包头）
    0xXX（表情识别标志位：01：红色灯光（生气）、02：绿色灯光（惊讶）、05：橙色灯光（害怕）、03：蓝色灯光（开心）、04：黑色灯光（自然）、06：黄色灯光（伤心）、07：靛青灯光（厌烦）
    0xXX（0x:01 打开音乐）
    0xBB（包尾）
    """
    self.datSend(ligt, m_open)
```

氛围灯控制系统获取到控制指令之后，根据不同的指令控制氛围灯颜色，以及打开语音交互模块播放音乐。

智能家居系统数据可视化界面主要包括人脸表情识别数据可视化，人脸表情识别结果，氛围灯显示效果，风扇控制，门窗控制，报警窗口等家居场景，实现效果如图 9.5 所示。

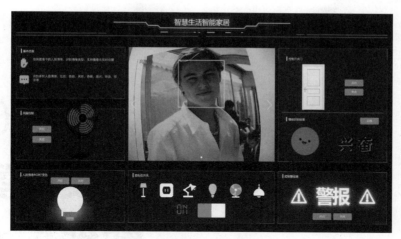

图 9.5　智能家居系统数据可视化

第 10 章
应用开发实训案例
——智能停车场

案例功能

　　智能停车场的目的是以构建"人–车–路–云"协同的智能交通体系为切入点，基于人工智能技术、无线通信技术、物联网技术、GIS 技术和云技术等先进技术手段，建立城市静态交通数据分析管理平台，综合应用于城市停车位的采集、管理、查询、预定与导航服务，实现车位资源的实时更新、查询、预定导航和其他延伸服务的一体化，实现停车位资源利用的最大化、停车场利润收益最大化和车主服务最优化。

案例背景

　　伴随着社会经济和汽车工业的快速发展，停车行业存在供需矛盾显著，资源利用不均，信息化、智能化程度不足，信息无法共享，管理效率较低，产业链新技术快速发展，需求多样化，停车行业能力不足等诸多问题。快速地找到一个停车位，便捷地完成一次停车就成了一个巨大的挑战，由此，智能停车应运而生。智能停车系统采用科学的数据采集手段、综合的数据统计方法、强大的信息处理平台，结合有效的商业模式，有力地推动智能停车系统产业的蓬勃发展。

　　人工智能技术应用于智能停车场系统中主要表现在车辆检测、车牌识别、车位检测等场景中。其中车牌识别是现代智能交通系统中的重要组成部分，它以数字图像处理、模式识别、计算机视觉等技术为基础，对摄像机所拍摄的车辆图像或者视频序列进行分析，得到每一辆汽车唯一的车牌号码，从而完成识别过程。智能停车场管理系统开发项目结合人工智能技术和嵌入式硬件设备模拟实现智能停车场管理系统。使用图像处理和深度学习方法实现车牌区域位置提取和车牌字符识别功能，并结合控制闸机模拟真实的智能停车场场景功能。智能停车场管理系统开发利用深度学习神经网络算法进行车牌检测和车牌识别，然后根据识别结果对闸机进行控制，以及LCD屏幕显示车牌识别结果和当前车位占领情况，最后结合web端进行数据分析和可视化。具体流程图如图10.1所示。

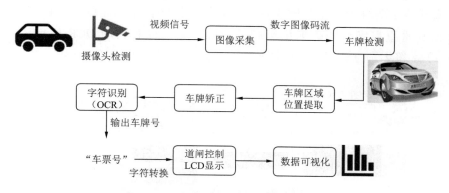

图10.1 智能停车场系统开发流程图

实现智能停车场管理系统主要分为三个实验任务，实验一车牌识别模型部署，主要利用神经网络模型实现车牌识别；实验二闸机控制系统，主要模拟停车场实现控制闸机及LED屏幕显示车牌和车位数；实验三智能停车场管理系统开发，主要结合车牌识别结果和闸机控制装置综合实现整个项目案例开发。

10.1 车牌识别模型

车牌识别系统是计算机视频图像识别技术在车辆牌照识别中的一种应用，能够将运动中的车辆牌照信息（包括汉字字符、英文字母、阿拉伯数字及号牌颜色）从复杂的背景中提取并识别出来，通过车牌提取、图像预处理、特征提取、车牌字符识别等技术，识别车辆牌号、颜色等信息。目前对车牌的字母和数字的识别率均可达到99%以上。

根据应用条件和要求的不同，车牌识别产品也有多种类型。从实现模式来说，分为软识别和硬识别两种。软识别即车牌识别软件，基本是安装的PC端、服务器端，前端硬件设备采集视频或抓拍图片，传输到后端带有识别软件识别端进行识别，这种技术多数应用在前期模拟相机时代停车场，高速公路，电子警察，但这种方式对分析端要求较高，如中间传输出现中断或者后端出现重启情况，就无法实时进行识别。特别是在一些小型场景，比如停车场，加油站，新能源电动车充电站内，PC在岗亭或者机房，经常由于温度、潮湿等条件影响，也会存在不稳定情况；另外在特定场景，由于天气、复杂环境、角度影响，识别率迟迟达不到很高标准，所以软识别已经很少使用。硬识别即前端实现视频图像采集处理，自动补光，自适应各种复杂环境，车辆号码自动识别并输出一体化设备，这种模式采用嵌入式技术，把深度学习算法植入到专用摄像机硬件中。具有运算速度快、器件体积小、稳定性强，自适应强等特点。

当前，车牌识别技术已经广泛应用于停车管理、称重系统、静态交通车辆管理、公路治超、公路稽查、车辆调度、车辆检测等各种场合，对于维护交通安全和城市治安，防止交通堵塞，实现交通自动化管理有着现实的意义。

车牌识别技术是智能停车场系统中的重要组成部分。本次智能停车场管理的第一个任务就是车牌识别模型部署，获取到车牌图像后就进行车牌识别模型部署任务。其中车牌识别模型部署主要分为三个步骤实现，首先提取出图像中的车牌大致位置；然后再利用透视变换和垂直精细绘图提取出车牌的精确位置；最后利用OCR（Optical Character Recognition）字符识别方法识别出车牌号并输出。具体流程如图10.2所示。

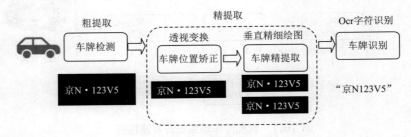

图 10.2　车牌识别实例

1. 初步检测定位

首先对车牌进行初步检测定位，检测出车牌的大致位置。对图像进行一些插补和调整图像大小比例操作，核心部分是 cascade 级联分类器的应用，分类器基于 Haar+ Adaboost 构成的，即 cascade.xml 文件，该文件存放了一些车牌的 Haar 特征。采用 cascade.xml 检测模型，使用 OpenCV 的 detectMultiscale 方法来对图像进行滑动窗口遍历寻找车牌，实现车牌的粗定位。

```
# 加载车牌检测的级联分类器
watch_cascade = cv2.CascadeClassifier ("cascade.xml")
# 获取车牌粗定位区域。image_gray: 灰度图。
def detectPlateRough (watch_cascade, image_gray, resize_h = 720, en_scale = 
                                    1.08, top_bottom_padding_rate = 0.05):
    if top_bottom_padding_rate > 0.2:
        print ("error:top_bottom_padding_rate > 0.2:", top_bottom_padding_rate)
        exit(1)
    height = image_gray.shape[0]
    padding = int (height * top_bottom_padding_rate)
    scale = image_gray.shape[1] / float (image_gray.shape[0])
    image = cv2.resize (image_gray, (int (scale*resize_h), resize_h))
    image_color_cropped = image [padding : resize_h-padding, 0 : 
image_gray.shape[1]]
    image_gray = cv2.cvtColor (image_color_cropped, cv2.COLOR_RGB2GRAY)
    # 滑动窗口遍历寻找车牌
    watches = watch_cascade.detectMultiScale (image_gray, en_scale, 2, minSize = (36, 9), maxSize = (36 * 40, 9 * 40))
    cropped_images = []
```

```
        for (x, y, w, h) in watches:
            # 从图形中剪裁车牌区域
            cropped_origin = cropped_from_image (image_color_cropped, (int(x),
int(y), int(w), int(h)))
            x -= w * 0.14
            w += w * 0.28
            y -= h * 0.6
            h += h * 1.1
            cropped = cropped_from_image (image_color_cropped, (int(x), int(y),
int(w), int(h)))
            # 将找到的所有车牌存放入列表
            cropped_images.append ([cropped, [x, y + padding, w, h], cropped_origin])
        # 返回车牌位置
        return cropped_images
```

其中 detectMultiscale() 函数为多尺度多目标检测，多尺度通常搜索目标的模板尺寸大小是固定的，但不同图片大小不同，目标对象的大小也是不定的，因此多尺度即不断缩放图片大小（缩放到与模板匹配），通过模板滑动窗函数搜索匹配。同一副图片可能在不同尺度下都得到匹配值，所以多尺度检测函数 detectMultiscale() 是多尺度合并的结果。

因此 cascade.xml 这个文件是通过很多的正样本车牌图片和负样本非车牌图片转换的 cascade.xml 文件，其中的 Haar 特征数据已经过 Adaboost 处理。通过这个 xml 文件就可以训练出一个级联分类器，该分类器的判别车牌标准是通过计算大量车牌特征后得出的一个阈值，大于这个阈值判别为车牌，否则判别为非车牌，通过该方法就得到了图像中车牌的粗定位。

2. 车牌精定位

对车牌进行粗定位后，再对车牌进行精定位。这里的精定位其实就是切掉原来粗定位后车牌的多余部分，这里使用首先使用透视变换矫正车牌位置，然后调用 tflite 模型实现垂直精细绘图方法输出车牌精定位。

使用 OpenCV 的 getPerspectiveTransform() 和 warpPerspective() 函数实现透视变换，矫正图像中的车牌位置。

```
# 透视变换实现车牌矫正
def findContoursAndDrawBoundingBox (image_rgb):
    line_upper = []
    line_lower = []
    line_experiment = []
    gray_image = cv2.cvtColor (image_rgb, cv2.COLOR_BGR2GRAY)
    for k in np.linspace (-50, 0, 15):
        # 自适应阈值二值化
        binary_niblack = cv2.adaptiveThreshold (gray_image, 255,
cv2.ADAPTIVE_THRESH_MEAN_C, cv2.THRESH_BINARY, 17, k)
        contours, hierarchy = cv2.findContours (binary_niblack.copy(),
cv2.RETR_EXTERNAL, cv2.CHAIN_APPROX_SIMPLE)
```

```python
            for contour in contours:
                bdbox = cv2.boundingRect (contour)
                if (bdbox[3] / float (bdbox[2]) > 0.7 and bdbox[3] * bdbox[2] > 100 
and bdbox[3] * bdbox[2] < 1200) or (bdbox[3] / float (bdbox[2]) > 3 and bdbox[3] * bdbox[2] < 100):
                    line_upper.append ([bdbox[0], bdbox[1]])
                    line_lower.append ([bdbox[0] + bdbox[2], bdbox[1] + bdbox[3]])
                    line_experiment.append ([bdbox[0], bdbox[1]])
                    line_experiment.append ([bdbox[0] + bdbox[2], bdbox[1] + bdbox[3]])
        # 边缘填充
        rgb = cv2.copyMakeBorder (image_rgb, 30, 30, 0, 0, cv2.BORDER_REPLICATE)
        leftyA, rightyA = fitLine_ransac (np.array (line_lower), 3)
        leftyB, rightyB = fitLine_ransac (np.array (line_upper), -3)
        rows,cols = rgb.shape [ : 2]
        pts_map1 = np.float32 ([[cols - 1, rightyA], [0, leftyA], [cols - 1, 
rightyB], [0, leftyB]])
        pts_map2 = np.float32 ([[136,36], [0,36], [136,0], [0,0]])
        # 透视变换
        mat = cv2.getPerspectiveTransform (pts_map1, pts_map2)
        image = cv2.warpPerspective (rgb,mat, (136, 36), flags = cv2.INTER_CUBIC)
        image, M = fastDeskew (image)    # 图像矫正
        return image                     # 返回矫正后的图像
# 调用 tflite 模型实现垂直精细绘图方法输出车牌精定位。
# 加载 tflite 模型
class TfliteRun:
    def __init__ (self, model_name = "model12", model_path = POSENET_MODEL):
        """
        model_name: 模型名称
        model_path: 模型路径
        """
        # 读取模型
        self.interpreter = tflite.Interpreter (model_path = model_path)
        self.interpreter.allocate_tensors()  # 分配张量
        self.model_name = model_name
        # 获取输入层和输出层维度
        self.input_details = self.interpreter.get_input_details()
        self.output_details = self.interpreter.get_output_details()
    # 实现模型推理
    def inference (self, img):
        input_data = img
        self.interpreter.set_tensor(self.input_details[0]['index'], input_data)
        self.interpreter.invoke()
        output_data1 = self.interpreter.get_tensor (self.output_details
[0]['index'])  # 获取输出层数据
```

```python
        return output_data1
# 模型推理
class model12Rec (object):
    def __init__ (self, model_path = L12REC_PATH):
        # 加载 tflite 模型
        self.tflite_run = TfliteRun (model_path = model_path)
    def imgPreprocessing (self, img):
        resized = cv2.resize (img, (66, 16))
        resized = resized.astype (np.float32) / 255
        resized = resized [np.newaxis, : ]
        return resized
    def inference (self, img):
        img = self.imgPreprocessing(img)              # 图片预处理
        return self.tflite_run.inference(img)[0]      # 模型推理
# 定义垂直精细绘图函数
    def finemappingVertical (res, image):
        print ("keras_predict", res)
        res = res*image.shape[1]
        res = res.astype (np.int16)
        H,T = res
        H -= 3
        if H < 0:
            H = 0
        T += 2
        if T >= image.shape[1] - 1:
            T = image.shape[1] - 1
        image = image [0 : 35, H : T + 2]
        image = cv2.resize (image, (int(136), int(36)))
    return image      # 返回车牌精定位图片
    model12_rec = model12Rec ("model12.tflite")
    # 输入矫正后的车牌，调用模型实现垂直精细绘图，输出车牌精定位
    plate = finemappingVertical (self.model12_rec.inference(plate), plate)
```

3. 车牌识别

确定好车牌的位置后，对该车牌字符信息进行识别，最终输出车牌号。车牌字符信息识别采用 OCR 字符识别技术，也就是在不分隔字符的前提下能够识别出车牌一共七个字符。传统的车牌字符识别就是先分隔字符然后再逐一使用分类算法进行识别。不分隔字符直接识别方式的优点就是仅需要较少的字符样本即可用于分类器的训练。目前大多数商业车牌识别软件采用的就是这种方法。如果在某些恶劣的自然情况下，车牌字符的分隔和识别就变得尤其的困难，传统的方法并不能取得很好的结果，这时候也可以采用整体识别方式。通常车牌由七个字符组成，就可以采用多标签分类的方法直接输出多个标签。

输入车牌精定位图片，加载 OCR 字符识别模型返回字符识别结果。

```python
import onnxruntime as ort
# 加载 ONNX 模型，识别字符
class OnnxRun:
    def __init__(self, model_name = "ocr_rec", model_path = "ocr_rec.onnx"):
        """
        model_name: 模型名称
        model_path: 模型路径
        """
        self.model_name = model_name
        self.ort_session = ort.InferenceSession (model_path)
        self.input_name = self.ort_session.get_inputs()[0].name
        input = self.ort_session.get_inputs()
        output = self.ort_session.get_outputs()
    # 模型推理
    def inference (self, img):
        input_data = img
        return self.ort_session.run (None, {self.input_name : input_data})
```

加载字符标签文件解析 OCR 字符识别模型推理结果，输出车牌字符。

```python
class ProcessPred (object):
    # 获取字符识别标签文件
    def __init__ (self, character_dict_path = None, character_type = 'ch', use_space_char = False):
        self.character_str = ''
        with open (character_dict_path, 'rb') as fin:
            lines = fin.readlines()
            for line in lines:
                line = line.decode ('utf-8').strip ('\n').strip ('\r\n')
                self.character_str += line
            if use_space_char:
                self.character_str += ' '
        dict_character = list (self.character_str)
        dict_character = self.add_special_char (dict_character)
        self.dict = {}
        for i, char in enumerate (dict_character):
            self.dict [char] = i
        self.character = dict_character
    def add_special_char (self, dict_character):
        dict_character = ['blank'] + dict_character
        return dict_character
```

最后返回车牌识别结果，如图 10.3 所示。

['京N·123V5']

图 10.3 车牌识别结果

10.2 闸机控制系统

实现车牌识别之后就可以确定是否放行然后控制道闸打开或者关闭，实现流程如图 10.4 所示。

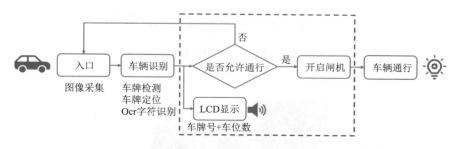

图 10.4 闸机控制流程

在闸机系统中，采用智能结点核心控制板、舵机执行器、LCD 显示屏、语音识别模块摄像头等硬件模块。

智能结点核心控制核心板采用 ARM-Cortex-M4 内核的 STM32F407ZET6 为主控芯片，主要实现与项目软件部分进行通信，获取车牌识别结果并将闸机状态上传，同时通过串口控制舵机执行器开关，控制语音识别模块播报，以及控制 LCD 显示屏显示车牌号和车位数等功能。舵机是一种位置（角度）伺服的驱动器，适用于一些需要角度不断变化并可以保持的控制系统。舵机 SG90 有三根线控制。暗灰色线为 GND，地线；红色线为 VCC，电源线，工作电压为 4.8~7.2V，通常情况下使用 +5V 做电源电压；橙黄色线为控制线，通过该线输入脉冲信号，从而控制舵机转动，其转动角度为 180°。智能语言交互模块集成了语音识别、语音合成等功能。语言识别方面，支持自定义的语音识别，可实现语义理解，并支持识别词条的分类反馈能力。通过 UART 接口通讯方式接收命令帧。如控制命令帧、待合成的文本数据，实现文本到语音、语音到文本的转换以及语音唤醒功能。在语音合成方面，模块支持任意中文文本的合成，都可提前在烧录文本中定义。支持多种有趣的唤醒名字，并且为了适应用户的个性化需求支持自定义唤醒名功能。所有的命令帧都是通过 UART 接口通信方式，可以很好地满足大多数场景。LCD 显示屏 TFT-LCD 即薄膜晶体管液晶显示器，主要实现车牌号和车位数显示功能。

闸机系统底层功能实现如图 10.5 所示，识别到车牌信息后，通过 WiFi 通信协议将识别结果发送给智能节点核心控制板，智能节点核心控制板再通过串口控制舵机执行器开启，同时语音识别模块自动播报闸机状态及识别的车牌和车位数信息。LCD 显示屏将识别的车牌号和车位数量信息进行显示。智能节点核心控制板再将底层实现的功能数据通过 Wi-Fi 通信协议上传。

利用 STM32F407 主控核心板、舵机执行器、语音交互模块、LCD 显示屏搭建闸机控制硬件系统。闸机控制系统效果图如图 10.6 所示。

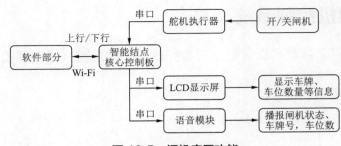

图 10.5　闸机底层功能

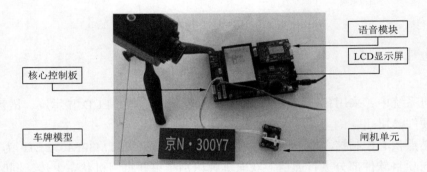

图 10.6　闸机控制系统效果图

10.3　车牌识别功能插件构建

第三个任务综合实现智能停车场管理系统的开发流程如图 10.7 所示。

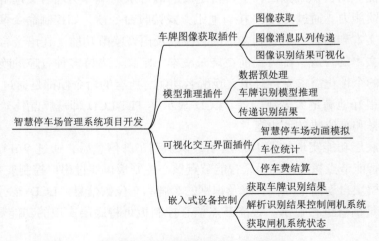

图 10.7　智能停车场系统任务插件

智能停车场管理系统首先实现车牌数据采集；然后利用深度学习神经网络算法进行车

牌检测和车牌识别；根据识别结果对闸机进行控制，以及 LCD 屏幕显示车牌识别结果和当前车位占领情况；最后结合 web 端进行数据分析和数据可视化。

系统开发分别实现了图像获取插件、模型推理插件、可视化监护界面插件。其中图像获取插件主要实现摄像头获取车牌图像，车牌图像消息队列传递及车牌识别结果可视化等功能；模型推理插件主要实现车牌数据预处理，车牌识别模型推理，解析车牌识别结果启动闸机控制系统，以及传递车牌识别结果以开启闸机控制系统执行线程；可视化交互界面插件主要实现车牌识别结果可视化，动画模拟智能停车场场景，车位数显示等数据可视化分析功能；嵌入式设备数据交互插件主要实现车牌识别结果解析，发送车牌识别结果及闸机控制指令到闸机控制系统，并获取闸机系统状态等功能。

1. 车牌图像获取功能插件实现

调用摄像头获取车牌图像，获取车牌识别结果消息队列，并调用函数实现车牌识别结果绘制，以及将结果传递到 web 网页端。

```python
class VideoThread (threading.Thread):
    def __init__ (self, camera = "0", q_flask : Queue = None,
q_img : Queue = None, q_rec : Queue = None, q_send = None, full_dict = None):
        threading.Thread.__init__(self)
        self.cap = setCamera (camera) # 网络摄像头
        # 消息队列传递绘制识别结果后的图像到 web 显示插件
        self.q_flask = q_flask
        self.q_img = q_img   # 消息队列传递原始图像到识别插件
        self.q_rec = q_rec   # 消息队列传递 AI 模型的推理结果
        self.full_dict = full_dict
        self.embd_drive = EmbdDrive (q_send = q_send)
    def run (self):
        pricet = []
        while True:
            if self.cap != "":
                ret, frame = self.cap.read()
                # 调用摄像头，获取车牌图像帧
                frame = cv2.resize (frame, (ai_cfg.CAM_WIDTH, ai_cfg.CAM_HEIGHT))
                # 原始图像传递
                if not self.q_img.full() and not frame is None:
                    self.q_img.put (bytearray (frame))
                if not self.q_rec.empty():
                    pricet = self.q_rec.get() # 获取车牌识别结果消息队列
                frame, lpr_strs = recImgDis (frame, pricet) # 车牌识别结果绘制
                self.embd_drive.gatePlate (lpr_strs [0])
                self.full_dict [config.PLATE_STR] = lpr_strs [0]
                log.info (lpr_strs)
                # 传递结果绘制图像到 web 显示界面中
                if not self.q_flask.full() and not frame is None:
```

2. 车牌识别模型推理功能插件实现

首先获取待识别车牌图像，调用车牌识别函数实现车牌识别，并将识别结果传递到消息队列。

```
            self.q_flask.put (bytearray (frame))

class FaceMaskRecThread (threading.Thread):
    def __init__ (self, q_img : Queue = None, q_rec : Queue = None):
        threading.Thread.__init__(self)
        self.q_img = q_img       # 消息队列传递原始图像到识别插件
        self.q_rec = q_rec       # 消息队列传递 AI 模型的推理结果
        self.face_detect_rec = LicensePlateRec (
                        detect_path = ai_cfg.PLATE_DETECT_PATH,
                        ocr_rec_path = ai_cfg.PLATE_OCR_PATH,
                        ocr_keys_path = ai_cfg.OCR_KEYS_PATH,
                        l12_path = ai_cfg.L12REC_PATH)

    def run (self):
        while True:
            if self.q_img.empty():
                continue
            else:
                image = self.q_img.get() # 获取当前图片帧
                if image != False:
                    image = np.array(image).reshape (ai_cfg.CAM_HEIGHT, ai_cfg.CAM_WIDTH, 3)
                else:
                    break
            # 调用车牌识别模型推理函数
            face_detect_pricet = self.face_detect_rec.inference (image)
            if self.q_rec.full():
                continue
            else:
                self.q_rec.put(face_detect_pricet) # 传递识别结果 q_rec 消息队列
```

然后定义车牌识别模型推理函数，输入待识别车辆图像，调用车牌检测级联分类器模型提取车牌图像，再对提取出的车牌图像进行矫正和精提取，最后调用 OCR 字符识别模型和字符标签文件输出车牌号。

```
class LicensePlateRec (object):
    def __init__ (self, detect_path = PLATE_DETECT_PATH,
                    ocr_rec_path = PLATE_OCR_PATH,
                    ocr_keys_path = OCR_KEYS_PATH,
                    l12_path = L12REC_PATH):
        # 加载车牌检测的级联分类器
        self.watch_cascade = cv2.CascadeClassifier (detect_path)
```

```python
        self.model12_rec = model12Rec (l12_path)
        self.onnx_run = OnnxRun (model_path = ocr_rec_path)
        self.postprocess_op = ProcessPred (ocr_keys_path, 'ch', True)
        self.predictions = []
    # 输入数据预处理函数
    def imgPreprocessing (self, img):
        h, w = img.shape [ : 2]
        max_wh_ratio = w * 1.0 / h
        imgC, imgH, imgW = [int(v) for v in "3, 32, 100".split(",")]
        assert imgC == img.shape[2]
        imgW = int ((32 * max_wh_ratio))
        h, w = img.shape[ : 2]
        ratio = w / float(h)
        if math.ceil (imgH * ratio) > imgW:
            resized_w = imgW
        else:
            resized_w = int(math.ceil(imgH * ratio))
        resized_image = cv2.resize (img, (resized_w, imgH)).astype ('float32')
        resized_image = resized_image.transpose ((2, 0, 1)) / 255
        resized_image -= 0.5
        resized_image /= 0.5
        padding_im = np.zeros ((imgC, imgH, imgW), dtype = np.float32)
        padding_im [:, :, 0 : resized_w] = resized_image
        padding_im = padding_im [np.newaxis, :]
        return padding_im
    # 车牌识别
    def inference (self, img):
        lpr_strs = []
        boxs = []
        # 车牌区域提取
        images = detectPlateRough (self.watch_cascade, img, img.shape[0],
top_bottom_padding_rate = 0.1)
        for i, plate in enumerate (images):
            plate, rect, origin_plate = plate    # 边距填充后的车牌、车牌坐标、原始车牌图片
            plate = cv2.resize (plate, (136, 36 * 2))
            plate = findContoursAndDrawBoundingBox(plate)   # 车牌位置字符较正
            plate = finemappingVertical (self.model12_rec.inference (plate), plate)
# 垂直精细绘图
            plate = finemappingVertical (self.model12_rec.inference (plate), plate)
# 垂直精细绘图
            input_data = self.imgPreprocessing (plate)   # 输入数据预处理
            ocr_rec = self.onnx_run.inference (input_data)   # 字符识别模型推理
    # 调用字符标签文件解析车牌字符识别模型输出结果
```

```
    lpr_str = self.postprocess_op (ocr_rec[0])[0]
    boxs.append (rect) # 获取车牌位置
    lpr_strs.append (lpr_str[0]) # 获取车牌识别结果
    self.predictions = [lpr_strs, boxs]
    # 返回车牌号和车牌位置
    return self.predictions
```

识别到车牌后,将识别结果传递到 q_rec 识别结果消息队列,车牌图像获取线程就会对识别结果进行绘制。根据返回的车牌位置坐标,利用 OpenCV 绘制出矩形框将车牌框选出,再将车牌号显示到矩形框上方,从而实现车牌识别结果的可视化显示。

```
# 绘制识别结果
def recImgDis (img, process_pred, font_path = False):
    lpr_strs = []
    if process_pred:
        lpr_strs, boxs = process_pred
        for i, rect in enumerate (boxs):
            cv2.rectangle (img, (int (rect[0]), int (rect[1])),
                           (int (rect[0] + rect[2]), int (rect[1] + rect[3])),
                           (0, 0, 255), 2, cv2.LINE_AA)
            cv2.rectangle (img, (int (rect[0] - 1), int (rect[1]) - 16),
                           (int (rect[0] + 115 + 50), int (rect[1])),
                           (0, 0, 255), -1, cv2.LINE_AA)
            if font_path:
                img = putText (img, str (lpr_strs[i]), org = (int (rect[0] + 1),
int (rect[1] - 16)), font_path = FONT_PATH)
            else:
                img = putText (img, str (lpr_strs[i]), org = (int (rect[0] + 1),
int (rect[1] - 16)))
        if not lpr_strs:
            lpr_strs.append("")
    return img, lpr_strs
```

3. 可视化交互界面插件实现

成功实现车牌识别后还需将识别结果传递到 web 端,进行数据可视化分析。

```
def worker (self, host = "127.0.0.1", port = 8082, q_flask = None, full_dict = None):
    """
    flask 可视化交互界面启动插件
    :param host: 本机的 IP 地址(同一个局域网均可访问)
    :param port: 端口号(可随意设置)
    :param q_flask: 摄像头图像帧
    :return:
    """
    setStatus (full_dict)
```

```
@app.route ('/', methods = ['GET', 'POST'])
def base_layout():
    return render_template ('index.html')
def camera():
    while True:
        if q_flask.empty():
            continue
        else:
            img = q_flask.get()
            if img != False:
                img = np.array (img).reshape (ai_cfg.CAM_HEIGHT, ai_cfg.CAM_WIDTH, 3)
                ret, buf = cv2.imencode (".jpeg", img)
                yield (b"--frame\r\nContent-Type: image/jpeg\r\n\r\n" + buf.tobytes() + b"\r\n\r\n")
@app.route ("/videostreamIpc/", methods = ["GET"])
def videostreamIpc():
    return Response (camera(), mimetype = "multipart/x-mixed-replace; boundary = frame")
```

10.4 道闸控制功能插件构建

最后实现嵌入式设备数据传递插件，将车牌识别结果以及闸机控制指令传递给闸机控制系统。识别到车牌后不能直接将字符识别结果传递到道闸控制系统，需要将字符识别结果进行转换后再发送给道闸控制系统。

```
def gatePlate (self, plt = "京1_+23)(456"):
    # 清除字母数字之外的所有字符
    plate = re.sub ("\W", "", plt)
    plate = re.sub ("_", "", plate)
    try:
        if len (plate) < 7:
            log.error ("--plate_len_err!!")
        else:
            plate_label = ["", "京", "津", "沪", "渝", "冀", "豫", "云", "辽", "黑", "湘", "皖", "鲁", "新", "苏", "浙", "赣", "鄂", "桂", "甘", "晋", "蒙", "陕", "吉", "闽", "贵", "粤", "青", "藏", "川", "宁", "琼"]
            # 将汉字转换为 16 进制表示的通信协议（数字字符串直接转 16 进制数）
            dat = 0x01
            for i, st in enumerate (plate_label):
                if st == plate[0]:
                    dat = hex (int (str(i), 16))
            plate = list (map (ord, plate [1 : ]))
```

```python
            a, b, c, d, e, f = plate
            send_dat = np.zeros ((12,), np.uint8)
            send_dat[0] = 0x55
            send_dat[1] = 0xDD
            send_dat[2] = 0x01
            send_dat[3] = int (str(dat), 16)    # 以 16 进制格式转换为 10 进制
            send_dat[4] = a
            send_dat[5] = b
            send_dat[6] = c
            send_dat[7] = d
            send_dat[8] = e
            send_dat[9] = f
            send_dat[10] = 0x01
            send_dat[11] = 0xBB
            if not self.q_send.full():
                self.q_send.put (send_dat)      # 传递识别结果
        except:
            log.error ("车牌字符格式错误," + str(plate))
            log.info(buf)
```

将转换的结果发送到闸机控制系统，控制闸机开启。

```python
class DataSendThread (threading.Thread):
    def __init__ (self, client, q_send: mp.Queue):
        """
        嵌入式系统控制指令发送线程
        :param client: wifi/usart 的对象 用于获取 send 函数
        """
        threading.Thread.__init__(self)
        self.q_send = q_send
        self.client = client
        self.flag = True
    def setFlag (self, flag: bool):
        self.flag = flag
    def run (self):
        buf = np.zeros(12)
        # 获取消息队列并发送
        while self.flag:
            if self.q_send.empty():  # 获取车牌转换结果
                continue
            else:
                dat = self.q_send.get()
                if flg:
                    self.client.send(dat)  # 发送车牌转换结果到闸机控制系统
                    log.info(dat)
```

智能停车场数据可视化界面主要包括车牌识别视频流数据可视化，闸机控制系统数据可视化，同时 web 端获还取到其他停车场数据，包括入库车辆监控、车辆所属地统计、停车费统计、用户数据统计等信息实现整个智能停车场管理系统数据可视化，如图 10.8 所示。

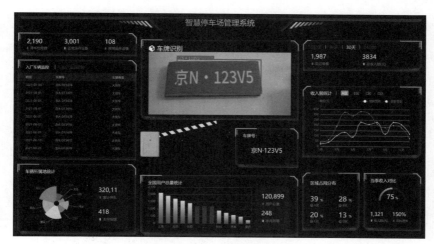

图 10.8　系统数据可视化